职业教育智能制造领域高素质技术技能人才培养系列教材

S7-1200 PLC 应用技术项目化教程

主　编　周海君　邹　伟

副主编　黄敦华　黄桂芸　庄　严

参　编　季　君　崔　健　石梦笛

机 械 工 业 出 版 社

西门子 S7-1200 PLC 上市多年，在工业自动化控制领域得到了广泛的应用。本书根据智能制造领域从业人员对 PLC 技术应用的需求，结合“可编程控制器系统应用编程”职业技能等级标准要求编写而成。

全书由 9 个基于工作过程的学习项目组成：项目一为 PLC 控制系统认知，项目二为电动机起停控制，项目三为交通信号灯控制，项目四为天塔之光控制，项目五为自动售货机控制，项目六为自动流水线控制，项目七为多种液体混合控制，项目八为多 PLC 通信与诊断，项目九为 S7-1200 PLC 控制系统综合应用。

本书深入浅出、图文并茂、资源丰富，使学习者在任务实践中达成学习目标。作为专业必修课教材，适合高职高专机电一体化技术、电气自动化技术、工业机器人技术、智能机电技术和工业互联网应用等专业学生使用，也可作为智能制造领域职业培训、技能提升和工程技术人员自学参考用书。

为方便教学，本书以二维码形式植入大量数字化资源，提供相关编程及仿真软件学习包，并配有电子课件、习题及答案等，以拓宽学生的学习思路，提高自学能力和效果。凡选用本书作为授课教材的教师，可登录机械工业出版社教育服务网（www.cmpedu.com）免费索取配套资源。咨询电话：010-88379375。

图书在版编目（CIP）数据

S7-1200 PLC 应用技术项目化教程 / 周海君，邹伟主编．—北京：机械工业出版社，2022.7（2025.1 重印）

职业教育智能制造领域高素质技术技能人才培养系列教材

ISBN 978-7-111-70913-8

Ⅰ．①S⋯　Ⅱ．①周⋯ ②邹⋯　Ⅲ．① PLC 技术 – 高等职业教育 – 教材　Ⅳ．① TM571.61

中国版本图书馆 CIP 数据核字（2022）第 095937 号

机械工业出版社（北京市百万庄大街 22 号　邮政编码 100037）

策划编辑：高亚云　　　　责任编辑：高亚云　曲世海

责任校对：郑　婕　李　婷　封面设计：王　旭

责任印制：单爱军

北京华宇信诺印刷有限公司印刷

2025 年 1 月第 1 版第 5 次印刷

184mm × 260mm · 19.5 印张 · 479 千字

标准书号：ISBN 978-7-111-70913-8

定价：55.00 元

电话服务　　　　　　　　　　网络服务

客服电话：010-88361066　机　工　官　网：www.cmpbook.com

　　　　　010-88379833　机　工　官　博：weibo.com/cmp1952

　　　　　010-68326294　金　　书　　网：www.golden-book.com

　机工教育服务网：www.cmpedu.com

前　言

为了深入贯彻党的二十大精神，全面落实中共中央办公厅、国务院办公厅印发的《关于深化现代职业教育体系建设改革的意见》，扎实推进核心课程建设和实施，深化产教融合、校企合作、协同育人，编者以培养更多高素质技术技能人才为已任，遵循职业教育特点和学生成长规律，并结合企业用人需求编写了本书。

PLC 控制技术是电气工程师、机电设备设计或调试人员必须掌握的关键技术，也是高职高专机电一体化技术、电气自动化技术、工业机器人技术、智能机电技术和工业互联网应用等专业的必修课程。西门子系列 PLC 在我国市场份额较高，其中 S7-1200 PLC 在中小型 PLC 应用中十分广泛，特别是其基于以太网编程和通信的特点，进一步给使用者带来了便捷。

本书围绕 S7-1200 PLC 展开，以通用项目为载体，详细介绍了 TIA 博途组态环境、PLC 硬件结构、基本逻辑指令、模拟量采集和标度变换、通信编程、数值计算、PID 控制和以太网通信等内容，覆盖了 S7-1200 PLC 的主要知识点，以期达到必需、实用、好用。

本书秉承“以学生发展为起点，以职业标准为依据，以职业能力为核心”的理念，从职业能力培养的角度出发，力求体现职业培养的规律，满足职业教育课程、企业岗位、技能比赛、职业技能等级证书的需要，力求做到“岗课赛证”融通。本书特点如下：

1. 以匠心铸魂为纲，深入挖掘育人资源。本书通过“来听故事啦”栏目将讲故事与讲道理相结合，融入我国科学技术的飞速发展和为此做出贡献的人物事迹，浅显易懂、富有感染力，可极大地激发学习者的求知欲和爱国情怀；通过“注意”“提示”等栏目强化安全意识、规范意识和责任意识，提高从业素养；在任务工单中通过“名言警句”“职业素养评价”将传授专业知识与提升职业技能相结合，引导学习者树立正确的人生观、价值观，塑造职业精神、工匠精神，落实立德树人根本任务。

2. 以场景应用为重，校企共同开发编写。本书根据智能制造对 PLC 应用人才的需求，参照“可编程控制器系统应用编程”职业技能等级标准要求，以实际工程应用为脉络，校企合作团队共同研究，选用典型企业和生活案例，设置了合理的项目目标和切合实际的项目导入，在工作任务中设计了应用场景、知识准备、在线学习及自评测试、任务实践、应用考核和任务拓展六个环节，让学习者在实践中由浅入深地掌握 PLC 的硬件结构、软件组态、数据存储、基本逻辑指令、模拟量处理、以太网通信等内容。在任务拓展环节，引入部分工程实例分析，扩宽学生工程实践认知面，提高学生分析问题和解决问题的能力。

3. 以数字赋能为本，助力课堂革命智慧学习。本书遵循职业学生认知规律和成长特点，将 S7-1200 PLC 较难理解的知识点和技能操作转化为通俗易懂的语言和清晰可见的操作视频，以二维码形式植入，实现“手把手教你学”，便于学习者高效掌握。此外，本书提供相关编程及仿真软件学习包，并配有电子课件、习题及答案等丰富、实用的教学资源，使学习者能够融会贯通、学做一体，提高自学能力和效果。

4. 以新型活页式为形，追求适用实用够用。本书任务工单部分采用了活页式装订形式，可以较好地系统性引导学习者思考和检验学习效果。

本书遵循认知规律，精选教材内容，降低了理论深度，省略了复杂的控制系统设计过程，增加了应用场景、任务实施、调试过程等环节，注重理论联系实际。融入全国职业院校技能大赛“现代电气控制系统安装与调试”和“自动化生产线安装与调试”操作规范和评价标准，使教材内容实用、好用。

本书由北京电子科技职业学院周海君、西门子（中国）有限公司邹伟主编。项目一由黄敦华教授编写，项目二、三和参考文献由周海君副教授编写，项目四由黄桂芸副教授编写，项目五由庄严副教授编写，项目六由石梦笛老师编写，项目七由季君副教授编写，项目八及项目九由邹伟高级工程师和北京市首席指导教师崔健老师编写。全书由崔健统稿，黄敦华负责审稿。

限于编者水平，书中难免有疏漏错误之处，恳请读者批评指正。

编　者

思维导图

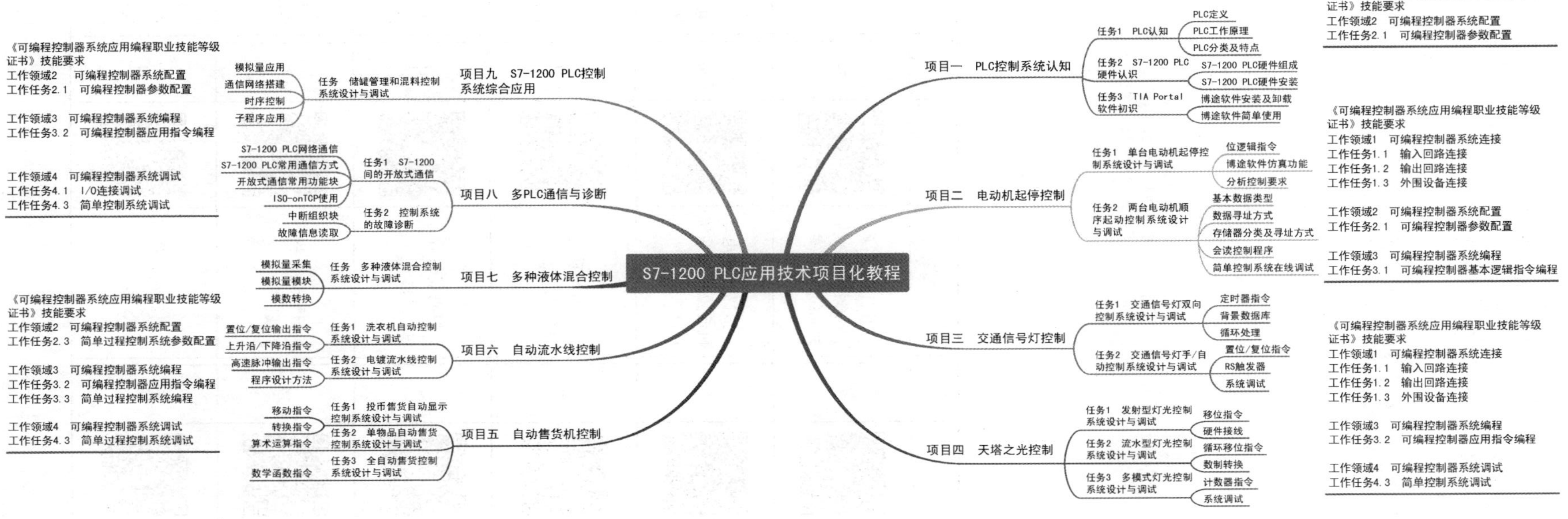

S7-1200 PLC应用技术项目化教程
项目一 PLC控制系统认知
任务1 PLC认知
PLC定义
PLC工作原理
PLC分类及特点
任务2 S7-1200 PLC硬件认识
S7-1200 PLC硬件组成
S7-1200 PLC硬件安装
任务3 TIA Portal软件初识
博途软件安装及卸载
博途软件简单使用
《可编程控制器系统应用编程职业技能等级证书》技能要求
工作领域2 可编程控制器系统配置
工作任务2.1 可编程控制器参数配置
项目二 电动机起停控制
任务1 单台电动机起停控制系统设计与调试
位逻辑指令
博途软件仿真功能
分析控制要求
任务2 两台电动机顺序起动控制系统设计与调试
基本数据类型
数据寻址方式
存储器分类及寻址方式
会读控制程序
简单控制系统在线调试
《可编程控制器系统应用编程职业技能等级证书》技能要求
工作领域1 可编程控制器系统连接
工作任务1.1 输入回路连接
工作任务1.2 输出回路连接
工作任务1.3 外围设备连接
工作领域2 可编程控制器系统配置
工作任务2.1 可编程控制器参数配置
工作领域3 可编程控制器系统编程
工作任务3.1 可编程控制器基本逻辑指令编程
项目三 交通信号灯控制
任务1 交通信号灯双向控制系统设计与调试
定时器指令
背景数据库
循环处理
任务2 交通信号灯手/自动控制系统设计与调试
置位/复位指令
RS触发器
系统调试
项目四 天塔之光控制
任务1 发射型灯光控制系统设计与调试
移位指令
硬件接线
任务2 流水型灯光控制系统设计与调试
循环移位指令
数制转换
任务3 多模式灯光控制系统设计与调试
计数器指令
系统调试
《可编程控制器系统应用编程职业技能等级证书》技能要求
工作领域1 可编程控制器系统连接
工作任务1.1 输入回路连接
工作任务1.2 输出回路连接
工作任务1.3 外围设备连接
工作领域3 可编程控制器系统编程
工作任务3.2 可编程控制器应用指令编程
工作领域4 可编程控制器系统调试
工作任务4.3 简单控制系统调试
项目九 S7-1200 PLC控制系统综合应用
任务 储罐管理和混料控制系统设计与调试
模拟量应用
通信网络搭建
时序控制
子程序应用
项目八 多PLC通信与诊断
任务1 S7-1200间的开放式通信
S7-1200 PLC网络通信
S7-1200 PLC常用通信方式
开放式通信常用功能块
ISO-onTCP使用
任务2 控制系统的故障诊断
中断组织块
故障信息读取
《可编程控制器系统应用编程职业技能等级证书》技能要求
工作领域2 可编程控制器系统配置
工作任务2.1 可编程控制器参数配置
工作领域3 可编程控制器系统编程
工作任务3.2 可编程控制器应用指令编程
工作领域4 可编程控制器系统调试
工作任务4.1 I/O连接调试
工作任务4.3 简单控制系统调试
项目七 多种液体混合控制
任务 多种液体混合控制系统设计与调试
模拟量采集
模拟量模块
模数转换
项目六 自动流水线控制
任务1 洗衣机自动控制系统设计与调试
置位/复位输出指令
上升沿/下降沿指令
任务2 电镀流水线控制系统设计与调试
高速脉冲输出指令
程序设计方法
项目五 自动售货机控制
任务1 投币售货自动显示控制系统设计与调试
移动指令
转换指令
任务2 单物品自动售货控制系统设计与调试
算术运算指令
任务3 全自动售货控制系统设计与调试
数学函数指令
《可编程控制器系统应用编程职业技能等级证书》技能要求
工作领域2 可编程控制器系统配置
工作任务2.3 简单过程控制系统参数配置
工作领域3 可编程控制器系统编程
工作任务3.2 可编程控制器应用指令编程
工作任务3.3 简单过程控制系统编程
工作领域4 可编程控制器系统调试
工作任务4.3 简单过程控制系统调试

二维码索引

（续）

（续）

名称	二维码	页码	名称	二维码	页码	名称	二维码	页码
项目四 任务3扫码检测学习效果并查看参考答案		101	扫码查看单物品自动售货控制系统接线微课		127	扫码下载例程并观看运行结果		164
扫码观看多模式灯光控制系统接线微课		102	扫码查看单物品售货机控制微课		130	扫码学习模拟量讲解		168
扫码观看多模式灯光控制系统实际运行效果		105	扫码查看数值输入和显示控制仿真微课		130	项目七 任务 扫码检测学习效果并查看参考答案		176
扫码查看移动、转换指令微课		107	扫码查看计算指令与应用微课		131	扫码查看任务拓展参考例程		182
扫码查看MOVE指令输入视频		109	项目五 任务3扫码检测学习效果并查看参考答案		132	项目八 任务1扫码检测学习效果并查看参考答案		195
扫码查看CONV指令输入视频		110	扫码查看全自动售货控制系统接线微课		136	扫码观看通信实际运行效果		199
项目五 任务1扫码检测学习效果并查看参考答案		114	扫码查看全自动售货控制微课		141	扫码观看PLC诊断组态视频		209
扫码查看自动售货机投币售货显示系统控制接线微课		116	扫码查看加油机控制仿真微课		142	项目八 任务2扫码检测学习效果并查看参考答案		209
扫码查看投币售货自动显示控制微课		118	项目六 任务1扫码检测学习效果并查看参考答案		150	项目九 任务 扫码检测学习效果并查看参考答案		222
扫码查看数学函数指令微课		119	扫码下载例程并观看运行结果		155			
项目五 任务2扫码检测学习效果并查看参考答案		123	项目六 任务2扫码检测学习效果并查看参考答案		158			

目　录

项目一

PLC 控制系统认知

项目目标

知识目标	1. 了解 PLC 的定义、特点、应用和发展情况； 2. 掌握 PLC 的基本结构和工作原理； 3. 理解 PLC 控制系统的概念。
能力目标	1. 根据系统要求，搭建简单控制系统的硬件结构； 2. 认识硬件模块，并能正确拆装； 3. 按照操作流程，完成博途软件的安装。
素质目标	1. 夯实安全第一意识； 2. 培养仔细认真、严谨求实的工作态度； 3. 根据控制要求，按照操作流程工作； 4. 培养专业英语学习能力。

项目导入

PLC 控制系统是在传统顺序控制器的基础上，引入微电子技术、计算机技术、自动控制技术和通信技术而形成的工业控制系统。主要用于实现替代继电器执行逻辑、计时、计数等顺序控制功能。

随着计算机工业控制技术的不断发展，PLC 在生产过程控制中的地位越来越重要，由于 PLC 具有通用性强、使用方便、适应面广、可靠性高、抗干扰能力强、编程简单等特点，PLC 替代了大量的继电器，并能通过组态软件与工业以太网监控系统和触摸屏结合，完成特定的自动化生产任务，简化操作，在提高生产率的同时降低员工的劳动强度，成为工业控制领域的核心设备，在工业控制系统中为各式各样的自动化设备提供可靠的控制性能。

在 PLC 控制系统中，输入 / 输出（I/O）部分用以接收信号或输出信号，便于与 PLC 进行人机对话，如图 1-1 所示。PLC 的输入部分接收来自生产现场的各种信号，如限位开关、热电偶、编码器、按钮等。PLC 的输出部分接收 CPU 的处理输出，并转换成被控设备所能接受的电压、电流信号，以驱动被控设备，如调节阀、电磁阀、记录仪等，如图 1-1 所示。

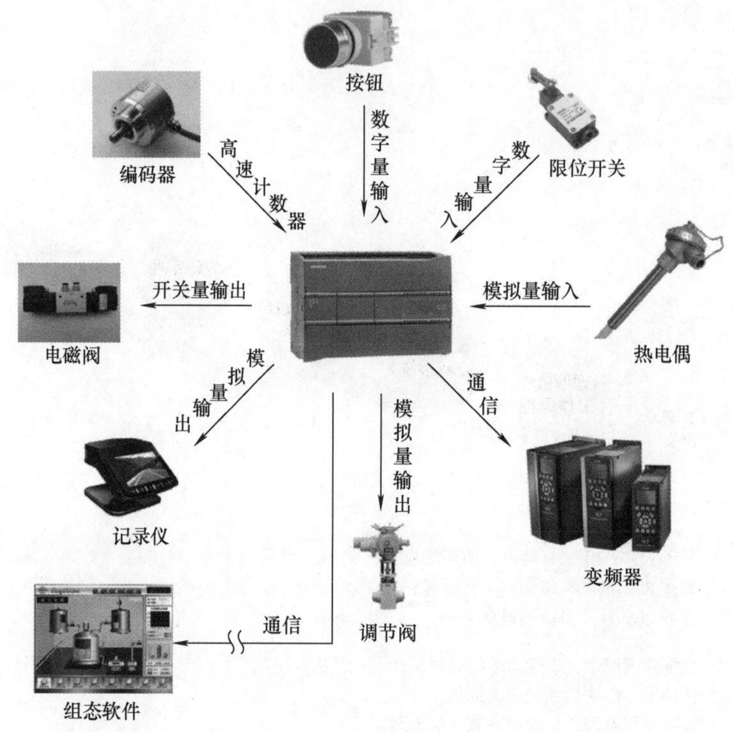

图 1-1　PLC 与外围设备的连接

来听故事啦

曾经有一个爱滑雪的工程师，名叫迪克·莫利，他从麻省理工学院毕业之后进入一家公司，从事飞行器、导弹与通信体系的设计作业。正是他，永久地改变了整个制造业。

1968 年 1 月 1 日，迪克在一次设计失败中，突然灵光乍现，描绘出人类历史上第一个 PLC 的蓝图。这个还没命名的东西有如下特性：没有进程中止；直接映像进入存储器；没有软件处理重复的业务；牢固的设计以便能真实地作业；还要有自己的编程语言，值得一提的是，几个月之后，梯形图逻辑就此面世。后来，迪克就和他的朋友创立了莫迪康公司来完成这个设想，PLC 随后诞生了。

任务 1 PLC 认知

一、应用场景

试想，生产现场设备是如何实现自动运行的？

二、知识准备

PLC 是 Programmable Logic Controller 的简称，即可编程逻辑控制器。国际电工委员会（IEC）于 1985 年对可编程控制器的定义如下：可编程序控制器是一种数字运算操作的电子系统，专为在工业环境下应用而设计。它采用可编程序的存储器，用来在其内部存储执行逻辑运算、顺序控制、定时、计数和算术运算等操作的指令，并通过数字、模拟的输入和输出，控制各种类型的机械或生产过程。

由于 PLC 具有易学易用、操作方便、可靠性高、体积小、通用灵活和使用寿命长等一系列优点，自 1969 年第一台 PLC 问世以来，PLC 很快被应用到汽车制造、机械加工、冶金、矿业、轻工等各个领域，大大推进了工业 2.0 到工业 4.0 的进程。目前，PLC 是工业控制的主要手段和重要的基础设备之一，它与机器人、CAD/CAM 并称为现代工业自动化的三大支柱。

1. PLC 的结构和工作原理

（1）PLC 的基本结构　PLC 种类繁多，但其基本结构和工作原理相同。PLC 的功能结构由中央处理器（CPU）、存储器、输入 / 输出接口、通信接口、扩展接口和电源部件等部分组成，如图 1-2 所示。

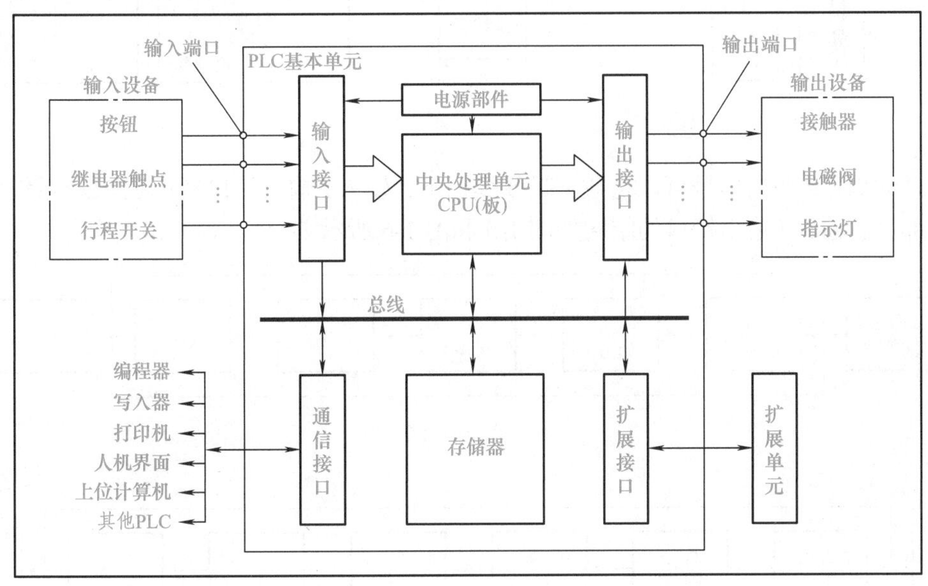

图 1-2　PLC 结构框图

1）CPU（中央处理器）。CPU 是 PLC 的核心，其功能是完成 PLC 内所有的控制和监视操作，CPU 一般由控制器、运算器和寄存器组成，通过数据总线、地址总线和控制总线与存储器、输入 / 输出（I/O）接口电路连接。

2）存储器。PLC 的存储器分为程序存储器、系统存储器、I/O 状态存储器、数据存储器和用户存储器 5 个区域，如图 1-3 所示。程序存储器存放 PLC 的操作系统，负责解释和编译用户编写的程序、监控 I/O 接口的状态、对 PLC 进行自诊断以及扫描 PLC 中的程序等，由制造商固化，通常不能修改；系统存储器主要用于存储中间计算结果和数据、系统管理，不对用户开放；I/O 状态存储器用于存储 I/O 设备的状态信息，每个输入接口和输出接口都在 I/O 映像表中分配一个地址，而且这个地址是唯一的；数据存储器主要用于数据处理功能，为计数器、定时器、算术计算和过程参数，提供数据存储；用户存储器主要用于存放用户编写的程序。

3）输入 / 输出接口。输入 / 输出接口是 PLC 内部弱电信号和工业现场强电信号联系的桥梁，主要有两个作用：一是利用内部的电隔离电路将工业现场和 PLC 内容进行隔离，起到保护作用；二是调理信号，可以把不同的信号（如强电、弱电信号）调理成 CPU 可以处理的信号（5V、3.3V 或 2.7V 等），如图 1-4 所示。

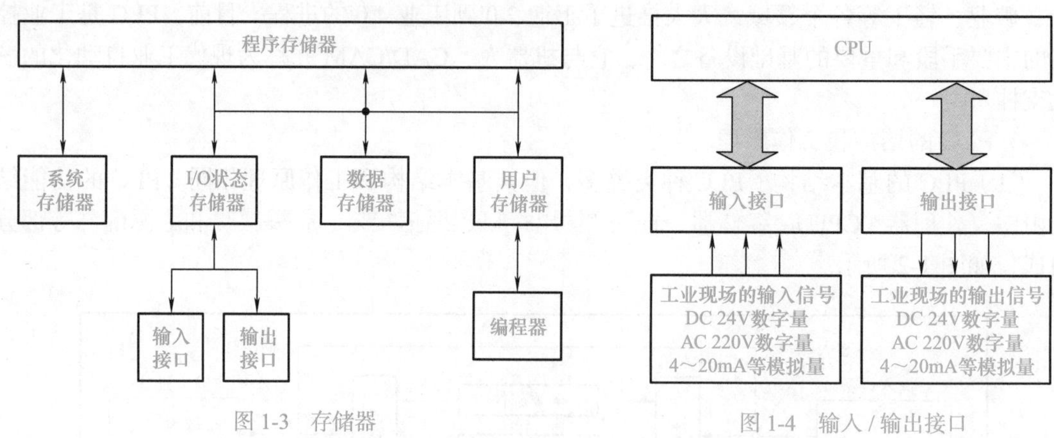

图 1-3　存储器

图 1-4　输入 / 输出接口

PLC 的输入 / 输出信号可以是数字量或模拟量，输入 / 输出接口模块是 PLC 系统中最大的组成部分。输入 / 输出接口的结构如图 1-5 和图 1-6 所示。

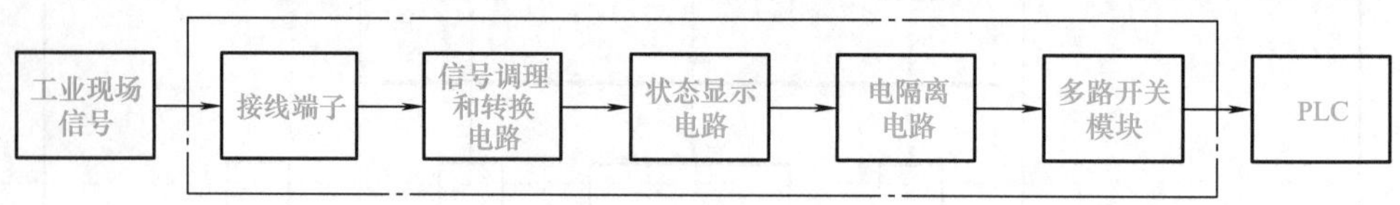

图 1-5　输入接口的结构

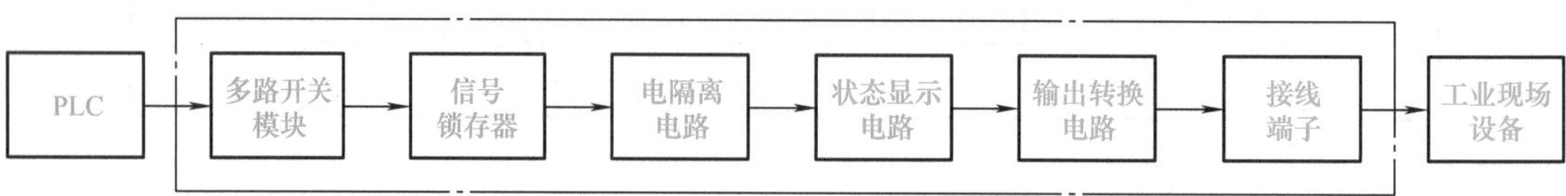

图 1-6　输出接口的结构

输入信号可以是数字信号，也可以是模拟信号。数字信号输入端的设备类型可以是限位开关、按钮、压力继电器、继电器触点、接近开关、选择开关以及光电开关等；模拟信号输入端的设备类型可以是压力传感器、温度传感器、流量传感器、电压传感器、电流传感器等。

输出信号可以是数字信号，也可以是模拟信号。数字信号输出端的设备类型可以是电磁阀的线圈、电动机起动器、控制柜的指示器、接触器线圈、LED灯、指示灯、继电器线圈、报警器和蜂鸣器等；模拟信号输出端的设备类型可以是流量阀、AC驱动器、DC驱动器、模拟量仪表、温度控制器和流量控制器等。

（2）PLC的工作原理 PLC是一种存储程序的控制器。用户根据某一对象的具体控制要求，编制好控制程序后，用编程器将程序输入到PLC（或用计算机下载到PLC）的用户存储器中寄存。PLC的控制功能就是通过运行用户程序来实现的。

PLC运行用户程序时，从第一条用户程序开始，在无中断或跳转的情况下，按顺序逐步执行用户程序，直到指令结束。然后再从头开始，周而复始地重复，直到停机或切换到停止工作状态。这种执行程序的方式称为循环扫描工作方式，每扫描完一次程序就构成一个扫描周期。PLC对输入/输出信号是集中批处理的。

PLC扫描的工作过程主要分为三个阶段，即输入采样阶段、程序执行阶段和输出刷新阶段，如图1-7所示。

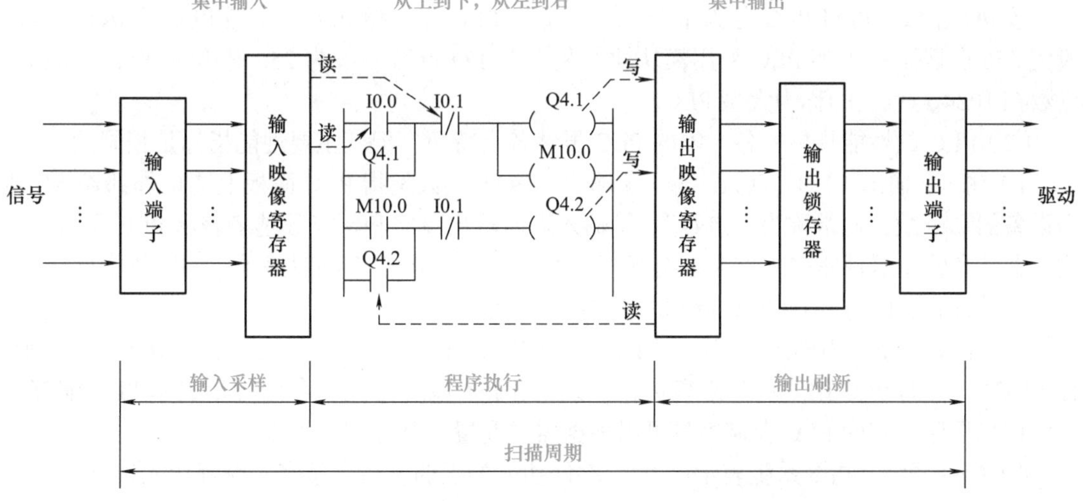

图1-7 PLC的工作过程

1）输入采样阶段。在输入采样阶段，PLC以扫描方式依次读入所有输入状态和数据，并将它们存入I/O映像区中的相应单元内。输入采样结束后，转入程序执行和输出刷新阶段。在这两个阶段中，即使输入状态和数据发生变化，I/O映像区中相应单元的状态和数据也不会改变。因此，如果输入的是脉冲信号，则该脉冲信号的宽度必须大于一个扫描周期，才能保证在任何情况下，该输入均能被读入。

2）程序执行阶段。在程序执行阶段，PLC总是按由上而下的顺序依次扫描用户程序。

在扫描每一条梯形图时，又总是先扫描梯形图左边由各触点构成的控制电路，并按先左后右、先上后下的顺序对由触点构成的控制电路进行逻辑运算；然后根据逻辑运算的结果，刷新该逻辑线圈在系统 RAM 存储区中对应位的状态，或者刷新该输出线圈在 I/O 映像区中对应位的状态，或者确定是否要执行该梯形图所规定的特殊功能指令。即在用户程序执行过程中，只有输入点在 I/O 映像区内的状态和数据不会发生变化，而其他输出点和软设备在 I/O 映像区或系统 RAM 存储区内的状态和数据都有可能发生变化，而且排在上面的梯形图，其程序执行结果会对排在下面的凡是用到这些线圈或数据的梯形图起作用；相反，排在下面的梯形图，其被刷新的逻辑线圈的状态或数据只能到下一个扫描周期才能对排在其上面的梯形图起作用。

3）输出刷新阶段。当用户程序扫描结束后，PLC 就进入输出刷新阶段。在此期间，CPU 按照 I/O 映像区内对应的状态和数据刷新所有的输出锁存电路，再经输出电路驱动相应的外设。这时，PLC 才真正输出。

2. PLC 分类与性能指标

（1）PLC 的分类　按组成结构形式，可将 PLC 分为整体式 PLC（也称单元式）和标准模板式 PLC（也称组合式）。整体式 PLC 的电源、中央处理单元（CPU）和 I/O 接口都集中在一个机壳内；标准模板式 PLC 的电源模板、中央处理单元模板和 I/O 模板等在结构上是相互独立的，可根据具体的应用要求，选择合适的模板，安装在固定的机架或导轨上，构成一个完整的 PLC 应用系统。

按 I/O 点数，可将 PLC 分为小型 PLC、中型 PLC 和大型 PLC。小型 PLC 的 I/O 点数一般为 256 点以下；中型 PLC 采用模块化结构，其 I/O 点数一般为 256 ～ 1024 点；一般 I/O 点数在 1024 点以上的称为大型 PLC。

（2）PLC 的性能指标　各厂家的 PLC 虽然各有特色，但其主要性能指标是相同的。

1）输入 / 输出（I/O）点数。输入 / 输出（I/O）点数是指 PLC 面板上连接外部输入 / 输出设备的端子数，通常称为“点数”，是输入点与输出点之和。点数越多表示 PLC 可接入的输入器件和输出器件越多，控制系统规模越大。点数是 PLC 选型时最重要的性能指标之一。

2）扫描速度。扫描速度是指 PLC 执行程序的速度。

3）存储容量。存储容量通常用千字（KW）、千字节（KB）或千位（kbit）来表示，1K=1024，有的 PLC 用“步”来衡量，1 步占用 1 个地址单元。存储容量表示 PLC 能存放多少用户程序。有的 PLC 存储容量可以根据需要配置，其存储器可以扩展。

4）指令系统。指令系统表示该 PLC 软件功能的强弱。指令越多，编程功能越强。

5）内部寄存器（继电器）。PLC 内部有许多寄存器用来存放变量、中间结果、数据等，还有许多辅助寄存器可供用户使用。因此寄存器的配置也是衡量 PLC 性能的一项指标。

6）扩展能力。扩展能力是反映 PLC 性能的重要指标之一。PLC 除了主控模块外，还可配置实现各种特殊功能的高功能模块。例如，A/D 模块、D/A 模块、高速计数模块和远程通信模块等。

3. PLC 的品牌

（1）国外品牌　国外 PLC 产品可按地域分成三大类：美国产品、欧洲产品和日本产品，如图 1-8 所示。美国产品有 Rockwell Allen-Bradley（Rockwell A-B）和通用电气（General Electric），Rockwell A-B 主要产品有 ControlLogix5000 系列；通用电气主要产品有 RX 3i 和

RX 7i 系列。欧洲产品有德国西门子（SIEMENS）和法国施耐德（Schneider），西门子 PLC 主要产品有 S5、S7 系列，施耐德 PLC 主要产品有 Micro、Premium 和 Quantum 系列。日本产品有三菱（Mitsubishi Electric）、欧姆龙（OMRON）、松下、富士（FUJI）等，三菱 PLC 产品主要有 FX 系列和 Q 系列。

美国和欧洲的 PLC 技术是在相互隔离的情况下独立研究开发的，因此美国和欧洲的 PLC 产品有明显的差异性。而日本的 PLC 技术是由美国引进的，对美国的 PLC 产品有一定的继承性，但日本的主推产品定位在小型 PLC 上，而美国和欧洲产品则以大中型 PLC 而闻名。

德国的西门子电子产品以性能精良而久负盛名，S7 系列 PLC 是近年西门子公司在 S5 系列 PLC 基础上推出的新产品，具有体积小、速度快、标准化、性价比高等特点，产品有 S7-200 微型 PLC 系列，S7-1200、S7-300 中小型 PLC 系列，S7-1500、S7-400 中高性能的大型 PLC 等。本书将带领大家一起认识 S7-1200 PLC。

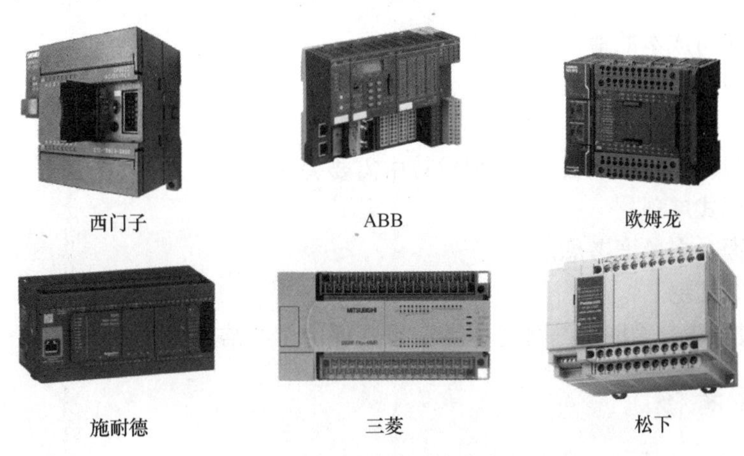

图 1-8　PLC 的国外品牌

（2）国产品牌　我国的 PLC 生产厂家有 30 余家，如台达集团、永宏电机股份有限公司、丰炜科技企业股份有限公司、北京和利时智能技术有限公司、无锡信捷电气股份有限公司、北京安控科技股份有限公司、台安科技（无锡）有限公司、黄石市科威自控有限公司、上海正航电子科技有限公司等，如图 1-9 所示。

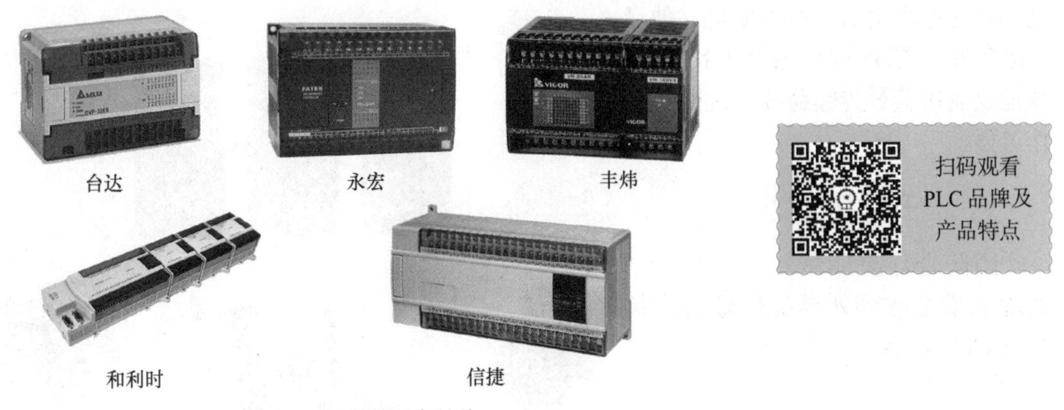

图 1-9　PLC 的国产品牌

三、在线学习及自评测试

扫码检测学习效果并查看参考答案

四、任务实践

1. 控制要求描述

某一汽车生产车间需要使用一套新的 PLC 控制系统，该系统共有 45 个控制点。请根据任务要求配置 PLC 硬件系统（包括选择品牌、型号等）。

作为一名工程师，在进行系统设计前要具备质量管控意识、成本核算意识。

2. 任务准备

1）分析各品牌 PLC 应用领域，最适合的才是最好的。

2）实现所有控制功能。

3）成本把控。

4）找到功能与成本的最佳匹配点。

5）思考如何获取技术资料。

3. 任务实施

工程师必须具备工程意识，在品牌比较中需要关注：

1）以表格形式展现。

2）从多方面、多角度考虑。

3）得出系统结论。

任务实施过程中，及时填写任务工单，客观评价学习结果。

五、应用考核

1. 要点回顾

本任务主要了解 PLC 的分类和品牌，理解 PLC 的结构和性能指标，掌握 PLC 的工作原理，会分析 PLC 在自动控制系统中的作用及其工作过程。下面，通过一个简单自动控制系统来检验对 PLC 工作原理的理解情况。

2. 考核任务

任务要求：小刘同学在学完“PLC 控制技术”这门课程后，准备将之前用电气控制实现的电动机起停改用 PLC 控制实现。他已经准备好了硬件设备（见图 1-10），请帮他绘制出信号传输路线并说明其工作过程。

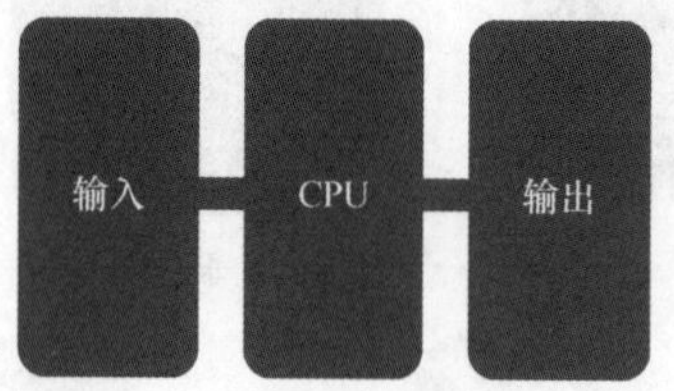

图 1-10　控制系统硬件组成示意图

六、任务拓展

团队合作查阅资料，分析 PLC 的输入端接收到外界的信号是直接参与 CPU 运算吗？为什么？

任务2 S7-1200 PLC 硬件认识

一、应用场景

扫码观看生产现场 S7-1200 PLC 控制系统（冶金轧钢）

试想，S7-1200 PLC 各模块在 PLC 控制系统中的作用是什么？

二、知识准备

SIEMENS 公司是欧洲最大的电子和电气设备制造商之一，其生产的 SIMATIC（Siemens Automatic，即西门子自动化）可编程控制器在欧洲处于领先地位。SIEMENS 生产的第一代 PLC 是 1975 年投放市场的 SIMATIC S3 系列控制系统。之后在 1979 年，研制了 SIMATIC S5 系列，取代了 S3 系列，20 世纪末，又在 S5 系列的基础上推出了 S7 系列产品。

SIMATIC S7 系列产品分为 S7-200、S7-200CN、S7-200 SMART、S7-1200、S7-300、S7-400、和 S7-1500 共七个产品系列。S7-1200 PLC 是在 2009 年推出的中小型 PLC，定位于 S7-200 PLC 和 S7-300 PLC 产品之间。2013 年又推出了 S7-1500 PLC。

S7-1200 PLC 具有丰富的扩展模块，选择灵活度高，功能强大，并具有 CE、UL 和 FM 等认证和美国、德国、法国、挪威等各国船级社认证，用于船舶使用。S7-1200 PLC 拥有 SIPLUS 产品，应用于高海拔、宽温度范围等场合，也有满足 EN50155 等铁路标准的 SIPLUS S7-1200 RALL 系列产品，可用于铁路和列车。S7-1200 PLC 提供多种智能模块，如连接 RFID 的读卡器模块 RF120C、IO-Link 主站模块 SM1278、静态及动态称重模块 WP231/WP241/WP251、电能测量模块 SM128 等。它设计紧凑、组态灵活且具有功能强大的指令集，使它广泛用于各种应用场合。

S7-1200 PLC 硬件结构

S7-1200 PLC 硬件主要包括电源模块、CPU 模块、信号板（SB)、信号模块（SM)、通信模块（CM）等，如图 1-11 所示。S7-1200 PLC 最多可以扩展 8 个信号模块和 3 个通信模块，最大本地数字 I/O 点数为 284 个，最大本地模拟 I/O 点数为 69 个。各种模块安装在标准 DIN 导轨上，通信模块安装在 CPU 模块的左侧，信号模块安装在 CPU 模块的右侧，系统扩展十分方便。

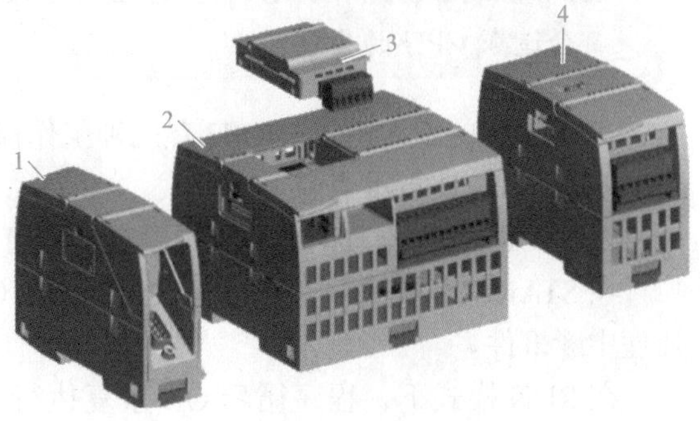

图 1-11 S7-1200 PLC 外形

1—通信模块（CM） 2—CPU 模块 3—信号板（SB） 4—信号模块（SM）

1. CPU 模块

CPU 模块是 S7-1200 PLC 系统的核心部件。CPU 模块将微处理器、集成电源、输入 / 输出电路、PROFINET 以太网接口、高速运动控制 I/O 以及板载模拟量输入模块组合到一个设计紧凑的外壳中，形成功能强大的控制器。每块 CPU 内可以安装一块信号板，安装以后不会改变CPU的外形和体积。CPU外形如图1-12所示。

① 电源接口，用于向CPU模块供电的接口，有交流和直流两种供电方式。

② 存储卡插槽，位于上部保护盖下面，用于安装SIMATIC存储卡。

③ 接线连接器，也称为接线端子，位于保护盖下面。接线连接器具有可拆卸的优点，便于CPU模块的安装和维护。

④ 板载I/O的状态LED，通过板载I/O的状态LED指示灯（绿色）的点亮或熄灭，指示各输入或输出的状态。

⑤ 集成以太网接口，位于CPU的底部，用于与计算机、人机界面（HMI）、其他PLC或者设备通信。这使得程序下载更加方便快捷，节省了购买专用通信电缆的费用。

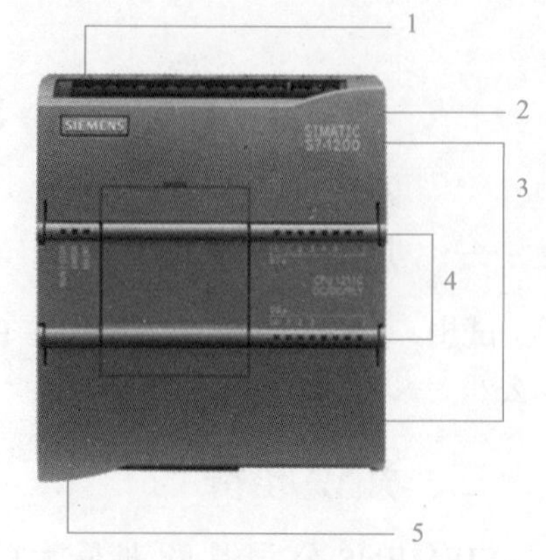

图1-12　S7-1200 CPU外形

1—电源接口　2—存储卡插槽　3—接线连接器
4—板载I/O的状态LED　5—集成以太网接口

（1）CPU的分类　目前，S7-1200 PLC的CPU有五类：CPU1211C、CPU1212C、CPU1214C、CPU1215C和CPU1217C，每类CPU模块又细分三种规格：DC/DC/DC、DC/DC/Rly和AC/DC/Rly，类别和规格印刷在CPU模块的外壳上。其含义如图1-13所示。例如AC/DC/Rly的含义是CPU模块的供电电压是交流电，范围是AC 85～264V，输入电源是直流电源，范围为DC 20.4～28.8V，输出形式是继电器输出。

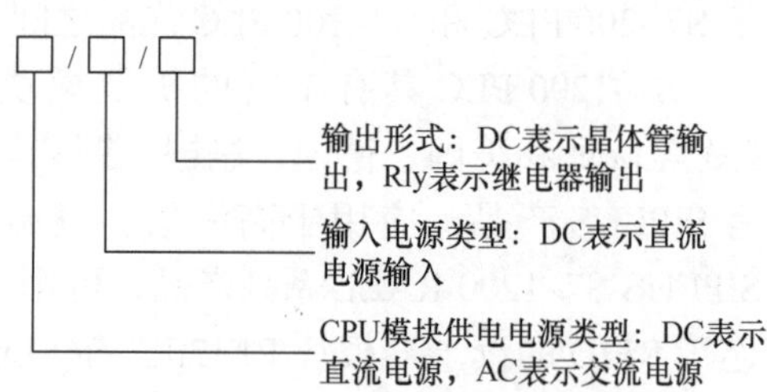

图1-13　CPU细分规格含义

注意

在给CPU进行供电接线时，一定要注意分清是哪一种供电方式，如果把AC 220V接到DC 24V供电的CPU上，或者不小心接到DC 24V传感器的输出电源上，都会造成CPU的损坏。

（2）CPU的工作模式　CPU有三种工作模式：STOP模式、STARTUP模式和RUN模式。CPU的状态LED指示当前工作模式。

在STOP模式下，CPU不执行程序，但可以下载项目。

在STARTUP模式下，执行一次启动OB（如果存在）。在STARTUP模式下，CPU不会处理中断事件。

在RUN模式下，程序循环OB重复执行。可能发生中断事件，并在RUN模式中的任意点执行相应的中断事件OB。可在RUN模式下下载项目的某些部分。

CPU支持通过暖启动进入RUN模式。暖启动不包括存储器复位。执行暖启动时，CPU

会初始化所有的非保持性系统和用户数据，并保留所有保持性用户数据值。

存储器复位将清除所有工作存储器、保持性及非保持性存储区，将装载存储器赋值到工作存储器并将输出设置为组态的“对 CPU STOP 的响应”（Reaction to CPU STOP）。

（3）CPU 的技术参数　要掌握 S7–1200 PLC 的 CPU 具体技术性能，必须要查看其技术参数表，见表 1-1。

表 1-1　不同型号 CPU 技术参数

特征		CPU1211C	CPU1212C	CPU1214C	CPU1215C	CPU1217C
物理尺寸 /（mm × mm × mm）		90 × 100 × 75		110 × 100 × 75	130 × 100 × 75	150 × 100 × 75
用户存储器	工作 /KB	50	75	100	125	150
	负载 /MB	1		4		
	保持性 /KB	10				
本地板载 I/O	数字量	6 点输入 /4 点输出	8 点输入 /6 点输出	14 点输入 /10 点输出		
	模拟量	2 路输入			2 点输入 /2 点输出	
过程映像大小	输入（I）	1024B				
	输入（Q）	1024B				
位存储器（M）		4096B		8192B		
信号模块（SM）扩展		无	2	8		
信号板（SB）、电池板（BB）或通信板（CB）		1				
通信模块（CM）、左侧扩展		3				
高速计数器	总计	最多可组态 6 个，使用任意内置或 SB 输入的高速计数器				
	1MHz					Ib.2 ～ Ib.5
	100/80kHz	Ia.0 ～ Ia.5				
	30/20kHz		Ia.6 ～ Ia.7	Ia.6 ～ Ib.5		Ia.6 ～ Ib.1
脉冲输出	总计	最多可组态 4 个，使用任意内置或 SB 输出的脉冲输出				
	1MHz					Qa.0 ～ Qa.3
	100kHz	Qa.0 ～ Qa.3				Qa.4 ～ Qb.1
	20kHz		Qa.4 ～ Qa.5	Qa.4 ～ Qb.1		
存储卡		SIMATIC 存储卡（选件）				
实时时钟保持时间		通常为 20 天，40℃时最少为 12 天（免维护超级电容）				
PROFINET 以太网通信端口		1			2	
实数数学运算执行速度		2.3μs/ 指令				
布尔运算执行速度		0.08μs/ 指令				

2. 信号板（SB）

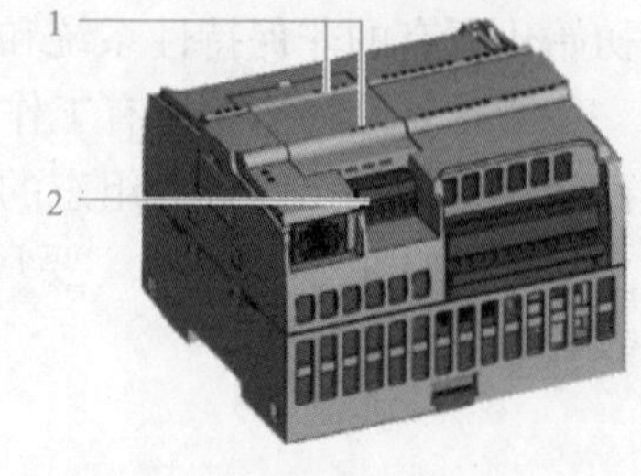

图 1-14 信号板外形

1—SB 上的状态 LED 灯 2—可拆卸的用户接线连接器

信号板（Signal Board）是西门子 S7-1200 PLC 所特有的，各种 CPU 的正面都可以安装一块具有数字量或模拟量 I/O 接口的 SB，不会增加安装的空间，可为 CPU 提供附加的 I/O 点或增加需要的功能，例如数字量输出信号板可使继电器输出的 CPU 具有高速输出的功能。信号板外形如图 1-14 所示。

安装时首先取下端子盖板，然后将信号板直接插入 S7-1200 CPU 正面的槽内，信号板有可拆卸的端子，因此可以很容易地更换信号板。S7-1200 有下列信号板：

1）SB1221 数字量 4 输入信号板。

2）SB1222 数字量输出信号板。

3）SB1223 数字量输入 / 输出信号板，2 点输入和 2 点输出。

4）SB1231 热电偶信号板和热电偶（RTD）信号板。

5）SB1231 模拟量输入信号板，1 路输入。

6）SB1232 模拟量输出信号板，1 路输出。

7）CB1241 RS485 信号板，提供一个 RS485 接口。

3. 信号模块（SM）

信号模块（SM）是 CPU 与控制设备之间的接口，数字量输入 / 数字量输出（DI/DO）模块和模拟量输入 / 模拟量输出（AI/AO）模块统称为信号模块，用于扩展西门子 S7-1200 PLC 的输入和输出点数，可以使 CPU 增加附加功能，连接在 CPU 模块的右侧。信号模块主要分为两类：

（1）数字量模块 数字量输入、数字量输出、数字量输入 / 输出模块。

（2）模拟量模块 模拟量输入、模拟量输出、模拟量输入 / 输出模块。

几个典型的信号模块见表 1-2。

表 1-2 典型的信号模块

种类	型号	输入 / 输出点数
数字量模块	SM1221 DI 8 × DC 24V	8 输入
	SM1221 DI 16 × DC 24V	16 输入
	SM1222 DQ 8 × DC 24V	8 输出
	SM1222 DQ 16 × DC 24V	16 输出
	SM1222 DQ 8 × 继电器	8 输出
	SM1223 DI 8 × DC 24V，DQ 8 × DC 24V	8 输入 /8 输出
	SM1223 DI 16 × DC 24V，DQ 16 × 继电器	16 输入 /16 输出
模拟量模块	SM1231 AI 4 × 13 位	4 输入
	SM1231 AI 8 × 13 位	8 输入
	SM1231 AI 4 × 16 位	4 输入

（续）

种类	型号	输入 / 输出点数
模拟量模块	SM1232 AQ 2 × 14 位	2 输出
	SM1232 AQ 4 × 14 位	4 输出
	SM1234 AI 4 × 13 位 /AQ 2 × 14 位	4 输入 /2 输出

信号模块作为 CPU 集成 I/O 的补充，可以与具有扩展功能的 CPU 一起使用，扩充数字量或模拟量的输入 / 输出能力。CPU1211C 不能扩展信号模块，CPU1212C 只能连接 2 个信号模块，其他 CPU 可以连接 8 个信号模块。信号模块外形如图 1-15 所示。

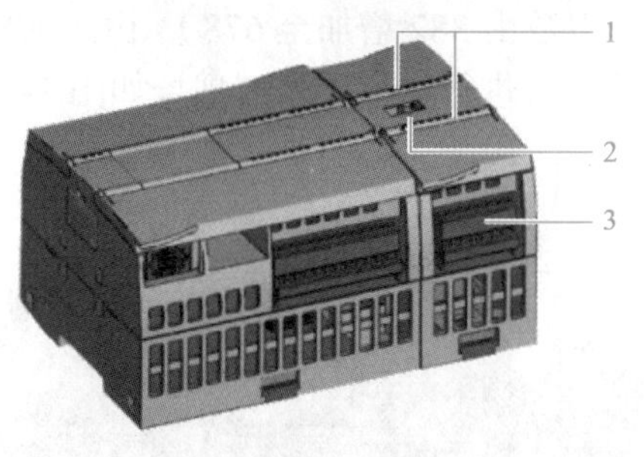

图 1-15 信号模块

1—SM 上的状态 LED 灯 2—总线连接器滑动接头 3—可拆卸的用户接线连接器

4. 通信模块（CM）

S7-1200 具有非常强大的通信功能，提供下列通信选项：I-Device（智能设备）、PROFINET、PROFIBUS、远距离控制通信、点对点（PtP）通信、USS 通信，Modbus RTU、AS-i 和 I/O link MASTER。通信模块规格较为齐全，其基本功能见表 1-3。

表 1-3 通信模块基本功能

序号	名称	基本功能
1	串行通信模块 CM1241	执行强大的点对点高速串行通信，支持 RS-485/422
2	紧凑型交换机模块 CSM1277	能以线形、树形或星型拓扑结构，将 S7-1200 PLC 连接到工业以太网。是一个非托管交换机，不需要进行组态配置
3	PROFIBUS-DP 主站模块 CM1243-5	可和其他 CPU、编程设备、人机界面、PROFIBUS-DP 从站设备通信
4	PROFIBUS-DP 从站模块 CM1242-5	可以作为一个智能 DP 从站设备与任何 PROFIBUS-DP 主站设备通信
5	I/O 主站模块 CM1278	可作为 PROFINET IO 设备的主站

可以在 S7-1200 CPU 的左侧最多安装 3 个通信模块。信号模块、通信模块与 CPU 之间的安装关系见图 1-11。S7-1200 PLC 所有模块都能方便地安装在标准的 35mm DIN 导轨上。所有的硬件都配备了可拆卸的端子板，不用重新接线，就能迅速地更换组件。

注意

通信模块、CPU 和信号模块三者的安装顺序是：左、中、右。位置可不能放错！

三、在线学习及自评测试

扫码检测学习效果并查看参考答案

四、任务实践

1. 控制要求描述

新冠肺炎疫情期间，口罩成了我们日常生活的必需品。为了扩大生产，某工厂的口罩生产线需要改进自动控制系统（点数由 382 增加至 678），由之前的西门子 S7-200 控制器升级为 S7-1200 控制器，并与其他设备进行通信。生产现场如图 1-16 所示。

图 1-16　口罩生产现场

作为一名工程师，请为该工厂 S7-1200 控制系统进行硬件配置（仅设计 PLC 部分，体现功能即可）。

2. 任务准备

1）分析各模块功能。

2）思考各模块安装顺序。

3）思考还需要获取哪些信息。

4）思考如何搜集所需资料。

3. 任务实施

严谨求实是工程师必须具备的职业素质之一，在系统设计的硬件配置中需要关注：

1）认真对待每一个疑问。

2）从实际出发，以客观事实为依据。

3）关注问题的关联性。

由以上控制要求分析可知，本系统配置仅需要关注 I/O 点数，应本着够用的工程原则。表 1-4 是其中一种设备配置方案。

表 1-4 设备清单

序号	设备名称	型号	功能	备注
1	中央处理器 CPU	CPU 1215C	控制中心	
2	信号模块	SM1221 DI 16 × DC24V	数字量输入	根据实际点数选择模块个数
3	信号模块	SM1222 DQ 8 × 继电器	数字量输出	根据实际点数选择模块个数
4	信号模块	SM1231 AI 4 × 13 位	模拟量输入	根据实际点数选择模块个数
5	信号模块	SM1232 AQ 4 × 14 位	模拟量输出	根据实际点数选择模块个数
6	通信模块	紧凑型交换机模块 CSM1277	连接到工业以太网	根据现场需求选择通信模块

说明：答案不唯一！

思考

I/O 点数是否需要留出余量（冗余）？

任务实施过程中，及时填写任务工单，客观评价学习结果。

五、应用考核

1. 要点回顾

本任务需要了解 S7–1200 PLC 各硬件模块功能，理解各模块在系统中的安装位置和作用，能正确拆装常用硬件模块。下面，通过一个简单工程项目的硬件安装环节检验 PLC 硬件认识的掌握情况。

2. 考核任务

任务要求：将表 1-4 中各模块的安装顺序以图示方式表示。

六、任务拓展

在工业控制中，常见的模拟量种类有哪些？

提示

在工业控制中，某些输入量（例如压力、温度、流量、转速等）是模拟量，某些执行机构（例如电动调节阀和变频器等）要求 PLC 输出模拟量信号，而 PLC 的 CPU 只能处理数字量。模拟量首先被传感器和变送器转换为标准量程的电流或电压，例如 4 ～ 20mA，±(0 ～ 10)V，PLC 通过模拟量输入模块的 A/D 转换器将它们转换成数字量。带正负号的电流或电压在 A/D 转换后，用二进制补码来表示。模拟量输出模块的 D/A 转换器将 PLC 中的数字量转换为模拟量电压或电流，再去控制执行机构。模拟量输入 / 输出（I/O）模块的主要任务就是实现 A/D 转换（模拟量输入）和 D/A 转换（模拟量输出）。

A/D 转换器和 D/A 转换器的二进制位数反映了其分辨率，位数越多，分辨率越高，模拟量输入 / 输出模块的另一个重要指标是转换时间。

任务 3 TIA Portal 软件初识

一、应用场景

S7-1200 PLC 的编程软件是 TIA 博途软件，其开发之初就把直观、高效、可靠作为非常重要的设计因素，在界面设置、窗口规划布局等多方面进行优化布置，快速了解 TIA 博途软件界面和操作规则是提高效率的关键环节。

二、知识准备

TIA 是 Totally Integrated Automation 的简称，即全集成自动化；Portal 是入口，即开始的地方。TIA Portal 被称为“TIA 博途”，意为全集成自动化的入口。TIA 博途是西门子自动化的全新工程设计软件平台，它将自动化软件工具集成在统一的开发环境中，是世界上第一款将所有自动化任务整合在一个工厂环境下的软件。主要包括三个部分，即 SIMATIC STEP7、SIMATIC WinCC 和 SIMATIC StartDrive。TIA 博途软件的体系结构如图 1-17 所示。

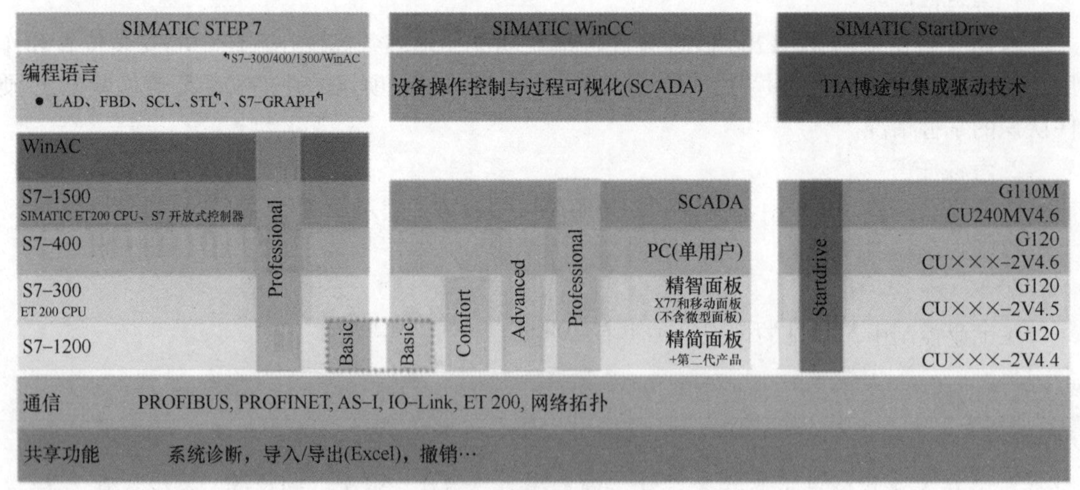

图 1-17　TIA 博途软件的体系结构

S7-1200 使用 TIA 博途中的 STEP 7 Basic（基本版）或 STEP 7 Professional（专业版）编程。

1. 安装 TIA 博途软件的软硬件条件

（1）硬件要求 TIA 博途软件对计算机系统的硬件要求比较高，计算机最好配置固态硬盘（SSD）。安装 SIMATIC STEP 7 的软件包，推荐的计算机配置见表 1-5。

表 1-5 安装 SIMATIC STEP 7 对硬件的要求

项目	最低配置要求	推荐配置
RAM	4GB	8GB 或更大
硬盘	5GB	300GB，固态硬盘
CPU	2.2GHz	3.3GHz
屏幕分辨率	1024 × 768	15.6in 宽屏显示器（1920 × 1080）

（2）操作系统要求 专业版、企业版或者旗舰版的操作系统是 TIA 博途软件的必备条件，不支持家庭版操作系统。推荐 64 位的 Windows 7 SP1 或 Windows 8.1 以及某些 Windows 服务器，不支持 WindowsXP，如图 1-18 所示。

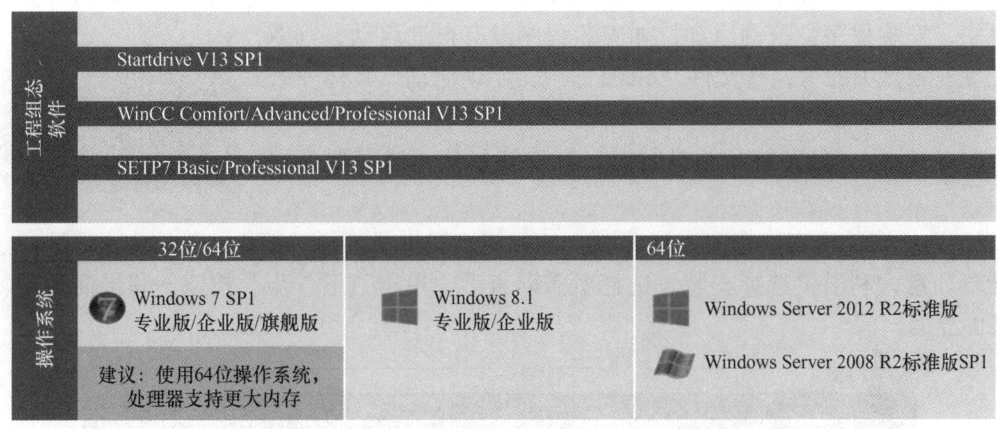

图 1-18 安装“SIMATIC STEP 7”对操作系统的要求

TIA 博途中的软件应按下列顺序安装：STEP 7 Professional、S7–PLC SIM、WinCC Professional、StartDrive、STEP 7 Safety Advanced。

可在虚拟机上安装“ SIMATIC STEP 7 Professional”软件包，推荐选择使用下面指定版本或较新版本的虚拟平台：

- VMware vSphere Hypervisor（ESXi）5.5；
- VMware Workstation 10；
- VMware Player 6.0；
- Microsoft Windows Server 2012 R2 Hyper-V。

2. 安装 TIA 博途软件的注意事项

1）无论是 Windows 7 还是 Windows 8.1 系统的家庭（HOME）版，都不能安装西门子的 TIA 博途软件。

2）安装 TIA 博途软件时，最好关闭监控和杀毒软件。

3）安装 TIA 博途软件时，软件的存放目录中不能有汉字，否则，将弹出错误信息，表明目录中有不能识别的字符。例如将软件存放在“C：/软件/STEP 7”目录中就不能安装。

4）在安装TIA博途软件的过程中出现提示“请重新启动Windows”字样，这可能是360安全软件作用的结果，重启计算机有时是可行的方案。有时计算机会重复提示重启，在这种情况下解决方案如下：

在Windows的菜单命令下，单击“开始”按钮，在“搜索程序和文件”对话框中输入“regedit”，打开注册表编辑器。选中注册表中“HKEY_LOCAL_MACHINE\System\CueerentControlset\Control”中的“Session manager”，删除右侧窗口中的“PendingFileRenameOperations”选项。重新安装，就不会出现重启计算机的提示了。

5）允许在同一台计算机的同一个操作系统中安装STEP7 V5.5、STEP7 V12和STEP7 V13，早期的STEP7 V5.5和STEP7 V5.4不能安装在同一个操作系统中。

3. 安装TIA博途软件

安装软件的前提是计算机的操作系统和硬件符合安装TIA博途软件的条件。当满足安装条件时，首先要关闭正在运行的其他所有程序，然后将TIA博途软件光盘插入计算机的光驱中，安装程序会自动启动，如安装程序没有自动启动，则双击光盘安装盘中的可执行文件“Start.exe”，手动启动。具体安装顺序如下：

1）初始化。当安装开始进行时，首先初始化，这需要一段时间。

2）选择安装语言，如图1-19所示。TIA博途提供了英语、德语、简体中文、法语、西班牙语和意大利语供选择安装。选择所需语言后，单击“下一步”按钮，弹出需要安装的组件的界面。

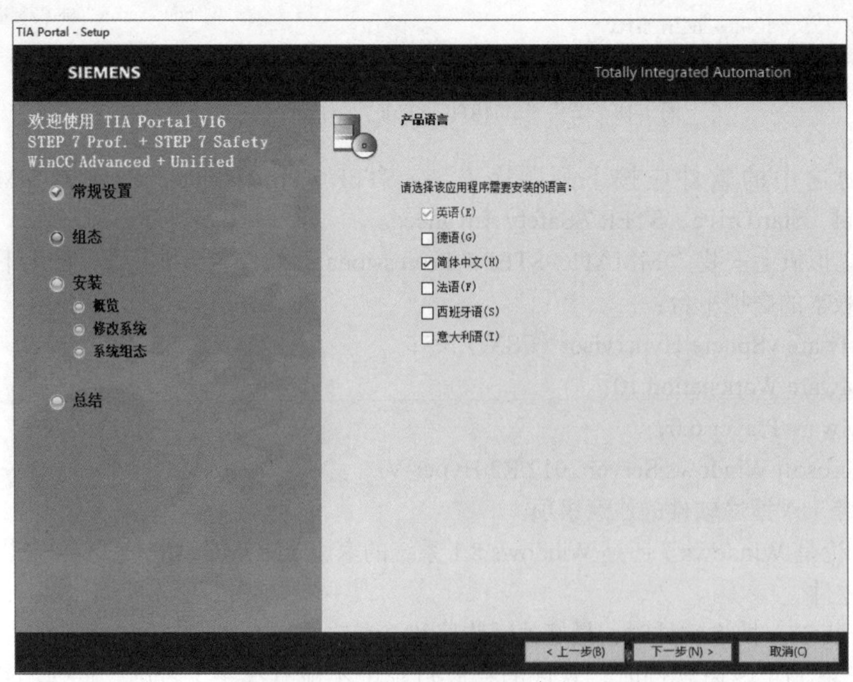

图1-19　选择安装语言

3）选择需要安装的组件，如图 1-20 所示。有三个选项可供选择：最小、典型和用户自定义，这需要根据购买的授权确定。

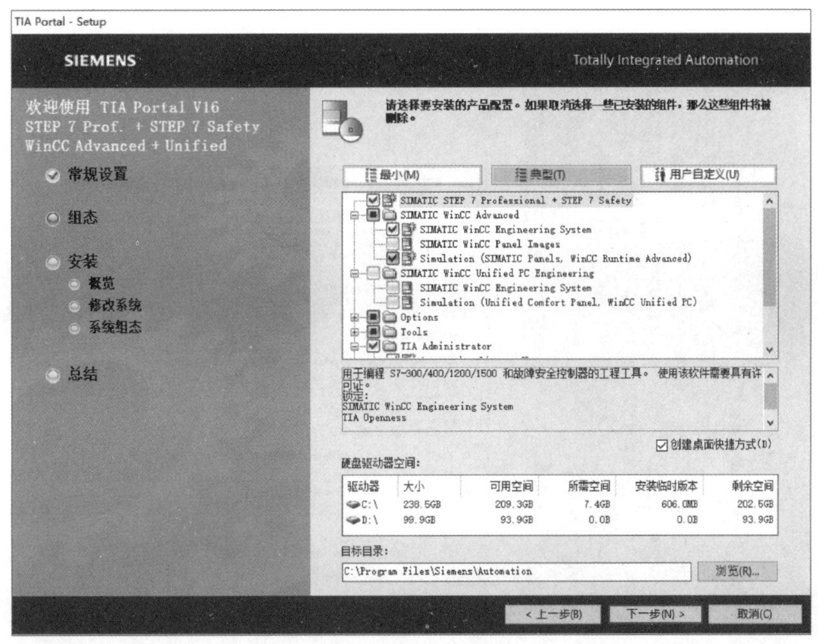

图 1-20　选择需要安装的组件

4）选择许可条款。勾选“本人接受所列出的许可协议中所有条款”和“本人特此确认，已阅读并理解了有关产品安全操作的安全信息”，单击“下一步”，如图 1-21 所示。

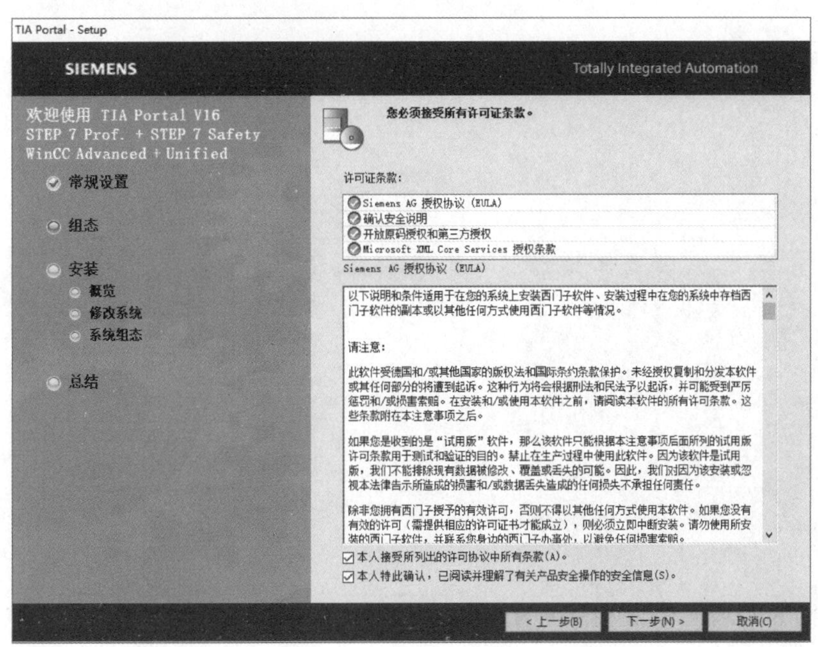

图 1-21　选择许可条款

5）安全控制。勾选“我接受此计算机上的安全和权限设置”，单击“下一步”，如图1-22所示。

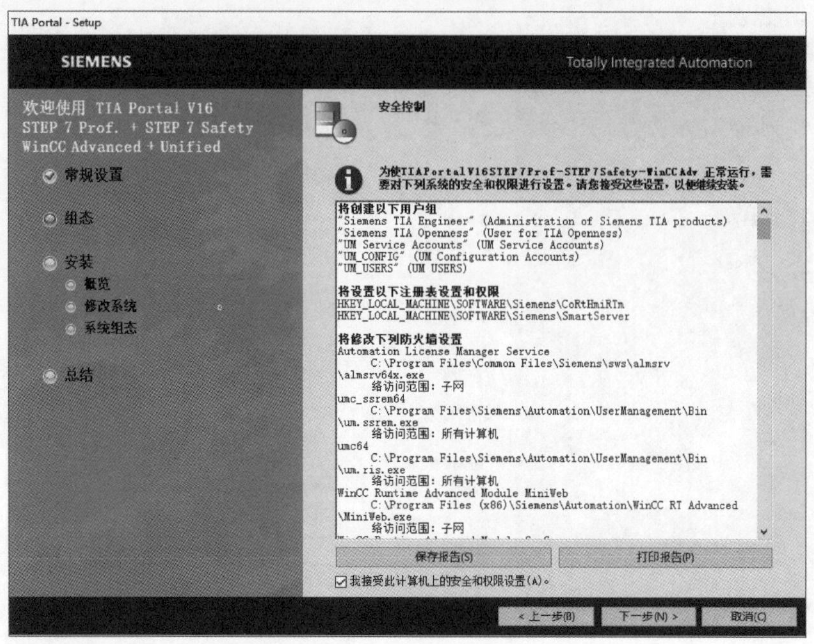

图1-22 安全和权限设置

6）预览安装和安装。概览界面显示要安装产品的具体位置。如确认需要安装TIA博途，单击“安装”按钮，如图1-23所示。

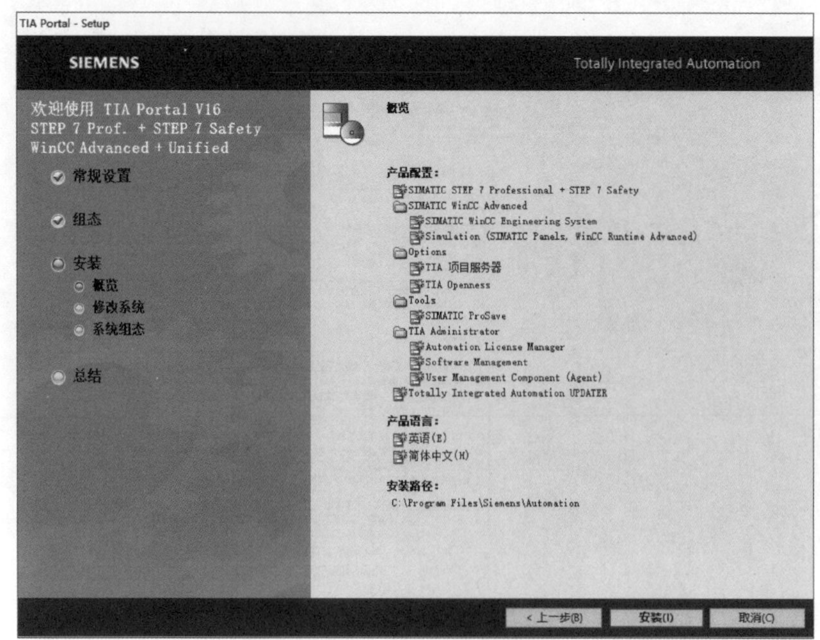

图1-23 安装概览

7）安装完成后，选择“重新启动计算机”选项，重新启动计算机后，TIA 博途软件安装完成，桌面上出现图 1-24 所示四个图标。

4. 安装仿真软件

仿真软件可以提供无硬件的程序调试环境，对于初学者，大大提高了学习效率。仿真软件功能对 S7–1200 硬件和博途软件的要求如下：固件版本为 V4.0 及以上，软件版本为 V13 SP1 及以上。仿真软件安装过程如下：

1）打开安装光盘文件夹。双击打开仿真安装程序“ setup.exe”，如图 1-25 所示，单击“下一步”。

图 1-24　TIA 博途软件安装完成后的图标

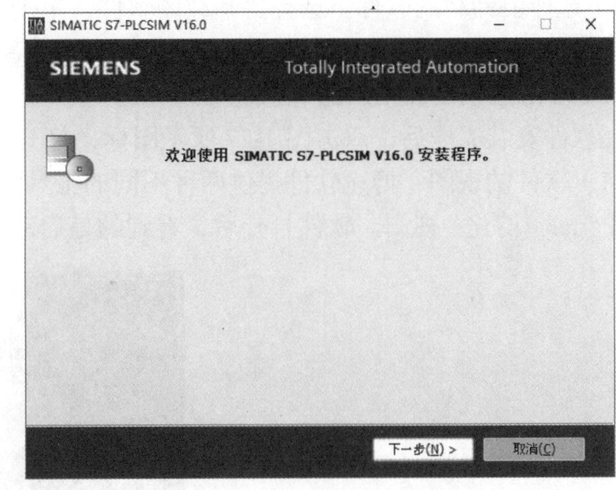

图 1-25　仿真软件安装程序

2）选择语言和路径。安装语言和产品语言均选择简体中文，安装路径选择默认路径，单击“下一步”，进入选择安装产品配置界面，选择典型安装选项，如图 1-26 所示。

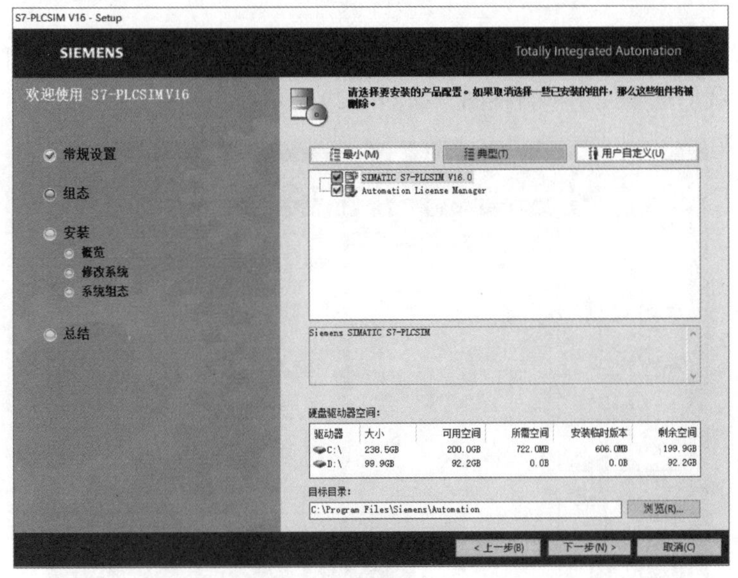

图 1-26　选择安装组件

3）许可证条款和安全控制。接受所有许可证条款、安全和权限设置，单击“安装”，完成整个安装过程。

5. 卸载 TIA 博途软件

卸载 TIA 博途软件和卸载其他软件类似，具体操作过程如下：

1）打开控制面板，双击打开“程序和功能”界面。单击“卸载”按钮，弹出初始化界面，需要一定时间。

2）卸载语言。初始化界面完成后，选择“安装语言”，单击“下一步”按钮，弹出“选择要卸载的软件”的界面。

3）选择要卸载的软件。选择要卸载的软件，单击“下一步”按钮，弹出卸载预览界面，单击“卸载”按钮，卸载开始进行，直到完成后，重新启动计算机即可。

6. TIA 博途软件使用入门

在软件安装完毕后，双击图 1-27 所示图标，打开 TIA 博途软件。

（1）软件的视图　博途软件提供两种不同的工具视图，即基于项目的项目视图和基于任务的 Portal（博途）视图。软件打开后，看到的是启动画面即 Portal 视图，如图 1-28 所示。

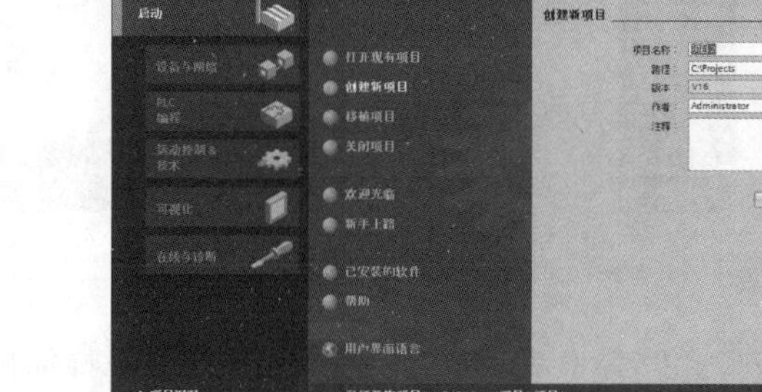

图 1-27　TIA 博途软件图标　　图 1-28　启动画面（Portal 视图）

单击软件界面左下角的“项目视图”，可切换到项目视图，两种视图都可以打开已有项目和新建项目，我们通常使用项目视图，如图 1-29 所示。

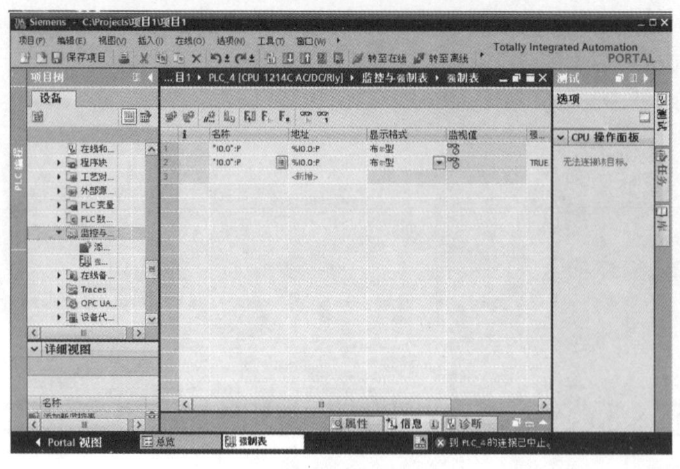

图 1-29　项目视图

（2）项目的创建、打开和关闭　在项目视图下，选择“项目”→“新建”菜单命令，如图 1-30a 所示，弹出新建项目对话框，如图 1-30b 所示。在其中填写新建项目的名称（Project Name）、保存路径（Path）、作者（Author）和注释（Comment）（也可以不填），然后单击“创建”按钮即可。

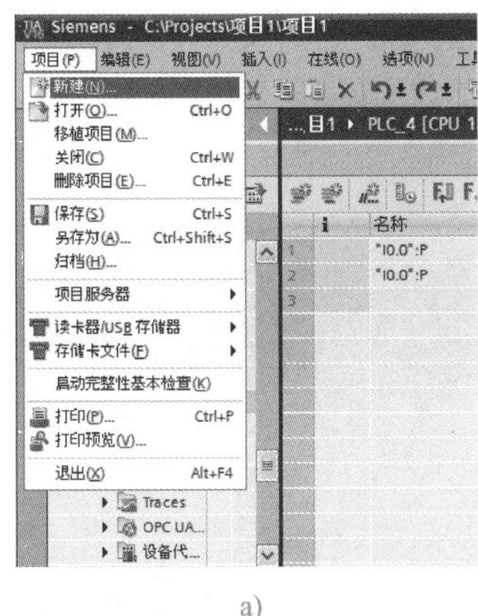

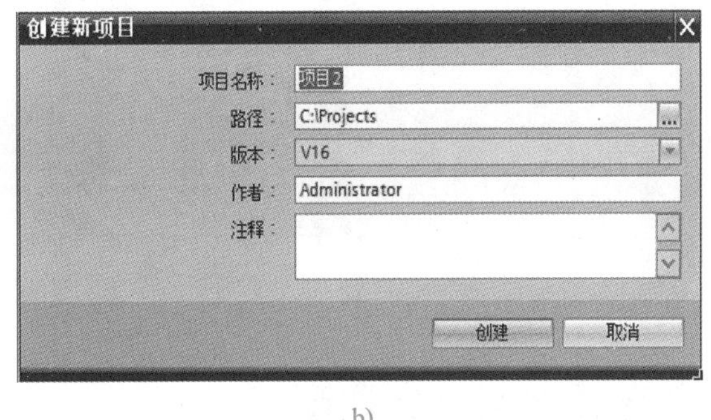

a)　　　　　　　　　　b)

图 1-30　新建项目

在项目视图下，选择“项目”→“打开”菜单命令，如图 1-31a 所示，弹出打开项目对话框，如图 1-31b 所示。

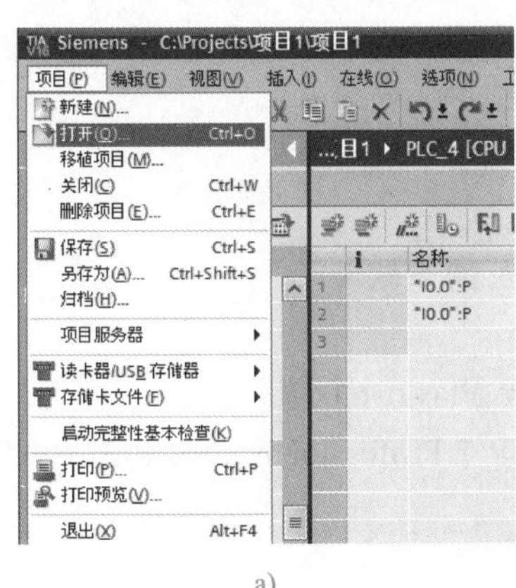

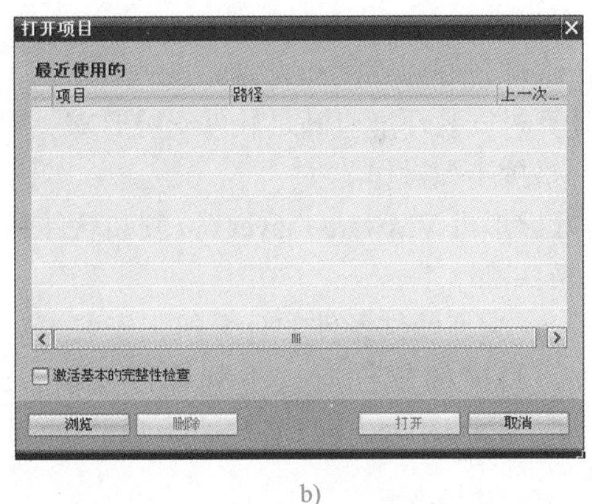

a)　　　　　　　　　　b)

图 1-31　打开项目

在图 1-31b 对话框中，将列出最近打开过的项目。如果其中有准备打开的项目，直接选中，然后单击“打开”按钮即可；如果罗列的项目过多，可以选中一些项目后单击“移除”按钮，这些项目将不再显示；如果这里没有要打开的项目，单击“浏览”按钮，选择要打开的项目，打开即可。

在某个项目打开的情况下，选择项目视图下“项目”→“关闭”菜单命令可以关闭当前项目，如图 1-32 所示。

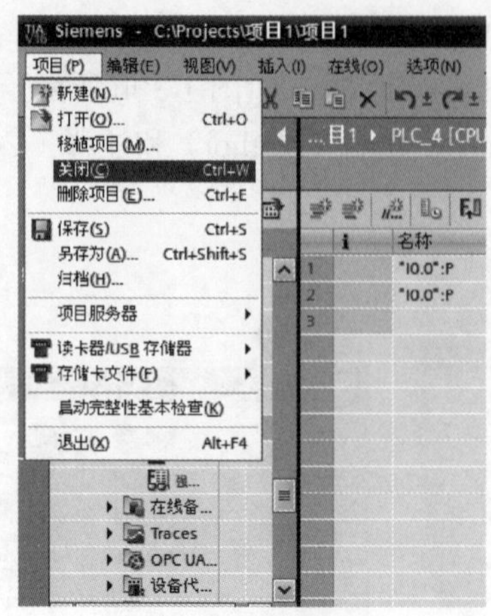

图 1-32　关闭项目

三、在线学习及自评测试

四、任务实践

1. 任务要求描述

在虚拟机上安装“SIMATIC STEP 7 Professional”软件包。在项目视图下，创建一个新项目。

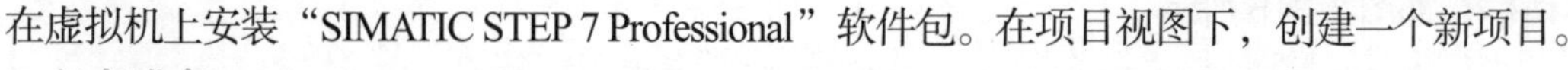

2. 任务准备

1）依次准备好计算机和光盘。

2）计算机安装环境应满足软件安装要求。

3）严格按步骤操作。

准备好虚拟机 VMware Player 6.0 安装软件和 TIA 博途软件。

3. 任务实施

首先，在满足硬件条件的计算机上安装 VMware Player 6.0 虚拟平台；其次，安装 TIA 博途软件，其中的软件应按下列顺序安装：STEP 7 Professional、S7-PLC SIM、WinCC Professional、StartDrive、STEP 7 Safety Advanced。

五、应用考核

1. 要点回顾

本任务需要了解 TIA 博途软件的安装软硬件要求，新项目的创建、打开和关闭等基本操作。

2. 考核任务

任务要求：创建一个指定名称（班级）、路径（默认）、作者（个人姓名）和注释（描述你对博途软件的认识）的项目。

六、任务拓展

TIA Portal 软件安装后，结合实际，试述仿真功能的意义，以流程图的形式说明仿真功能的实现步骤。

项目二

电动机起停控制

项目目标

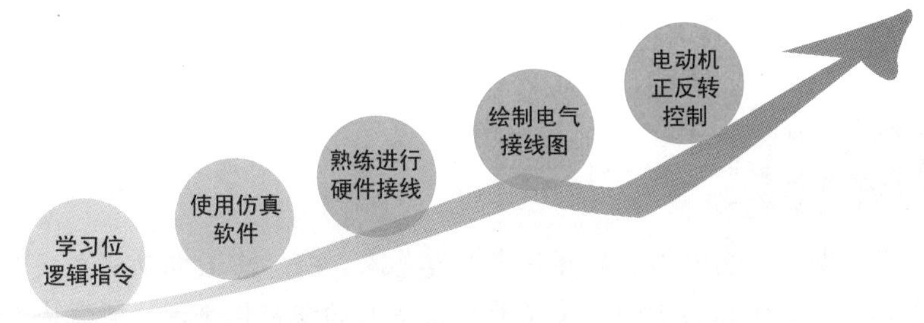

知识目标	1. 了解博途软件中基本逻辑指令的表示方法，能根据需求正确选择指令形式，正确表达逻辑关系； 2. 理解控制要求的表达及其在控制系统中的地位； 3. 掌握仿真软件在控制系统调试中的作用。
能力目标	1. 能正确使用 PLC 仿真软件； 2. 能在运行程序中找到控制要求对应的功能； 3. 在相关文件指导下，能完成简单操作系统的设计与调试； 4. 遵守仿真软件操作步骤。
素质目标	1. 培养严谨认真的工作态度，夯实安全第一意识； 2. 如实记录控制系统仿真调试过程。

项目导入

传统的继电器 – 接触器控制系统（图 2-1a），根据控制要求采用硬件接线方式接入继电器、定时器和计数器。但是，这种方法在全部接线完成之前，操作者不能测试控制元件；而且由于每个元件动作频率高，造成使用寿命都很短，经常需要维修，维修或升级都需要花费大量的时间和精力，将大大影响生产效率。这也是 PLC 控制系统（图 2-1b）诞生的意义所在。

那么，PLC 控制系统是如何体现它的优势的呢？下面，我们在理解 PLC 工作原理的基础上，通过对电动机起停简单控制系统的设计与实施体会其中的奥秘。

a) 传统的继电器-接触器控制柜

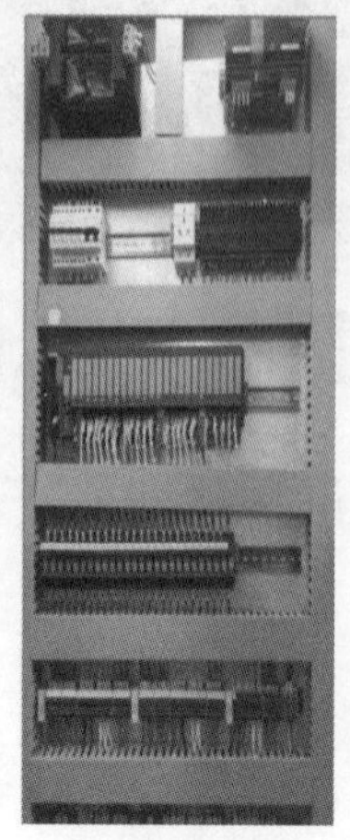

b) PLC控制柜

图 2-1　传统的继电器 - 接触器控制柜与 PLC 控制柜

来听故事啦

钟兆琳，我国电动机制造工业的拓荒者和奠基人，有“中国电动机之父”之称，是我国电动机工程专家，是钱学森的老师，更是开拓大西北的积极倡导者、实践者和建设者。

1942 年，日本傀儡汪精卫的伪政府“接收”交大，钟兆琳先生拍案而起，拂袖而去，宣布退出汪伪的“交大”。他不畏恐吓，不为利诱所动，坚持不替汪伪政权做事。为解决生活困难，他担任家庭教师、做中学辅导工作、担任技术工，辗转挣扎在困难的生活之中。中华人民共和国成立后，钟先生高兴万分，当交大党组织请他继续担任电动机系主任时，他愉快地接受并表示，一定做得更好，为新中国培养更多的科技人才。

1954 年，国务院决定交通大学内迁西安。钟先生对此非常赞成并积极支持。1956 年搬迁时，周恩来总理提出，钟先生年龄较大，身体不好，夫人又卧病在床，可以留在上海。但他表示，上海经过许多年发展，西安无法和上海相比，正因为这样，我们要到西安办校扎根，献身于开发共和国的西部。

任务 1　单台电动机起停控制系统设计与调试

一、应用场景

试想，视频中电动机与起动、停止按钮之间并没有直接的硬件接线，起停信号是如何传送的呢？

扫码观看电动机起停控制系统运行视频

二、知识准备

1. 位逻辑运算指令学习

S7-1200 基本指令的位逻辑运算指令如图 2-2 所示。

常用位逻辑运算指令功能说明见表 2-1，更多的指令讲解将在随后内容中陆续讲到。

表 2-1 常用位逻辑运算指令功能说明

序号	图形符号	名称	功能说明
1	"IN" ─┤ ├─	常开触点	操作数的信号状态为“1”时闭合，为“0”时断开
2	"IN" ─┤/├─	常闭触点	操作数的信号状态为“1”时断开，为“0”时闭合
3	┤NOT├	取反 RLO	指对存储器位的取反操作，NOT 触点左侧为“1”时，右侧为“0”，能量流不能传递到右侧，输出为低电平；反之，NOT 触点左侧为“0”时，右侧为“1”，左侧没有能量流通过 NOT 触电，反而向右产生了能量流，输出为高电平
4	"OUT" ─(　)─	线圈	左侧触点逻辑运算结果为“1”时，CPU 将线圈位地址指定过程映像寄存器位置“1”；左侧触点逻辑运算结果为“0”时，CPU 将线圈位地址指定过程映像寄存器位置“0”
5	"OUT" ─(/)─	取反线圈	左侧触点逻辑运算结果为“1”时，CPU 将线圈位地址指定过程映像寄存器位置“0”；左侧触点逻辑运算结果为“0”时，CPU 将线圈位地址指定过程映像寄存器位置“1”
6	"OUT" ─(S)─	置位线圈	置位输出：S（置位）激活时，OUT 地址处的数据值设置为 1；S 未激活时，OUT 不变
7	"OUT" ─(R)─	复位线圈	复位输出：R（复位）激活时，OUT 地址处的数据值设置为 0；R 未激活时，OUT 不变
8	"OUT" ─(SET_BF)─┤ "n"	置位位域	置位位域：SET_BF 激活时，为从寻址变量 OUT 处开始的 n 位分配数据值 1；SET_BF 未激活时，OUT 不变
9	"OUT" ─(RESET_BF)─┤ "n"	复位位域	复位位域：RESET_BF 激活时，为从寻址变量 OUT 处开始的 n 位分配数据值 0；RESET_BF 未激活时，OUT 不变

（1）常开触点　常开触点在编程软件中用“┤├”表示。常开触点的激活取决于相关操作数的信号状态。当操作数的信号状态为“1”时，常开触点将闭合，信号流通过。当操作数的信号状态为“0”时，不会激活常开触点，信号流断开。

两个或多个常开触点串联时，将逐位进行“与”运算，所有触点都闭合后才产生信号流。常开触点并联时，将逐位进行“或”运算，有一个触点闭合就会产生信号流。

（2）常闭触点　常闭触点在编程软件中用“┤/├”表示。常闭触点的激活取决于相关操作数的信号状态。当操作数的信号状态为“1”时，常闭触点将断开，信号流断开。当操作数的信号状态为“0”时，不会激活常闭触点，信号流通过。

（3）取反 RLO 指令　取反 RLO 指令在编程软件中用“┤NOT├”表示。使用取反 RLO 指令可对逻辑运算结果（RLO）的信号状态进行取反。如果该指令输入的信号状态为“1”，则指令的信号输出状态为“0”。如果该指令输入的信号状态为“0”，则输出的信号状态为“1”。

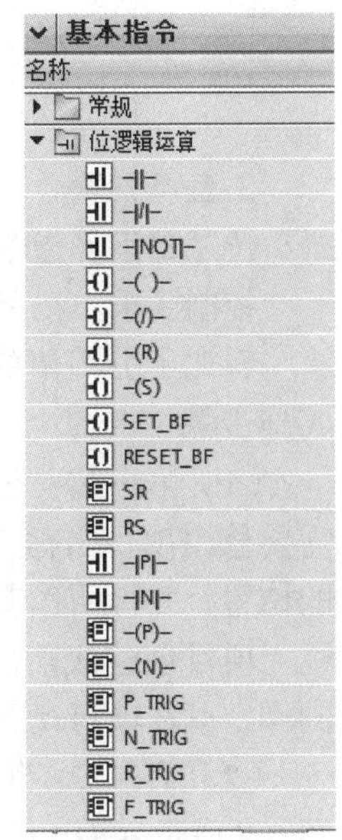

图 2-2 位逻辑运算指令

（4）线圈　线圈在编程软件中用“—(　)—”表示。如果线圈输入的逻辑运算结果（RLO）的信号状态为“1”，则将指定操作数的信号状态置位为“1”。如果线圈输入的信号状态为“0”，则指定操作数的位将复位为“0”，该指令不会影响 RLO，线圈输入的 RLO 将直接发送到输出点。

线圈指令将新值写入输出点的过程映像寄存器，当输出指令执行时，将输出过程映像寄存器中的位接通或断开。

（5）取反线圈　取反线圈指令（“—(/)—”）也叫“赋值取反”指令。使用该指令，可将逻辑运算结果（RLO）进行取反，然后将其赋值给指定操作数。线圈输入的 RLO 为“1”时，复位操作数；线圈输入的 RLO 为“0”时，操作数的信号状态置位为“1”。

2. 常用位逻辑指令的使用

PLC 控制系统的控制要求或逻辑关系，不可能只用一种或一个指令表达清楚，往往需要多种多个指令相互组合的不同逻辑运算来表达，最简单的逻辑运算有“与”“或”和“非”。

将两个常开或常闭触点串联可以进行“与”运算，两个常开或常闭触点并联可以进行“或”运算。

图 2-3 所示是“与”逻辑运算，I0.0 和 I0.1 状态均为“1”时，Q0.0 输出为“1”；当 I0.0 或 I0.1 任何一个状态为“0”时，Q0.0 输出就为“0”。

图 2-4 所示是“或”逻辑运算，I0.2 和 I0.3 任意一个状态为“1”时，Q0.1 输出为“1”；当 I0.2 和 I0.3 状态均为“0”时，Q0.1 输出为“0”。

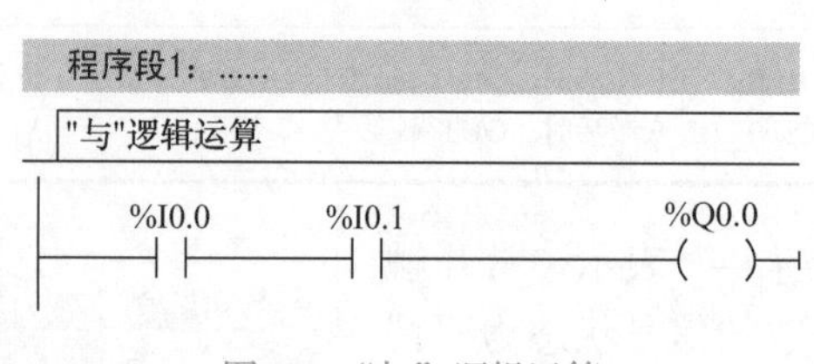

图 2-3 “与”逻辑运算

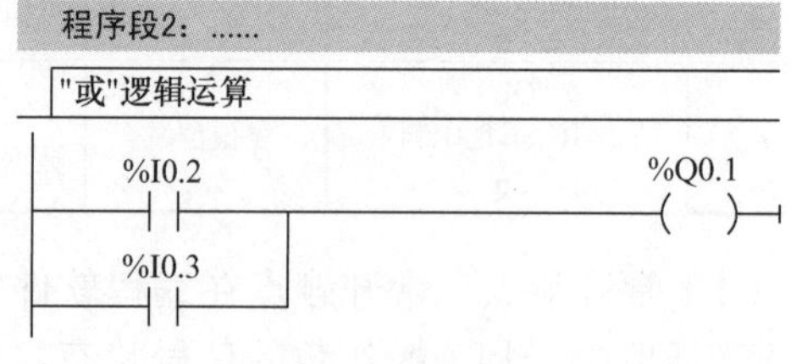

图 2-4 “或”逻辑运算

3. 任务热身

位逻辑运算指令应用举例：指示灯亮灭控制系统。

控制要求：按下按钮 SB，指示灯 HL 点亮；松开按钮 SB，指示灯 HL 熄灭。

看似十分简单的一个控制系统，如何在 S7-1200 PLC 控制系统中实现？下面详细列出实施步骤。

（1）第一步：创建项目　运行 TIA Portal 软件，在对话框中单击“创建新项目”，根据需要修改项目名称（指示灯亮灭控制系统），通过“路径”选项可以修改程序在硬盘中存储的位置，并标明作者、注释等信息，如图 2-5 所示，然后单击“创建”。

项目创建成功后出现图 2-6 所示 Portal 视图。可在 Portal 视图左下角切换到项目视图，同样，可在项目视图左下角从项目视图切换到 Portal 视图。

（2）第二步：组态设备　在 Portal 视图中单击“组态设备”，选择“添加新设备”，进入图 2-7 所示界面。

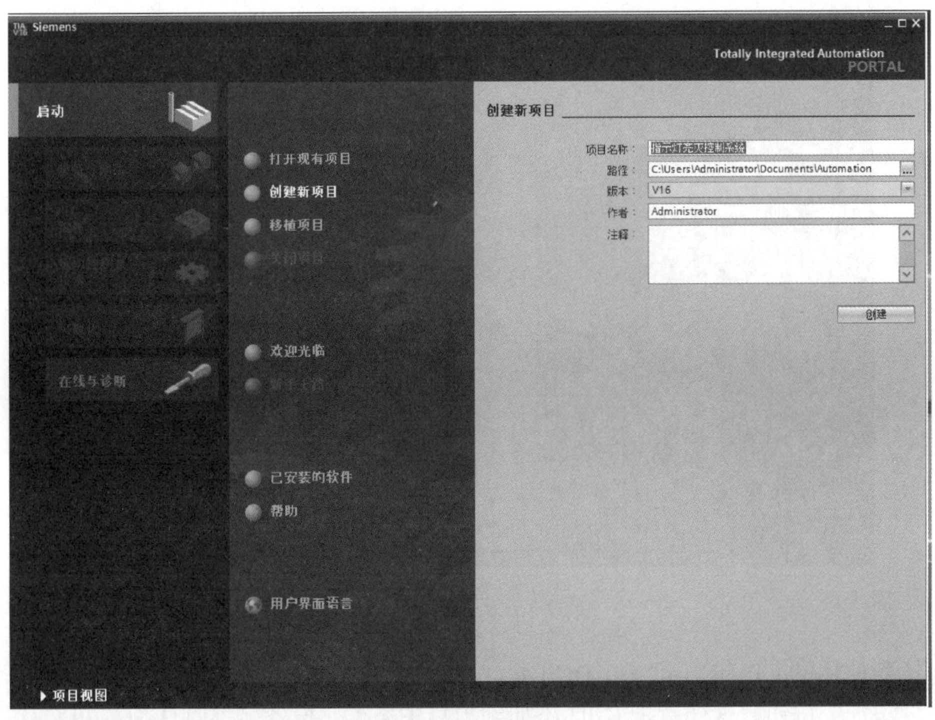

图 2-5 创建新项目视图

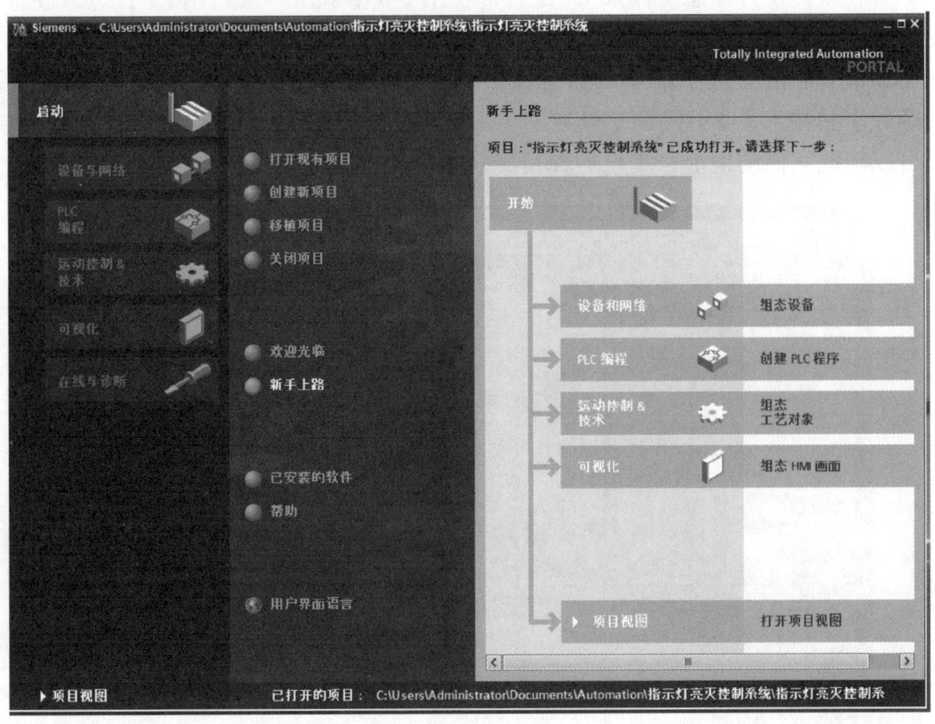

图 2-6 Portal 视图

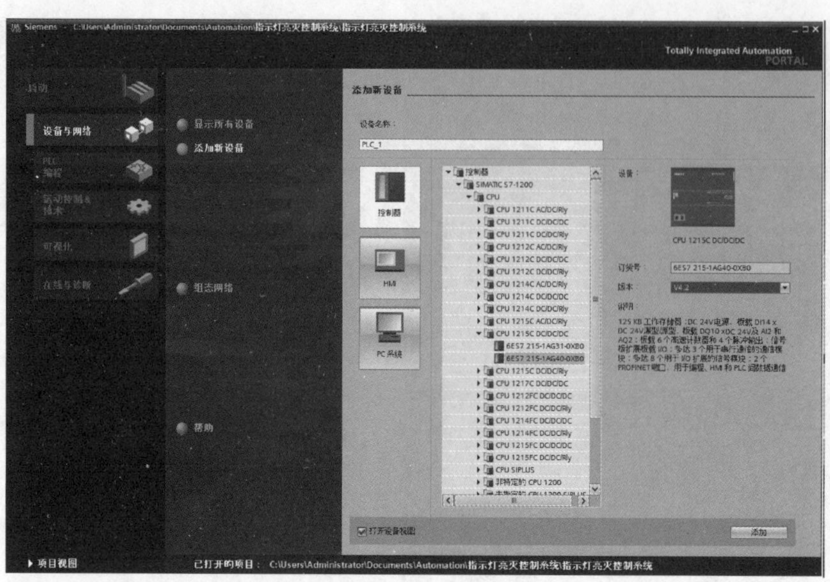

图 2-7　为项目添加 CPU

选择要使用的 CPU 1215C DC/DC/DC，选中相应的订货号和右侧对应的版本号，单击右下方“添加”按钮，这样就把 CPU 添加到项目中来了。设备名称默认为“PLC_1”，可以根据需要修改设备名称。

（3）第三步：硬件组态　添加 CPU 后，在图 2-8 中双击“设备组态”，进入硬件组态界面，在硬件组态界面可以添加模块和配置硬件。此任务无需其他模块，可以略过。

在图 2-8 中单击右边小箭头，打开图 2-9 所示 CPU 的“设备概览”，可以看到该 CPU 自带一个数字量输入 / 输出模块，其数字量 I 的地址为“0...1”，数字量 Q 的地址为“0...1”，在这里可以修改它们的地址，本任务保持默认地址。配置完成后单击“保存项目”。

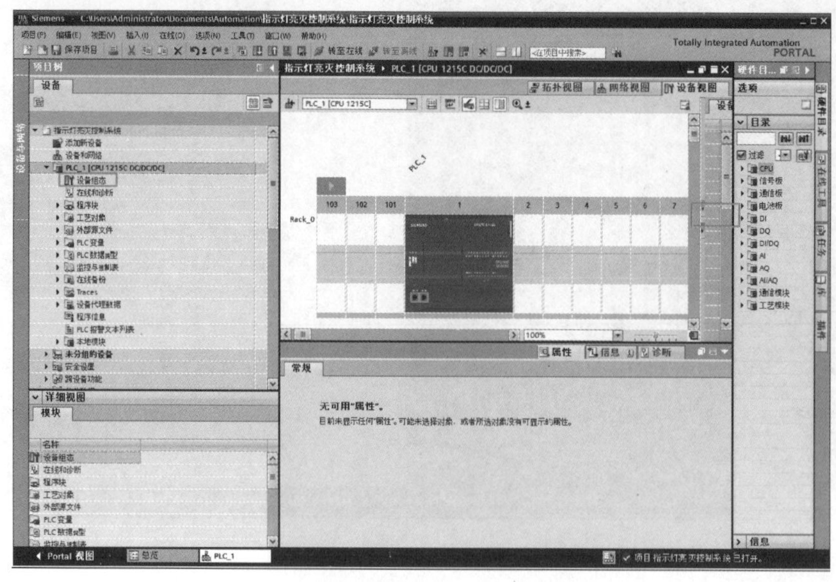

图 2-8　CPU 添加完成

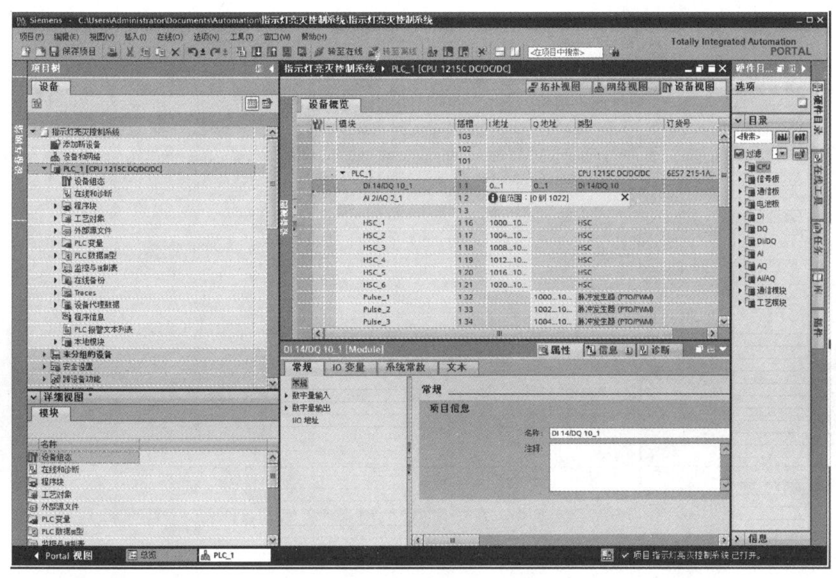

图 2-9 CPU 的设备概览

（4）第四步：新建变量表 如图 2-10 所示，单击“添加新变量表”，新建一个“变量表_指示灯亮灭控制”，然后新建 2 个变量“按钮”和“指示灯”，分别对应地址 I0.0 和 Q0.1。

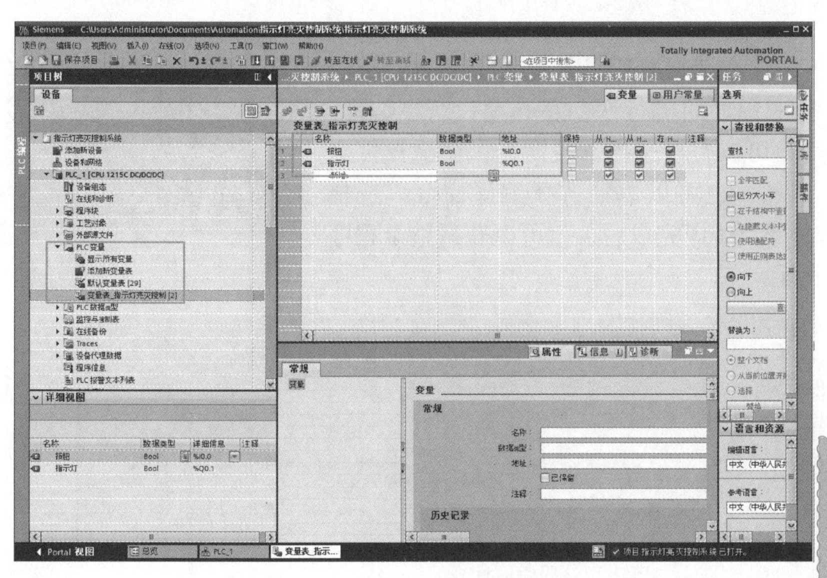

图 2-10 新建“变量表_指示灯亮灭控制”

（5）第五步：设计程序 单击“程序块”前的小箭头或者双击“程序块”，打开 Main[OB1]，进入主程序的编辑界面，输入相应控制程序。在编辑区上部的工具栏中或者在右侧指令任务卡的位逻辑运算中选择常开触点和线圈，在指令上方的操作数上直接手动输入或从左下侧变量表中拖拽相应变量，如图 2-11 所示，保存项目。

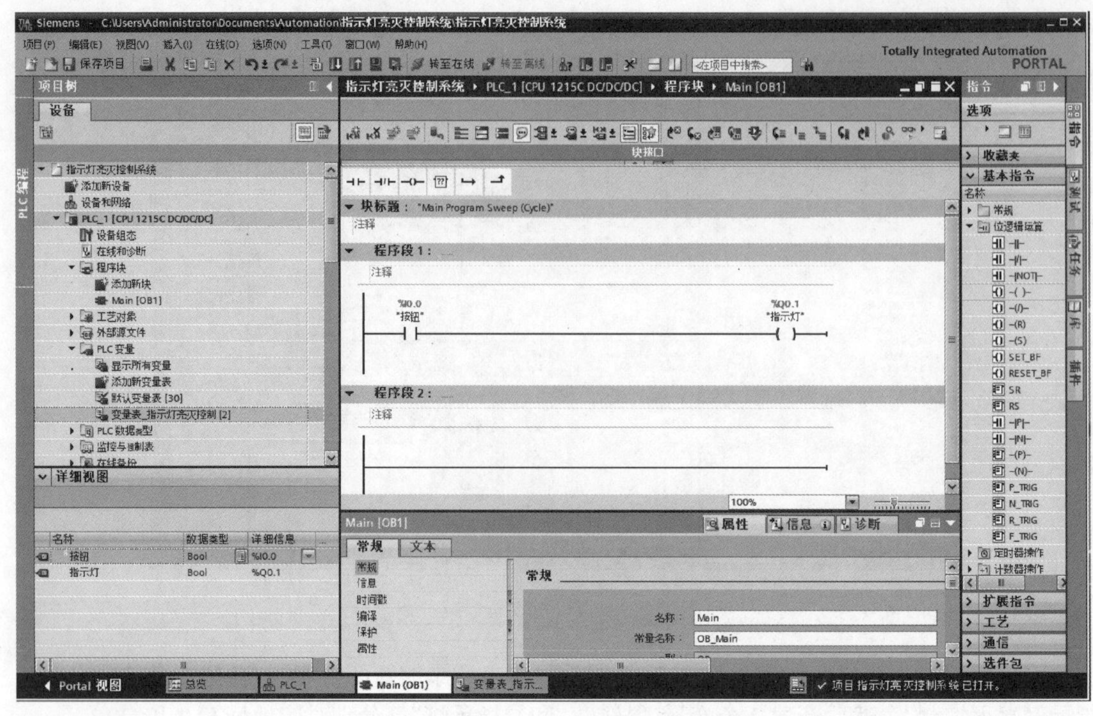

图 2-11 程序设计

（6）第六步：程序下载 在编辑阶段只是完成了基本编辑语法的输入验证，但是要验证程序的可行性，还必须执行“编译”命令。在一般情况下，用户可以直接选择下载命令，博途软件会自动先执行编译命令。当然，也可以单独选择编译命令，选择“编辑”→“编译”菜单命令，编译完成后，就可以获得整个程序的编译信息，如图 2-12 所示。

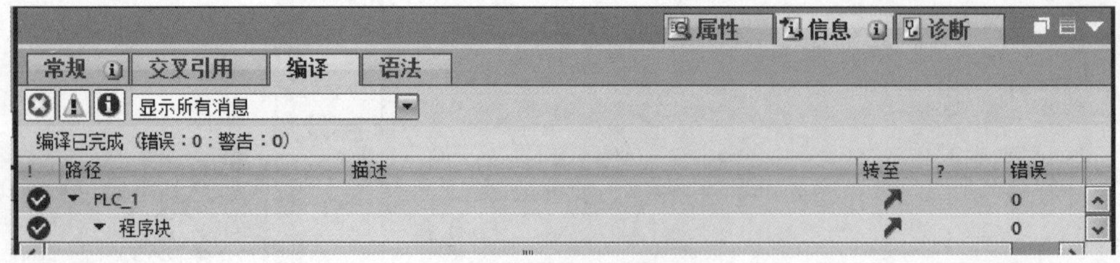

图 2-12 编译信息

本控制系统将使用仿真软件进行调试，所以首先单击“启动仿真”按钮，打开仿真软件，如图 2-13 所示，选中 PLC，单击“下载”。

第一次下载时将出现设备搜索界面，如图 2-14 所示，单击“开始搜索”，当搜索到相应 PLC 时，单击“下载”。

进行一系列下载前检查后，单击“装载”，如图 2-15 所示，将程序下载到仿真器 PLC 中，单击“完成”。

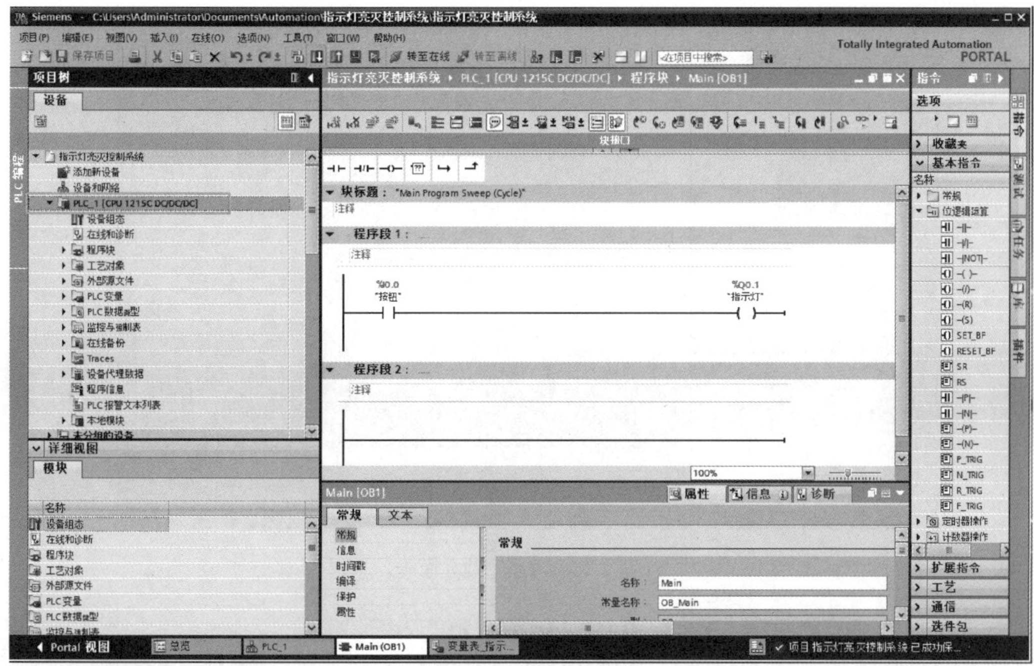

图 2-13　下载项目

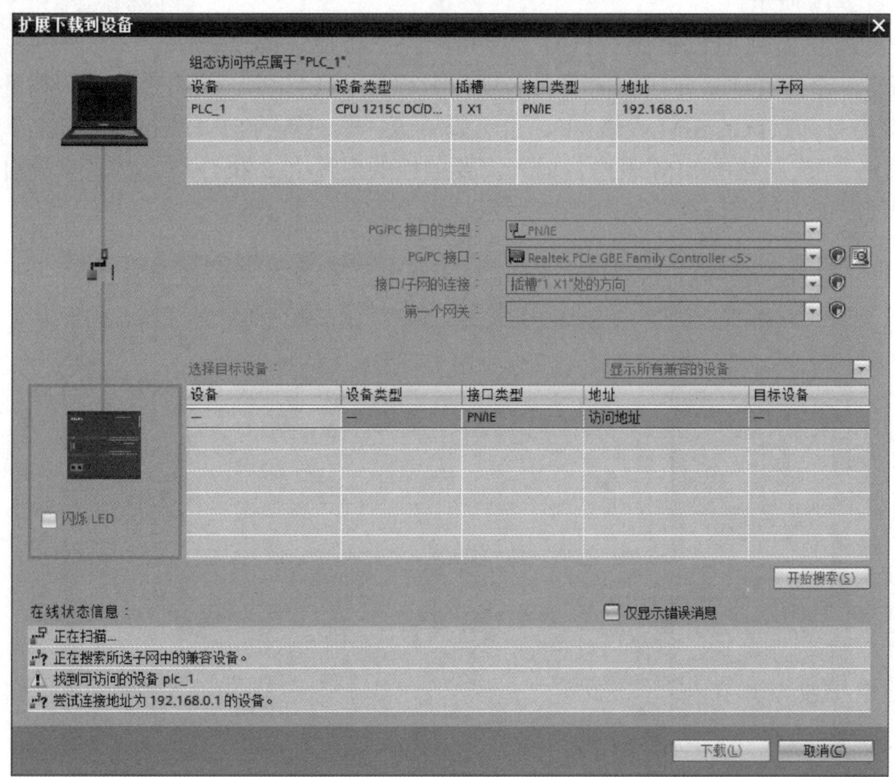

图 2-14　设备搜索界面

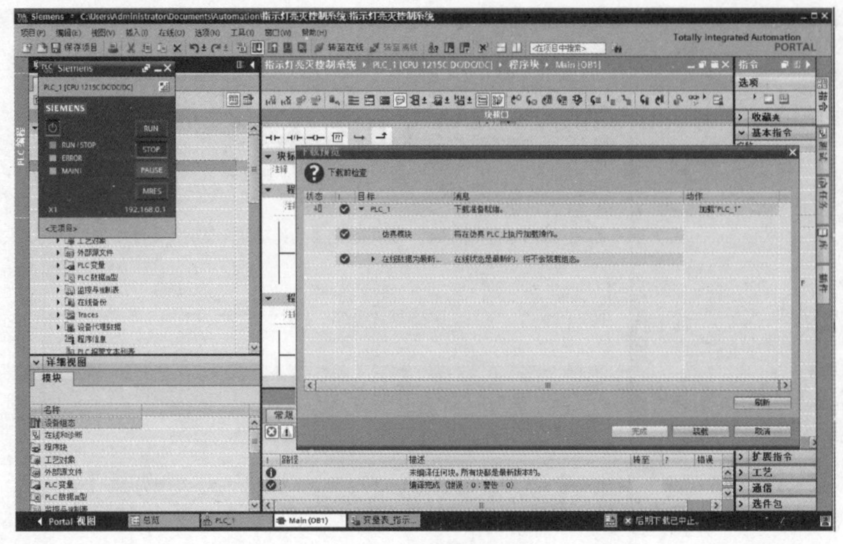

图 2-15　程序下载界面

（7）第七步：仿真调试　打开“启用 / 禁用监视”，程序处在监视状态下，最左侧母线和 I0.0 触点前的能流线是绿色（通过状态），I0.0 常开触点和 Q0.1 线圈是灰色（断开状态），以上是初始状态，如图 2-16 所示。

将仿真器切换到项目视图，选择“项目”→“新建”菜单命令，新建一个仿真项目，根据需要命名项目名称为“项目 2”，双击左侧项目树的“SIM 表格”，双击打开默认的 SIM 表格 _1，也可以单击“添加新的 SIM 表格”并命名。双击打开 SIM 表格 _1 或新建的 SIM 表格，输入需要监控的变量 I0.0 和 Q0.1，仿真系统自动出现该变量与程序中的相应信息，如图 2-17 所示。

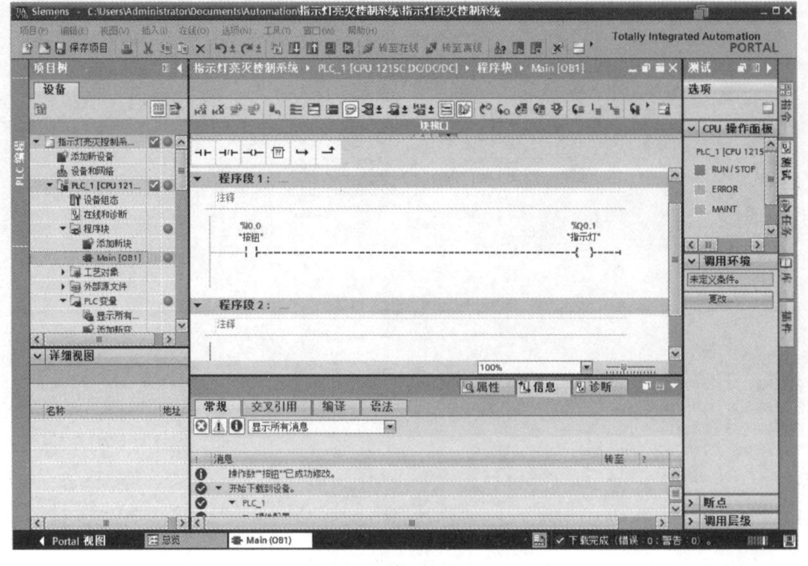

图 2-16　仿真监控程序初始状态

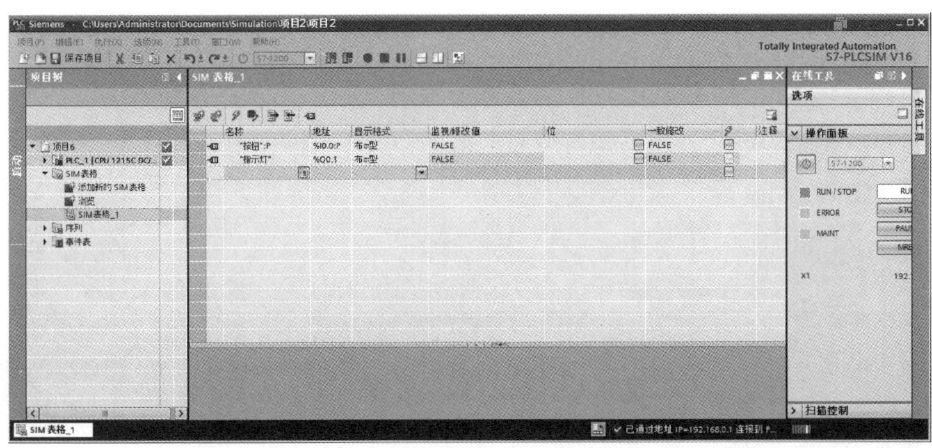

图 2-17 仿真监控表

仿真器监视状态下，在 SIM 表格 _1 中勾选 I0.0“位”（置 1），监视 / 修改值由“FALSE”变为“TURE”，Q0.1 的监视修改值也由“FALSE”变为“TURE”，这是程序执行的结果。同时，在程序中也可以看到：I0.0 和 Q0.1 分别由“FALSE”变为“TURE”时，其颜色分别由灰色变成绿色，如图 2-18 和图 2-19 所示。说明当按钮按下，指示灯点亮，按钮松开，指示灯熄灭，调试过程和结果完全符合控制要求，实际上是典型的点动控制系统。

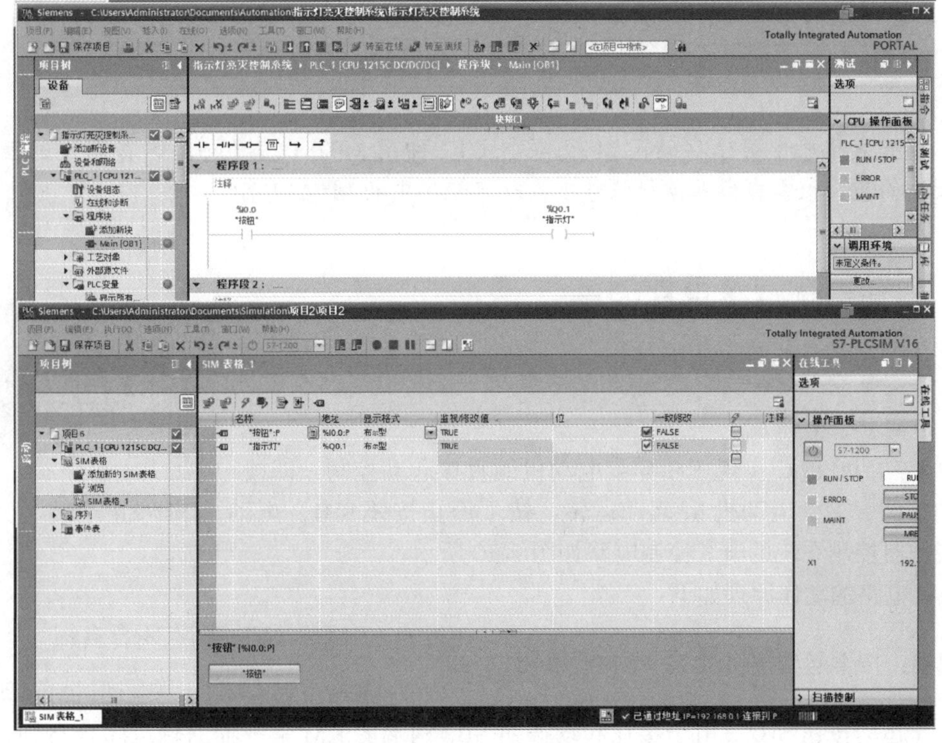

图 2-18 仿真监控指示灯点亮

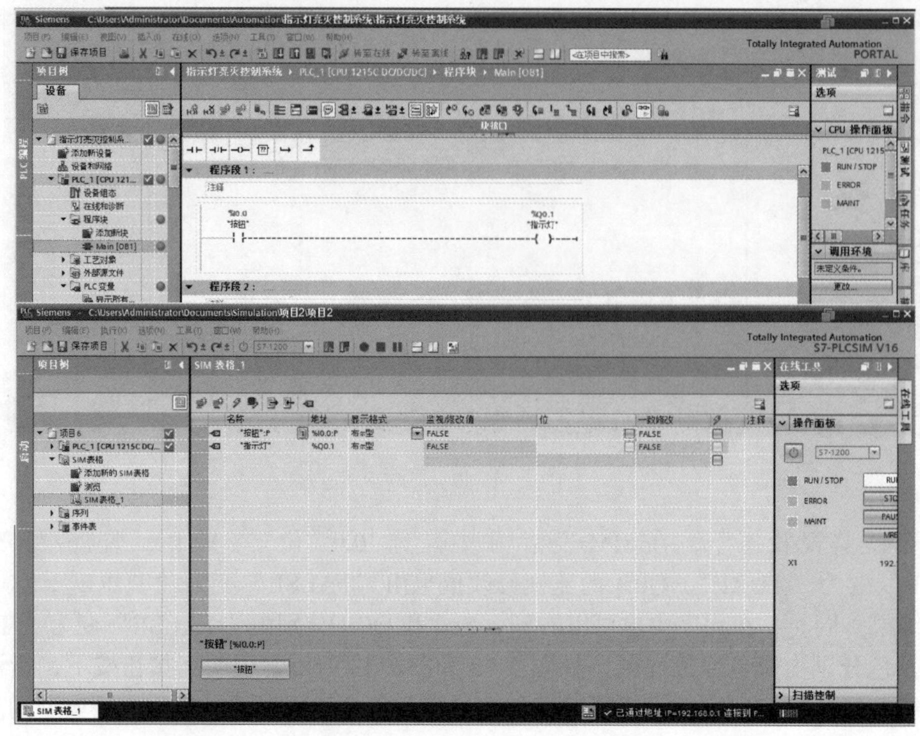

图 2-19　仿真监控指示灯熄灭

注意

如果程序中用位存储区 M 代替外设 I，即用 M0.0 代替 I0.0，仿真调试过程将大大简化，仅需在仿真监视状态下，改变程序中的 M 值即可。

三、在线学习及自评测试

扫码检测学习效果并查看参考答案

四、任务实践

1. 控制要求描述

用 S7-1200 PLC 实现三相异步电动机的直接起动控制，即按下起动按钮 SB2，电动机 M 起动运转，按下停止按钮 SB1，电动机 M 停止运转。其继电器 – 接触器控制系统的电气控制电路如图 2-20 所示。

控制电路的动作原理如下：

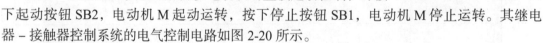

起动：按下起动按钮SB2 → KM线圈得电 → KM常开辅助触点闭合自锁；→ KM主触点闭合 → 电动机M起动运转

松开起动按钮 SB2，由于接在起动按钮 SB2 两端的 KM 常开辅助触点闭合自锁，因此控制电路仍保持接通，电动机 M 继续运转。

停止：按下停止按钮SB1→ KM线圈断电释放——→KM常开辅助触点断开→自锁解锁；→KM主触点断开 → 电动机M停止运转

2. 任务准备

1）注意 CPU 供电方式并进行正确接线。

2）断电插拔线，安全第一。

3）设备上电时遵循由总到分的原则，断电时遵循由分到总的原则。

4）通电前请老师确认。

5）程序调试过程中，实际负载不能上电。

6）离开实验台时，所有设备断电并归位。

（1）设备清单　为了保持系统一致性，本书都采用西门子 S7-1200 PLC 的 CPU1215C DC/DC/DC。但是实际控制系统中，可根据需求自行选择。

由以上控制要求分析可知，本任务中有 2 个输入设备：起动按钮 SB2 和停止按钮 SB1；1 个输出设备：接触器线圈 KM。列出设备清单，见表 2-2。以上是进行 PLC 控制系统设计的必备工作。

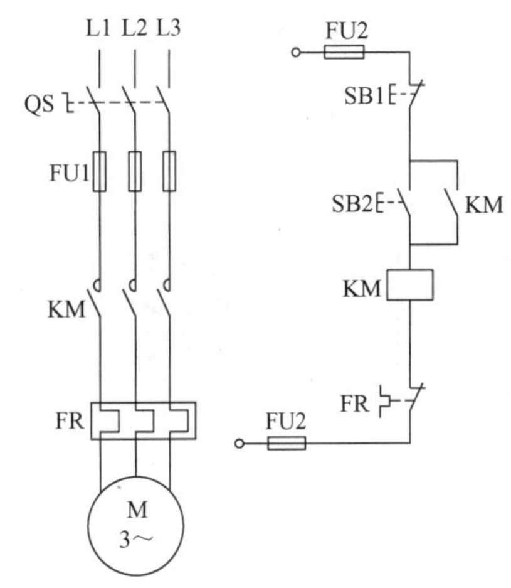

图 2-20　三相异步电动机直接起动控制电路

表 2-2　设备清单

序号	设备名称	型号	数量	备注
1	S7-1200 PLC	CPU 1215C	1 台	S7-1200 PLC 均可
2	按钮		2 个	起动 / 停止
3	接触器线圈		1 个	控制电动机
4	DC 24V 电源		1 个	输出负载供电
5	导线		若干	

（2）I/O 设置　将归纳出的输入 / 输出设备进行 PLC 控制的 I/O 设置，见表 2-3。

表 2-3　I/O 设置

设备 / 信号类型	设备名称	信号地址
输入	起动按钮	I0.0
	停止按钮	I0.1
输出	接触器线圈	Q0.0

（3）系统接线图　单台电动机起停控制系统接线图如图 2-21 所示。

请参考工单进行系统接线，在系统硬件接线过程中，需要遵循以下接线原则：

1）先接电源线，再接信号线。

2）先接输入设备和 PLC 输入侧信号线，再接输出设备和 PLC 输出侧信号线。

3）电源正极用红色线，负极用黑色线。

扫码观看单台电动机控制系统接线微课

本书后述硬件接线都应遵循以上三点接线原则，请牢记。

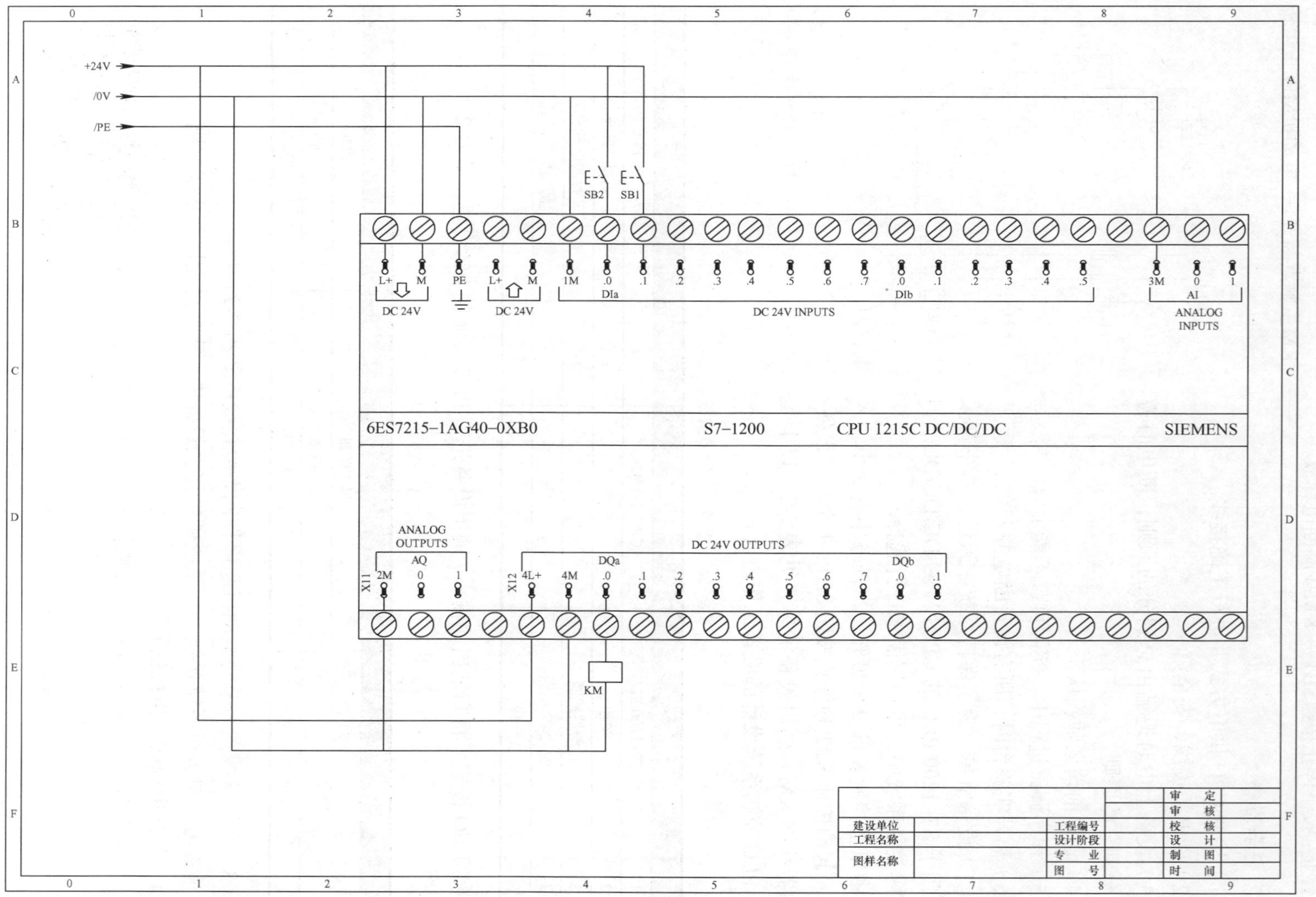

图 2-21　单台电动机起停控制系统接线图

（4）控制逻辑　本任务的控制逻辑比较简单，从功能上来讲，仅需要将图 2-20 中右侧控制电路部分的输入 / 输出设备触点和线圈转换成 PLC 控制系统中对应的触点和线圈即可，以 PLC 的程序形式表达出来，如图 2-22 所示。

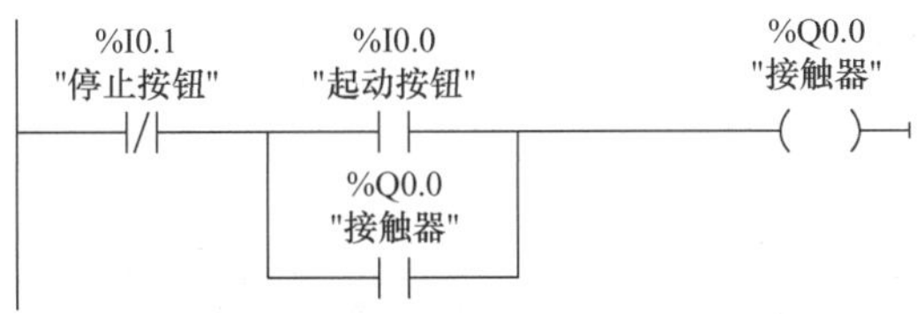

图 2-22　单台电动机起停控制程序

注意

在程序设计中，常开 / 常闭触点的选择需要结合控制要求和外围设备的硬件接线共同确定，并不是必须与外围硬件接线触点完全一致。

程序设计是实现控制要求、优化控制系统的重要环节，在程序设计环节需要遵守以下原则：

扫码观看单台电动机起停控制系统程序输入过程

➢ 必须实现所有控制要求；
➢ 在实现控制要求功能基础上，尽量简化程序；
➢ 逻辑思路清晰，便于阅读。

3. 任务实施

在任务准备的基础上，结合任务热身环节中项目创建过程，完成单台电动机起停控制系统的设备选型、I/O 设置、硬件接线、TIA Portal 项目组态、仿真调试等实施过程，这里不再赘述。

为了便于所有学习者多途径、更全面地学习 S7–1200 PLC，在本任务中将讲解 TIA Portal 软件与真实 PLC 的通信和调试过程。

（1）通信下载　由于 S7–1200 PLC 采用常规以太网 RJ45 接口，因此需要做到：①选择或制作一根网线；②在 PC 和 PLC 端设置相同频段的 IP 地址。

当 IP 地址下载到 CPU 之前，必须先确保计算机的 IP 地址与 PLC 的 IP 地址相匹配。在计算机的本地连接属性对话框中，选择常规选项“ Internet 协议（TCP/IP)”，将协议地址从自动获取 IP 地址改为手动设置，IP 地址设置为 192.168.0.2，如图 2-23 所示。此任务中 PLC 的 IP 地址设置为 192.168.0.1，如图 2-24 所示。

扫码观看计算机 IP 地址设置过程

在做好各项准备工作后，就可以将 S7–1200 PLC 的硬件配置和程序下载到真实 CPU 中。单击工具栏上的下载按钮 或者选择“在线”→“下载到设备”菜单命令，弹出“扩展下载到设备”对话框，如图 2-25 所示，单击“开始搜索”，选中需要通信下载的 PLC，单击“下载”，程序就会下载到对应的 PLC。这个下载过程与在仿真软件中下载相同。

图 2-23　计算机 IP 地址设置界面

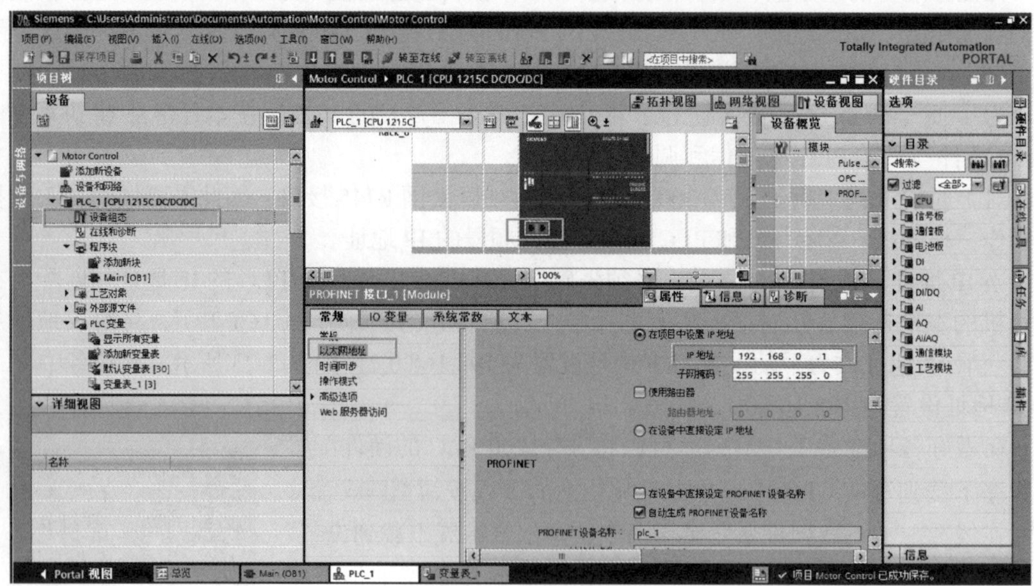

图 2-24　PLC IP 地址设置界面

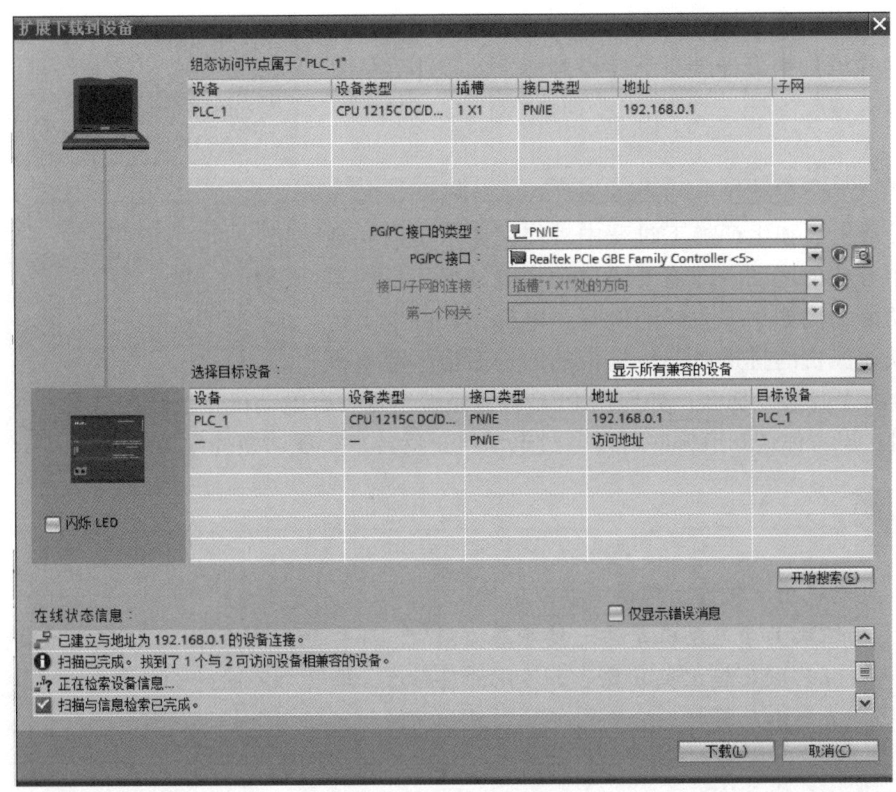

图 2-25 下载界面

（2）在线调试 在 PLC 的程序和配置下载成功后，就可以在线调试了。单击工具栏上的起动按钮或者选择“在线”→“起动”菜单命令，进入程序的在线调试。

由于本任务实施过程中已经进行 PLC 外围接线，所以，在线调试过程中，信号直接由外围设备给出，即直接按下起动按钮 SB2 和停止按钮 SB1，分别观察接触器 KM 信号的变化及外接电动机的运行情况，程序执行过程和结果与仿真调试一致，这里不再赘述。

扫码观看单台电动机起停控制系统运行过程微课

任务实施过程中，及时填写任务工单，记录调试步骤、故障现象及处理过程，客观评价学习结果。

五、应用考核

1. 要点回顾

本任务需要掌握位逻辑运算指令中的常开触点、常闭触点和线圈等常用基本指令的状态表达及使用方法，了解简单控制系统的实施步骤，在 TIA 博途软件中完成项目组态、程序设计和仿真调试等环节。下面，通过一个简单控制系统检验控制系统设计的掌握情况。

2. 考核任务

任务要求：用 S7-1200 PLC 实现两台直流电动机的起停控制，即按下起动按钮 SB1，电动机 M1 运转，按下停止按钮 SB2，电动机 M1 停止运转；按下起动按钮 SB3，电动机

M2运转，按下停止按钮SB4，电动机M2停止运转。在TIA博途软件中设计满足上述控制要求的程序并仿真调试。

扫码查看两台直流电动机起停控制程序设计及仿真调试过程

六、任务拓展

扫码查看三相异步电动机正反转控制系统程序设计及仿真调试过程（含故障处理）

在日常生活和生产加工过程中，往往要求能够实现正反两个方向的运动，即需要通过一台电动机正反转实现相关功能，比如车库大门的升降、电梯轿厢的上下运行、地铁通风机的排送风、传送带的前进后退、起重机吊钩的上升下降等。那么，如何用PLC控制系统实现一台电动机正反转控制呢？

同时，思考你还知道哪些可以通过电动机正反转来实现功能的设备？

提示

电动机正反转控制需要掌握以下知识：

1）三相异步电动机是通过接触器控制的，并非PLC的输出点Q直接控制；

2）正转和反转控制需要2个不同的接触器，即2个不同的Q点；

3）正转和反转控制分别需要独立的起动按钮，即2个起动按钮；

4）仅要求正反转起动控制，故仅需要1个停止按钮即可。

任务2 两台电动机顺序起动控制系统设计与调试

一、应用场景

在任务1的任务拓展中讲到了三相异步电动机正反转控制，从正转切换至反转前，必须先按下停止按钮，否则将实现正转反转同时运行，这在生产现场中是不现实的，也是相当危险的。那如何保证一台电动机在任何一个时刻只能实现一个方向的运转呢？其实，很简单，继续学习，即将揭晓。

二、知识准备

1. S7-1200 PLC的基本数据类型

西门子S7-1200 PLC的基本数据类型见表2-4。

表2-4 西门子S7-1200 PLC的基本数据类型

变量类型	符号	位数	取值范围	常数举例
位	Bool	1	1、0	TRUE、FALSE或1、0
字节	Byte	8	16#00～16#FF	16#12，16#AB

（续）

变量类型	符号	位数	取值范围	常数举例
字	Word	16	16#0000 ～ 16#FFFF	16#ABCD，16#0001
双字	DWord	32	16#00000000 ～ 16#FFFFFFFF	16#02468ACE
短整数	SInt	8	−128 ～ 127	123，−123
整数	Int	16	−32768 ～ 32767	12573，−12573
双整数	DInt	32	−2147483648 ～ 2147483647	12357934，−12357934
无符号短整数	USInt	8	0 ～ 255	123
无符号整数	UInt	16	0 ～ 65535	12321
无符号双整数	UDInt	32	0 ～ 4294967295	1234586
浮点数（实数）	Real	32	$\pm 1.175495\times10^{-38}$ ～ $\pm 3.402\,823\times10^{38}$	12.45，−3.4，−1.2E+12，3.4E−3
长浮点数	LReal	64	$\pm 2.2250738585072020\times10^{-308}$ ～ $\pm 1.7976931348623157\times10^{308}$	12345.123456789，−1.2E+40
时间	Time	32	T#−24d20h31m23s648ms ～ T#+24d20h31m23s647ms	T#10d20h30m20s630ms
日期	Date	16	D#1990−1−1 到 D#2168−12−31	D#2017−10−31
实时时间	Time_of_Day	32	TOD#0:0:0.0 到 TOD#23:59:59.999	TOD#10:20:30.400
长格式日期和时间	DTL	12B	最大 DTL#2262−04−11:23:47:16.854 775 807	DTL#2016−10−16−20:30:20.250
字符	Char	8	16#00 ～ 16#FF	'A'，'t'
16 位宽字符	WChar	16	16#0000 ～ 16#FFFF	WCHAR#'a'
字符串	String	（n+2）B	n=0 ～ 254B	STRING#'NAME'
16 位宽字符串	WString	（n+2）字	n=0 ～ 16382 字	WSTRING#'Hello World'

（1）布尔型数据类型　布尔型数据类型是“位”，可被赋予“TRUE”（真，“1”）或“FALSE”（假，“0”），占用 1 位存储空间。

（2）整型数据类型　整型数据类型可以是 Byte、Word、DWord、SInt、USInt、Int、UInt、DInt 及 UDInt 等。注意：当较长的数据类型转换为较短的数据类型时，会丢失高位信息。

（3）实型数据类型　实型数据类型主要包括 32 位或 64 位浮点数。Real 和 LReal 是浮点数，用于显示有理数，可以显示十进制数据，包括小数部分，也可以被描述成指数形式。其中，Real 是 32 位浮点数，LReal 是 64 位浮点数。

（4）表示日期和时间的数据类型　Time 是有符号双整数，其单位为 ms。Date（日期）为 16 位无符号整数，TOD（TIME_OF_DAY）为从指定日期的 0 时算起的毫秒数（无符号双整数）。其常数必须指定小时（24h/ 天）、分钟和秒，毫秒是可选的。

数据类型 DTL 的 12B 依次为年（占 2B）、月、日、星期的代码、小时、分、秒（各占 1B）和纳秒（占 4B），均为 BCD 码。星期日、星期一～星期六的代码依次为 1 ～ 7。DTL 属于复杂数据类型，可以在块的临时存储区或者 DB 中定义 DTL 数据。

（5）字符型数据类型　字符型数据类型主要是 Char，占用 1B（8bit），Char 数据类型以

ASCII 格式存储。字符常量用英语的单引号来表示，例如'A'。WChar（宽字符）占 2B，可以存储汉字和中文的标点符号。

2. S7-1200 PLC 的数据寻址方式

西门子 S7-1200 PLC 中可以按照位、字节、字和双字对存储单元进行寻址。所谓寻址，可以通俗地理解为访问存储器中的数据，寻址方式就是指令执行时获取操作数的方式。字节、字和双字寻址时，数据地址以代表存储区类型的字母开始，随后是表示数据长度的标记，然后是存储单元编号。

（1）位的理解　二进制数的一位只有 0 或 1 两种状态，常常用来表示数字量，即开关量的两种不同的状态，如触点的接通和断开、线圈的得电和失电等，常称为位（bit）。二进制位寻址，在字节地址和位号中间需要一个小数点分隔符，如图 2-26 所示。

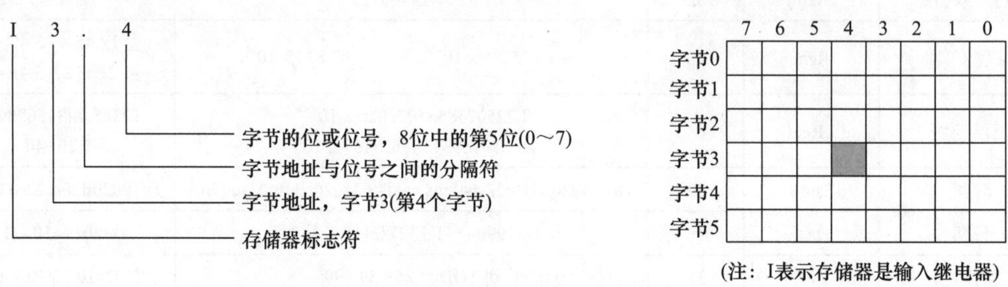

图 2-26　位寻址举例

（2）字节、字和双字的理解　8 位二进制数组成一个字节（Byte，即 B），其中第 0 位为最低位，第 7 位为最高位，也就是说一个字节等于 8 位，1B=8bit。

两个字节组成一个字（Word），其中第 0 位为最低位，第 15 位为最高位。

两个字组成一个双字（DWord），其中第 0 位为最低位，第 31 位为最高位。

字节、字、双字寻址举例如图 2-27 所示。

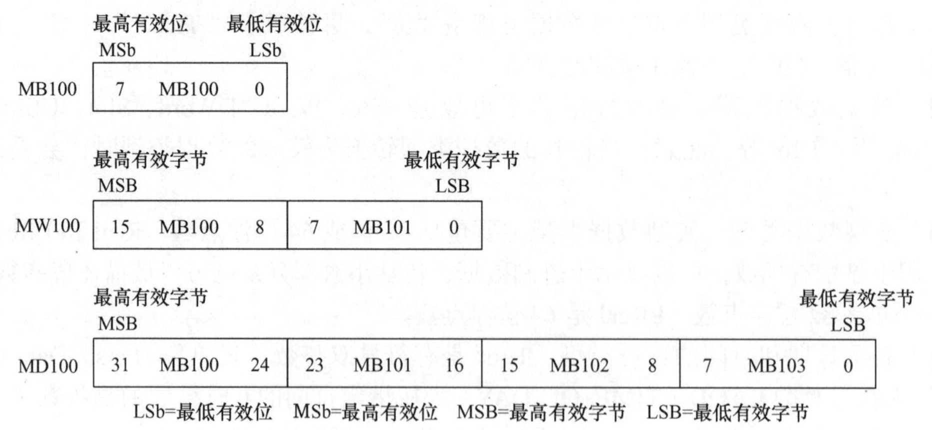

图 2-27　字节、字、双字寻址举例

可以看出 MW100 包括 MB100 和 MB101；MD100 包含 MW100 和 MW102，即 MB100、MB101、MB102 和 MB103 这 4 个字节。值得注意的是，这些地址是互相交叠的。

当涉及多字节组合寻址时，遵循“高地址、低字节”的规律。如果将 16#AB（十六进制立即数）送入 MB100，16#CD 送入 MB101，那 MW100 的值将是 16#ABCD，即 MB101 作为高地址字节，保存数据的低字节部分。

3. S7–1200 PLC 的存储器分类与寻址方式

西门子 S7–1200 PLC 系统存储区的类型见表 2-5。

表 2-5　系统存储区

存储区	描述	强制	保持性
过程映像输入（I）	在循环开始时，将输入模块的输入值保存到过程映像输入表	无	无
外设输入（I_:P）	通过该区域直接访问集中式和分布式输入模块	支持	无
过程映像输出（Q）	在循环开始时，将过程映像输出表中的值写入输出模块	无	无
外设输出（Q_:P）	通过该区域直接访问集中式和分布式输出模块	支持	无
位存储器（M）	用于存储用户程序的中间运算结果或标志位	无	支持
临时局部存储器（L）	块的临时局部数据，只能供块内部使用	无	无
数据块（DB）	数据存储器与 FB 的参数存储器	无	支持

（1）绝对地址寻址　绝对地址寻址就是采用 I/O 地址进行编程，绝对地址由地址标识符和存储器位置组成。如 I0.0、Q3.6、MD40、DB5.DBB10 等，图 2-28 所示程序就是绝对地址寻址的表示方法。

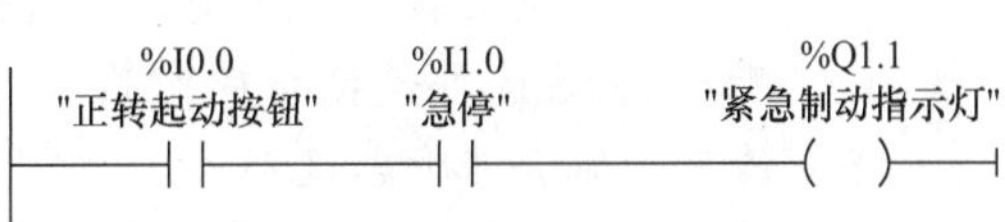

图 2-28　绝对地址寻址的程序

（2）符号寻址　为了便于阅读程序、查找故障点，为绝对地址分配符号的寻址方法称为符号寻址。编程时，通过编写符号表，即分配符号名给绝对地址，就可以使用符号名来访问数组、结构、数据块、局部变量、逻辑块以及用户自定义数据类型，方便又实用。图 2-29 中框选部分就是符号寻址时定义的变量表中的名称。

变量表_1

	名称	数据类型	地址	保持	从 H...	从 H...	在 H...
1	正转起动按钮	Bool	%I0.0	□	☑	☑	☑
2	反转起动按钮	Bool	%I0.1	□	☑	☑	☑
3	停止按钮	Bool	%I0.2	□	☑	☑	☑
4	正转接触器	Bool	%Q0.0	□	☑	☑	☑
5	反转接触器	Bool	%Q0.1	□	☑	☑	☑
6	急停	Bool	%I1.0	□	☑	☑	☑
7	紧急制动指示灯	Bool	%Q1.1	□	☑	☑	☑

图 2-29　符号寻址时定义的变量表中的名称

对于初学者或者设计变量较多、逻辑较复杂的大项目时，建议使用符号寻址，并且选用有代表意义或者一目了然的符号名称，这样看到定义符号名称就知道其含义和作用，一定程度上降低了阅读程序的难度。

（3）外设输入　在 I/O 点的地址或符号地址的后面附加“ :P”，可以立即访问外设输入或外设输出。通过给输入点的地址附加“ :P”（例如“ I0.3:P”或“ Stop:P”），可以立即读取 CPU、信号板和信号模块的数字量输入和模拟量输入。访问时使用 I_:P 取代 I 的区别在于前者的数字直接来自被访问的输入点，而不是来自过程映像输入。因为数据从信号源被立即读取，而不是从最后一次被刷新的过程映像输入中复制，这种访问被称为“立即读”访问。

由于外设输入点从直接连接在该点的现场设备接收数据值，因此，写外设输入点是被禁止的，即 I_:P 访问是只读的。

（4）外设输出　在输出点的地址后面附加“:P”（例如“Q0.3:P”），可以立即写 CPU、信号板和信号模块的数字量和模拟量输出。访问时使用 Q_:P 取代 Q 的区别在于前者的数字直接写给被访问的外设输出点，同时写给过程映像输出。这种访问被称为“立即写”，因为数据被立即写给目标点，不用等到下一次刷新时将过程映像输出中的数据传送给目标点。

由于外设输出点直接控制与该点连接的现场设备，因此读外设输出点是被禁止的，即 Q_:P 访问是只写的。与此相反，可以读写 Q 区的数据。

注意

用 I_:P 访问外设输入不会影响存储在过程映像输入区中的对应值；

用 Q_:P 访问外设输出同时影响外设输出点和存储在过程映像输出区中的对应值，请仔细体会其中的区别。

4. 任务热身

符号寻址编程应用举例：三相异步电动机正反转切换控制。

控制要求：三相异步电动机正反转直接切换控制，即按下正转起动按钮 SB1，电动机 M 开始正转，按下停止按钮 SB3，电动机停止正转；按下反转起动按钮 SB2，电动机 M 开始反转，按下停止按钮 SB3，电动机停止反转。以控制要求中各设备信息作为符号寻址时变量的名称，完成程序设计。

例程

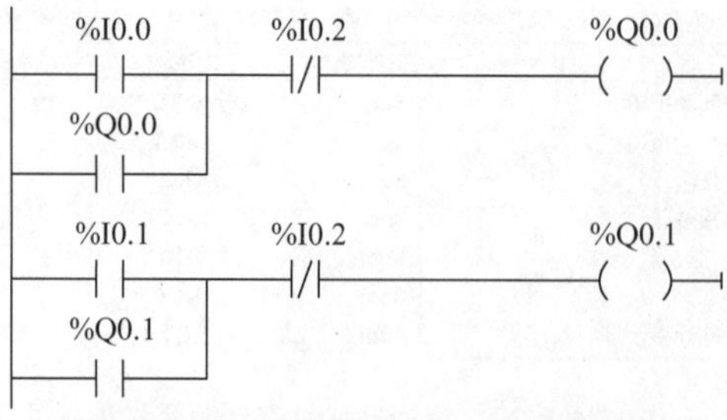

%I0.0　%I0.2　%Q0.0
%Q0.0
%I0.1　%I0.2　%Q0.1
%Q0.1

在梯形图中增加符号寻址，此外，完善程序实现正反转起动直接切换。

首先在变量表“名称”列添加符号名，此符号名为控制要求中给出的各设备信息。这里需要说明的是接触器 KM 在控制要求中并未提出，因为三相异步电动机电动机的正反转起动需要通过两个接触器 KM1 和 KM2 实现，换句话说，是接触器接收 PLC 的控制信号 Q，并不是电动机 M。所以，在此 I/O 设置中的 Q 点应该是接触器 KM1 和 KM2 而不是电动机 M。变量表如图 2-30 所示。

变量表_1

	名称	数据类型	地址	保持	从 H...	从 H...	在 H...
1	正转起动按钮SB1	Bool	%I0.0	☐	☑	☑	☑
2	反转起动按钮SB2	Bool	%I0.1	☐	☑	☑	☑
3	停止按钮SB3	Bool	%I0.2	☐	☑	☑	☑
4	正转接触器KM1	Bool	%Q0.0	☐	☑	☑	☑
5	反转接触器KM2	Bool	%Q0.1	☐	☑	☑	☑

图 2-30 符号寻址对应的变量表

其次，完善程序实现正反转起动直接切换。在任务 1 任务拓展中已经实现了正转和反转，其程序如图 2-31 所示。

从程序中可以看出正转和反转的起动没有任何限制，也就是说电动机在正转时（Q0.0 得电），按下反转按钮（I0.1 接通），电动机依然可以实现反转（Q0.1 接通），会造成电动机主电路短路，这一现象在实际生产中是坚决不允许发生的，对三相异步电动机的损坏是极其严重的，甚至会造成事故发生。

由以上分析可以得知，电动机的正确起动应该保证在任何一个时刻只能有一个方向运行，即 Q0.0 和 Q0.1 不能同时得电。用程序表示就是要实现 Q0.1 得电时 Q0.0 失电。这里需要掌握一点，线圈有常开、常闭两种触点可用，并且同一个信号的触点根据需要可以无限次使用。所以，这一功能可以借助 Q0.1 的常闭辅助触点去断开 Q0.0 的线圈。同理，Q0.0 的常闭辅助触点去断开 Q0.1 的线圈。这样就可以确保同一时刻只能有一个线圈得电，即一个方向运转。

修改后的程序如图 2-32 所示。

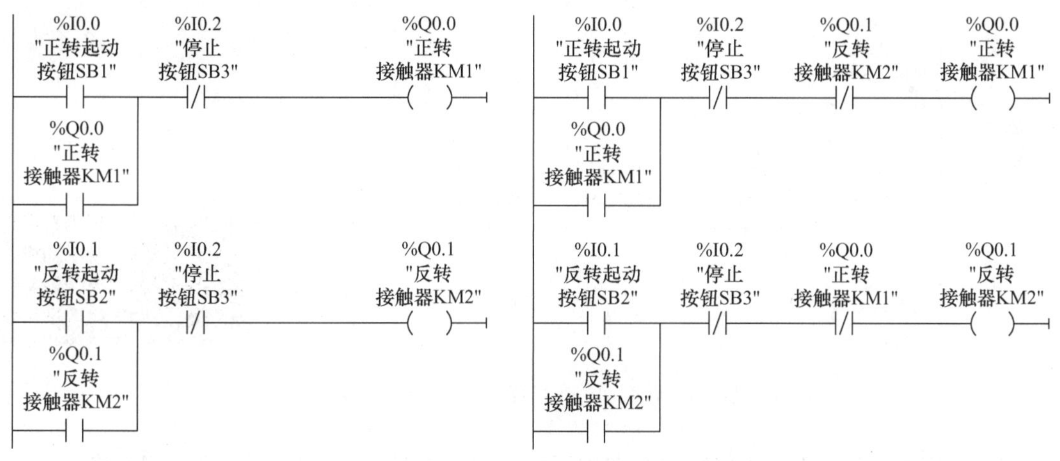

图 2-31 带符号名的程序

图 2-32 修改后的单台电动机正反转切换控制程序

程序修改完成后，编译、下载，打开监控功能进行程序调试，程序的初始在线状态如图 2-33 所示。

按下正转起动按钮 SB1（I0.0 接通），Q0.0 线圈得电，电动机正转，同时 Q0.0 常闭辅助触点断开，这时按下反转起动按钮 SB2，Q0.1 线圈依然无法得电，这就保证了此时电动机只能正转，无法反转，调试状态如图 2-34 所示。

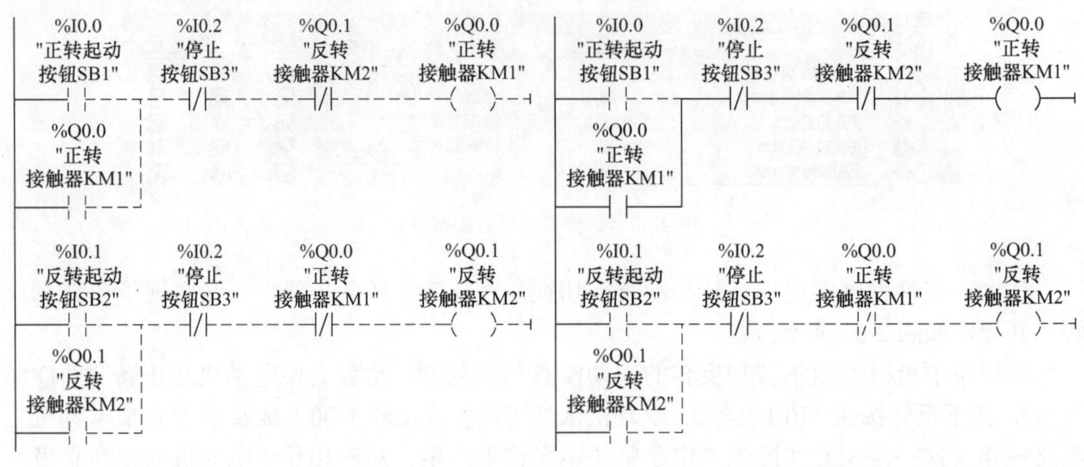

图 2-33　程序监控初始状态　　　图 2-34　电动机正转起动运行状态

这时，如果想实现电动机反转切换，只能按下停止按钮 SB3（I0.2 常闭触点断开），Q0.0 线圈失电，电动机停止正转后，才能按下反转起动按钮 SB2，Q0.1 线圈得电，同时 Q0.1 常闭辅助触点断开，使 Q0.0 线圈无法得电，这就保证了此时电动机只能反转，无法正转，调试状态如图 2-35 所示。

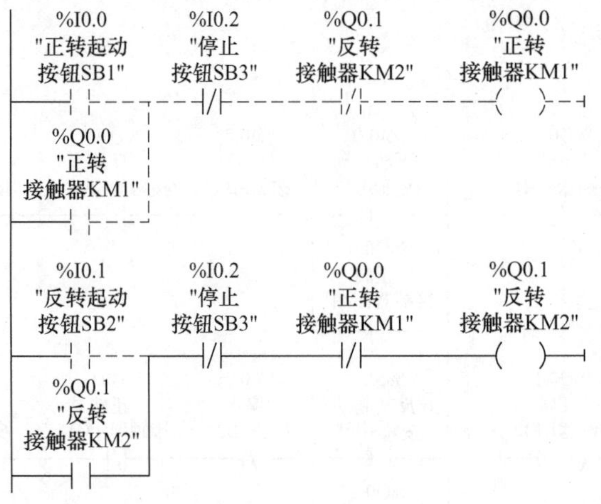

图 2-35　电动机反转起动运行状态

扫码查看单台电动机正反转控制程序调试视频

通过调试程序验证，此程序完全实现了电动机安全地在正反转运行状态间切换。

三、在线学习及自评测试

四、任务实践

1. 控制要求描述

在生产实践中，由多台电动机拖动的设备，常需要电动机按先后顺序工作。例如机床中要求润滑电动机起动后，主轴电动机才能起动，图 2-36 为两台电动机顺序起动控制电路。用 S7–1200 PLC 实现两台电动机顺序起动控制，即按下起动按钮 SB1，电动机 M1 运转，按下停止按钮 SB2，M1 停止运转；在 M1 运行后，按下起动按钮 SB3，电动机 M2 运转，如果 M1 未起动，按下 SB3 无效，按下停止按钮 SB4，M2 停止运转。

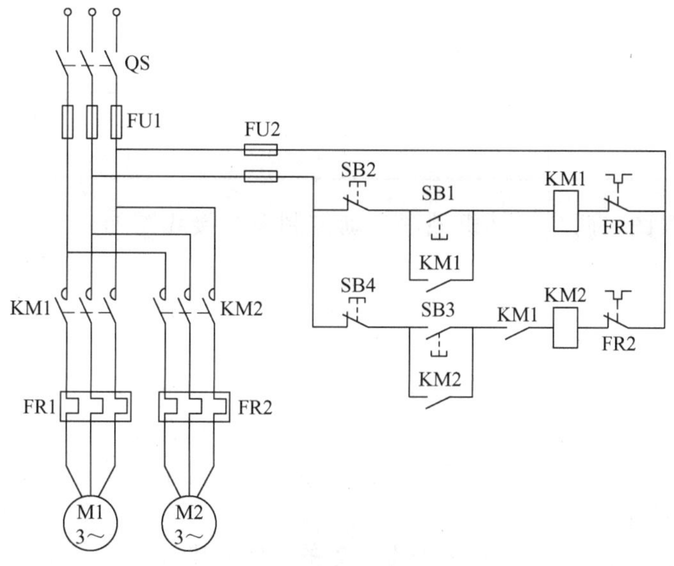

图 2-36 两台电动机顺序起动控制电路

其中，M1 为润滑电动机，M2 为主轴电动机。M1 和 M2 各由热继电器 FR1、FR2 进行保护，接触器 KM1 控制润滑电动机 M1 的起动、停止；KM2 控制主轴电动机 M2 的起动、停止，KM1、KM2 经熔断器和开关 QS 与电源连接。

2. 任务准备

（1）设备清单 由以上控制要求分析可知，本任务中有 4 个输入设备：起动按钮 SB1、SB3 和停止按钮 SB2、SB4；2 个输出设备：接触器线圈 KM1 和 KM2。设备清单见表 2-6。

表 2-6 设备清单

序号	设备名称	型号	数量	备注
1	S7–1200 PLC	CPU 1215C	1 台	S7–1200 PLC 均可
2	按钮	SB1、SB3、SB2、SB4	4 个	起动按钮 / 停止按钮
3	接触器线圈	KM1、KM2	2 个	控制电动机
4	DC 24V 电源		1 个	输出负载供电
5	导线		若干	

（2）I/O 设置 将归纳出的输入 / 输出设备进行 PLC 控制的 I/O 设置，见表 2-7。

表 2-7　I/O 设置

设备 / 信号类型	设备名称	信号地址
输入	起动按钮 SB1	I0.0
	停止按钮 SB2	I0.1
	起动按钮 SB3	I0.2
	停止按钮 SB4	I0.3
输出	接触器线圈 KM1	Q0.0
	接触器线圈 KM2	Q0.1

（3）系统接线图　两台电动机顺序起动控制系统接线图如图 2-37 所示。

扫码观看顺序起动控制系统接线微课

（4）控制逻辑　本任务控制要求的实现需要分两步理解，第一步：两个单台电动机的分别起停控制；第二步：第一台电动机自由起停，但第二台电动机的起动受第一个电动机运行状态的限制，即第一台电动机运行是第二台电动机起动的条件，只有第一台电动机运行后，按下第二台电动机起动按钮才有效，这是本任务的难点。下面具体分析这两步的实现途径思路。

两台电动机分别起停控制，可参考本任务的“任务热身”中一台电动机正反转切换控制，程序如图 2-32 所示。一台电动机的正反转控制是通过两个接触器线圈的得失电实现的，可以理解为两台电动机的单方向起停控制，由于控制思路相同、I/O 设置一致，所以系统接线也是一样的。两者的不同在于系统的外部接线，一台电动机的正反转控制需要接同一台电动机，而两台电动机的单独起停控制需要接不同的两台电动机。

第一台电动机的运行是第二台电动机起动的条件，说明在第二台电动机起动控制的接触器线圈前有一个第一台电动机运行的状态触点，即在 Q0.1 线圈前有一个 Q0.0 的常开触点，当 Q0.0 线圈得电，对应的 Q0.0 常开触点闭合，为 Q0.1 线圈得电做好准备；同理，如果 Q0.0 线圈没有得电，Q0.0 的常开触点不动作，即使按下第二台电动机的起动按钮 SB3（I0.2 接通），Q0.1 依然不能得电。这就实现了只有第一台电动机运行后，第二台电动机才能起动。

结合上述两个步骤的分析，对本任务的任务热身程序进行修改，如图 2-38 所示。

3. 任务实施

在任务准备的基础上，结合任务热身环节中项目创建过程，完成两台电动机顺序起动控制系统的设备选型、I/O 设置、硬件接线、TIA Portal 项目组态、仿真调试等实施过程。

在本任务实施中需要关注：

1）严格按照实施流程进行各步骤设计。

2）I/O 设置一定在分析输入 / 输出设备的基础上完成。

3）系统接线图必须与 I/O 设置完全一致，一个不能多、一个不能少。

4）程序设计目前以实现功能为主。

5）系统调试需要从正方两方面验证程序的正确性。

项目组态完成后进行程序调试，图 2-39 所示是程序监控的初始状态。

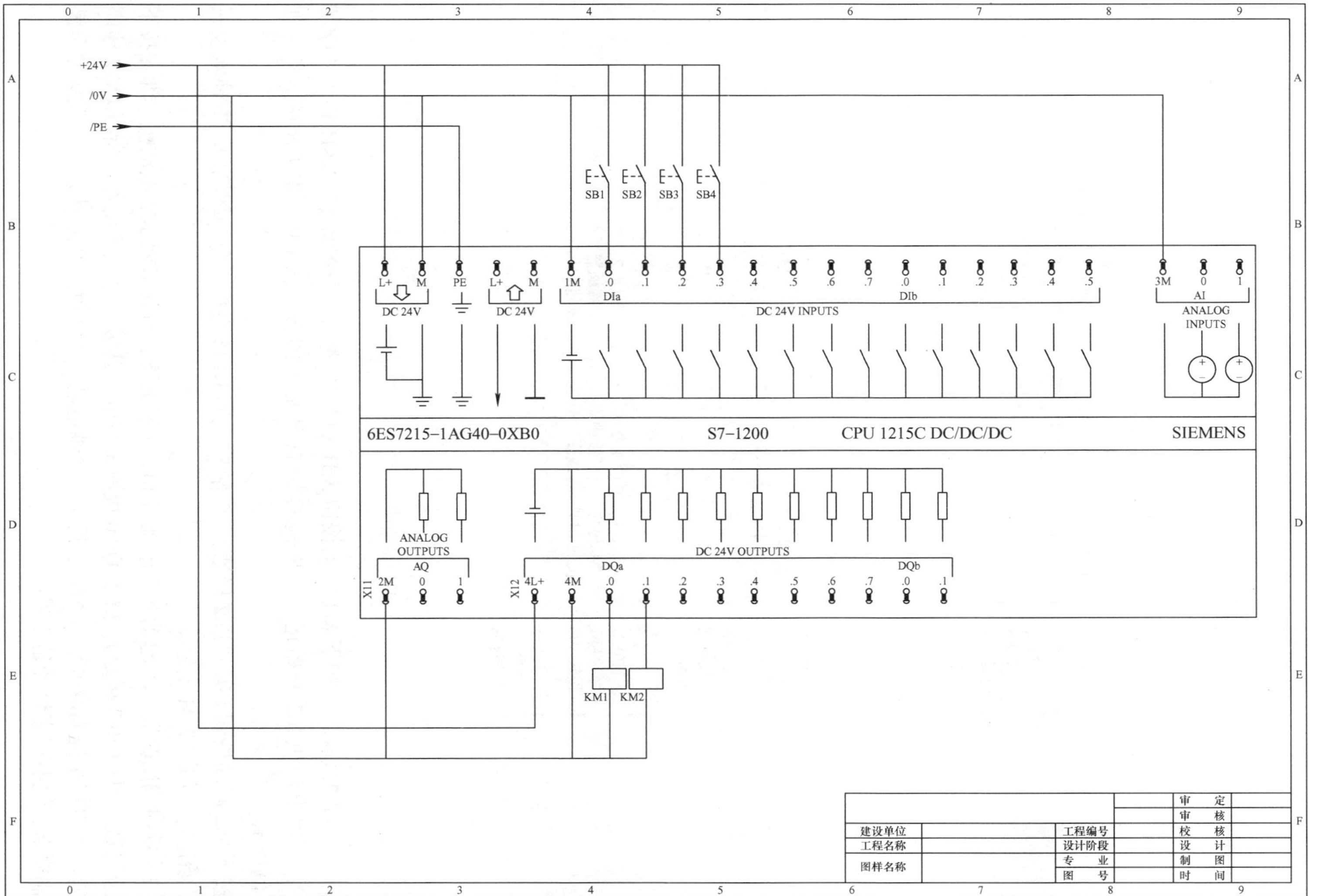

图 2-37 两台电动机顺序起动控制系统接线图

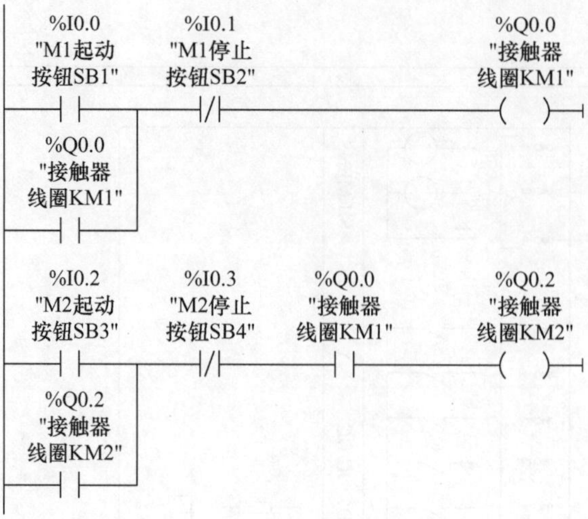

%I0.0 "M1起动按钮SB1" %I0.1 "M1停止按钮SB2" %Q0.0 "接触器线圈KM1"
%Q0.0 "接触器线圈KM1"
%I0.2 "M2起动按钮SB3" %I0.3 "M2停止按钮SB4" %Q0.0 "接触器线圈KM1" %Q0.2 "接触器线圈KM2"
%Q0.2 "接触器线圈KM2"

图 2-38 两台电动机顺序起动控制程序

%I0.0 "M1起动按钮SB1" %I0.1 "M1停止按钮SB2" %Q0.0 "接触器线圈KM1"
%Q0.0 "接触器线圈KM1"
%I0.2 "M2起动按钮SB3" %I0.3 "M2停止按钮SB4" %Q0.0 "接触器线圈KM1" %Q0.2 "接触器线圈KM2"
%Q0.2 "接触器线圈KM2"

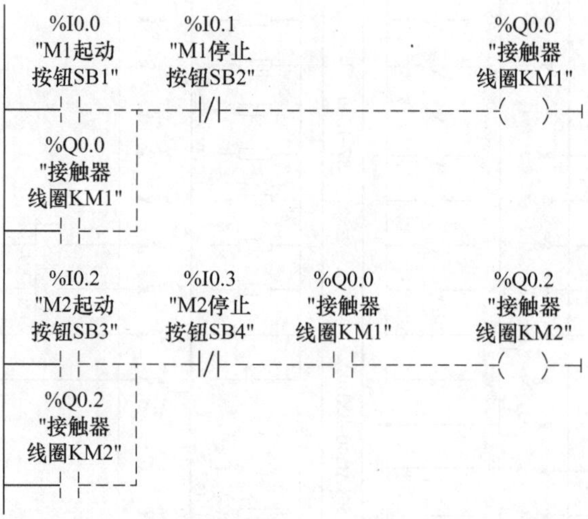

图 2-39 两台电动机顺序起动控制程序监控初始状态

（1）正向调试验证 按下 M1 起动按钮 SB1（I0.0 接通），接触器线圈 KM1 得电（Q0.0 得电），润滑电动机 M1 开始运行，同时 Q0.0 常开触点闭合，为 Q0.1 得电做好准备，如图 2-40 所示。

按下 M2 起动按钮 SB3（I0.2 接通），接触器线圈 KM2 得电（Q0.1 得电），主轴电动机 M2 开始运行，如图 2-41 所示。

（2）反向调试验证 不起动润滑电动机 M1 的情况下，直接起动 M2 电动机，即先按下 M2 起动按钮 SB3（I0.2 接通），由于 Q0.0 线圈未得电，其常开触点不动作，所以 Q0.2 线圈无法得电，也就是说润滑电动机 M1 不起动，主轴电动机 M2 就无法起动，这一现象完全满足控制要求，说明程序设计是正确的。

%I0.0 "M1起动按钮SB1"
%I0.1 "M1停止按钮SB2"
%Q0.0 "接触器线圈KM1"
%Q0.0 "接触器线圈KM1"
%I0.2 "M2起动按钮SB3"
%I0.3 "M2停止按钮SB4"
%Q0.0 "接触器线圈KM1"
%Q0.2 "接触器线圈KM2"
%Q0.2 "接触器线圈KM2"

图 2-40 第一台电动机起动控制程序监控状态

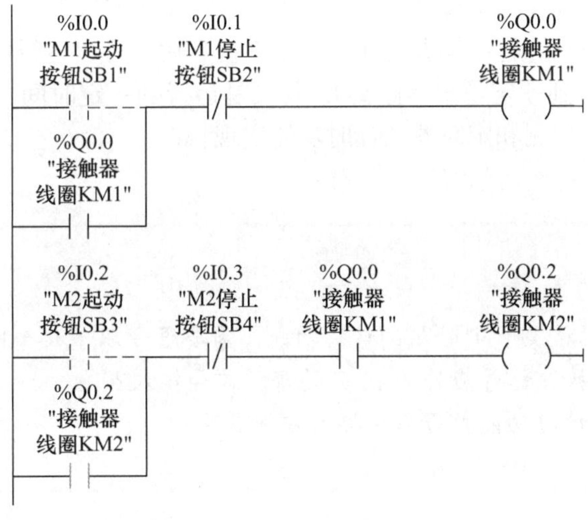

图 2-41 两台电动机顺序起动控制程序监控状态

联锁控制系统程序必须完成正方两方向的验证后，才能充分证明其正确性。

扫码观看顺序起动控制程序调试视频

任务实施过程中，及时填写任务工单，记录调试步骤、故障现象及处理过程，客观评价学习结果。

五、应用考核

1. 要点回顾

本任务需要掌握 S7–1200 PLC 基本数据类型、数据寻址方式、存储器分类和基本使用方法；了解控制系统实施步骤，在相关文件的引导下，完成简单控制系统的实施过程；理解系统程序中的逻辑思路，有效应用符号名便于读懂程序，逐步培养逻辑思维，建立 PLC 控制系统的概念，特别是顺序起动的任务要求，要真正理清楚、想明白，为后续进一步学习奠定良好基础。下面，通过一个简单控制系统检验本任务知识技能点的掌握情况。

2. 考核任务

任务要求：在两台电动机顺序起动控制系统的基础上增加逆序停止功能。具体要求如下：

1）三台电动机（M1、M2、M3）分别可以实现单独起停控制。

扫码查看三台电动机顺起逆停控制程序设计及仿真调试过程

2）三台电动机的起动顺序遵循 M1 → M2 → M3。

3）三台电动机的停止顺序遵循 M3 → M2 → M1。

根据控制要求，完成程序设计及调试。

六、任务拓展

现实生活或实际生产中，我们经常会看到多台设备的顺序起动都是自动实现的，工作人员可能仅需要按下一个系统起动按钮，系统就会按生产要求自动起动各台设备。比如，三台电动机的顺序起动，仅需要按下第一台电动机的起动按钮，后续两个电动机会在运行到一定位置（距离）或时间后自动起动。这样的控制系统如何实现呢?

我们知道后续电动机的起动是需要在相应条件满足后才可以运行的，这里有两种可能的起动条件，其一是运行到一定位置（距离），其二是运行到一定时间，而这两个条件的获取分别可以通过传感器的检测和定时器的计时功能实现。

请继续后续学习，这些疑问将迎刃而解。

提示

实现传感器的检测和定时器的计时功能，需要思考以下几个问题：

1）传感器的检测信号应作为 PLC 的哪种信号接入?

2）定时器的计时功能是否需要接入硬件设备?

3）定时到的信号如何获取?

项目三 交通信号灯控制

项目目标

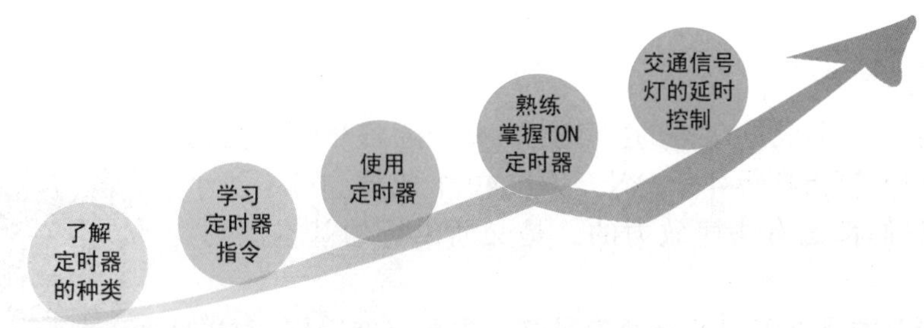

知识目标	1. 了解博途软件中的定时器指令，能根据需求正确选择定时器种类，分析时序特点； 2. 掌握定时器指令的运行原理，能在程序的不同对象里调用定时器，并通过接通延时定时器 TON，完成交通信号灯控制系统程序的编制。
能力目标	1. 根据控制要求，能完成交通信号灯控制系统硬件接线和程序设计； 2. 在文件引导下，能完成博途软件中硬件组态和程序调试； 3. 能进行简单故障排查。
素质目标	1. 养成守时遵规的良好习惯； 2. 遵守操作规范，夯实安全第一意识。

项目导入

交通是城市经济活动的命脉，对城市经济发展、人民生活水平的提高起着十分重要的作用。交通路线的发达程度，衡量着一个国家的城镇化、经济化水平。交通便捷与否，也影响着人们的生活水平，一个交通发达的地区，当地居民的幸福指数是较高的。

道路交通信号灯是一类交通安全产品。它是加强道路交通管理、减少交通事故、提高道路使用效率和改善交通状况的重要工具。

交通信号灯一般指的是指挥交通运行的信号灯（图 3-1），其作用非常重要，直接关系着道路及行人的安全。交通安全看起来是小事，又都是人命关天的大事。常怀畏惧、遵守规则，交通安全就能成为每个人的“护身符”。

图 3-1　十字路口交通信号灯示意图

什么是交通信号?

交通信号是一个成员众多的大家族，有交通信号灯、交通标志、标线和交警指挥等 4 个分支，约 340 个成员。可不要小看了它们，它们都是有法律效力的，是交通出行的基本规则。其中：

扫码观看生活中的交通安全视频

最“威严”的是亮闪闪的交通信号灯，主要有红绿灯、方向指示和闪光警告等信号灯。“红灯停、绿灯行、黄灯亮时不抢行”是很多父母教给孩子的第一首儿歌，所以立在路口的红绿灯是名气最大的。在一些不那么繁忙、但可能会有危险的路口，会有持续闪烁的黄灯，提示过往行人和车辆左右观望、确认安全再通过。

最“多样”的是交通标志，蓝色的是指示、指路标志，绿色的是高速公路指示标志，红色的是禁止标志，黄色的是警示标志。

最“朴实”的是标线，它和交通标志是好兄弟，经常合作起来指示车辆通行，有交通标志的地方都会看到标线的身影。标线有时还要板起面孔，独立承担重任，告诉人们哪里不可以停车、哪里不能变换车道。

最“帅气”的是交通警察的指挥手势。当信号灯、交通标志、交通标线与警察的手语信息不一致时，要听交通警察的指令，只有这样，才能保证道路的畅通和谐。

交通信号灯是控制车辆流量和维护交通秩序的重要社会设施，尤其在十字路口，各个方向的车辆有序通行，行人车辆各行其道，这都离不开一个稳定可靠的交通灯控制系统。那么，交通信号灯是如何实现红、绿、黄三种颜色信号灯交替变化，并在四个方向协调工作的呢？如果再增加行人信号灯，或者考虑不同时段的不同信号灯规则，这些看似复杂的要求，在 PLC 中是如何轻松实现的呢？

根据不同的道路要求，交通信号灯的运行方式有多种。采用 PLC 实现交通信号灯自动控制，常见的有以下两种：交通信号灯双向自动控制（任务 1）；特定场景，如早晚上下班高峰期，手 / 自动切换控制（任务 2）。

来听故事啦

最早的交通信号灯只有红、绿两色，经改良后，再增加一盏黄色的灯，红灯表示停止，黄灯表示准备，绿灯则表示通行。据传，黄色信号灯的发明者是胡汝鼎先生，他怀着科学救国的抱负到美国深造，在发明家爱迪生为董事长的美国通用电气公司任职。一天，他站在繁华的十字路口等待绿灯信号，当他看到红灯而正要过去时，一辆转弯的汽车呼地一声擦身而过，吓了他一身冷汗。回到宿舍，他反复琢磨，想到在红、绿灯中间再加上一个黄色信号灯，提醒人们注意危险。现在，红、黄、绿三色信号灯即以一个完整的指挥信号家族，遍及全世界交通领域。

任务 1 交通信号灯双向控制系统设计与调试

一、应用场景

扫码观看北京电子科技职业学院南门口交通信号灯控制系统运行过程

试想，各信号灯亮灭时间控制如何实现？现实生活中，还有哪些现象与时间控制相关？

二、知识准备

1. 定时器指令学习

S7–1200 PLC 的定时器为 IEC 定时器，即通过调用相应的指令块来实现定时器的计算。其主要优势是没有具体的数量限制，用户程序中可以使用的定时器数量只受控制器的存储器容量限制。

由于是通过计算来实现定时，当中需要存储相关的数据，例如设定的定时时间、当前计时时间等，这些数据需要数据块或者数据类型为 IEC_TIMER（或 TP_TIME、TON_TIME、TOF_TIME、TONR_TIME）的数据块变量来保存。具体使用方式在后文中会详细介绍。

S7–1200 PLC 包含四种定时器，分别是：

1）生成脉冲定时器（TP）。

2）接通延时定时器（TON）。

3）关断延时定时器（TOF）。

4）时间累加器（TONR）。

在 TIA 博途软件中，提供了四种定时器对应的功能块和指令，如图 3-2 所示。

基本指令		
名称	描述	版本
▸ 常规		
▸ 位逻辑运算		V1.0
▾ 定时器操作		V1.0
TP	生成脉冲	V1.0
TON	接通延时	V1.0
TOF	关断延时	V1.0
TONR	时间累加器	V1.0
-(TP)-	启动脉冲定时器	
-(TON)-	启动接通延时定时器	
-(TOF)-	启动关断延时定时器	
-(TONR)-	时间累加器	
-(RT)-	复位定时器	
-(PT)-	加载持续时间	
▸ 计数器操作		V1.0

图 3-2　博途软件中的定时器指令

尽管存在四种不同类型的定时器类型，但其指令功能块的引脚基本是一样的，见表 3-1。

表 3-1　定时器引脚说明

输入引脚			
引脚	说明	数据类型	备注
IN	输入位	Bool	TP、TON、TONR： 0= 禁用定时器，1= 启用定时器 TOF：0= 启用定时器，1= 禁用定时器
PT	设定的时间输入	Time	
R	复位	Bool	仅出现在 TONR 指令
输出引脚			
引脚	说明	数据类型	备注
Q	输出位	Bool	
ET	已计时的时间	Time	

其中，输入位引脚“IN”是启动 / 停止定时的信号输入端，输出位引脚“Q”是用来判断定时是否结束的状态位，可以以常开或常闭触点的形式在程序中调用。

每种定时器在具体功能和时序上都是不同的，需要有一个基本的了解，见表 3-2。但要重点学习在实际工程实践中使用最为广泛的接通延时定时器 TON 的功能说明和时序。

表 3-2　定时器功能说明

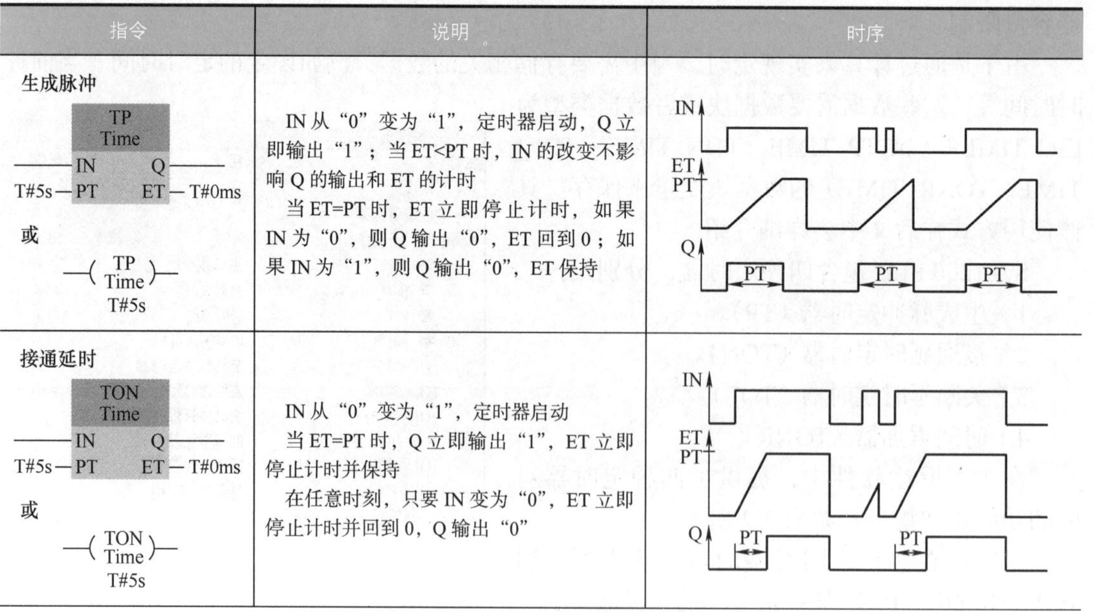

指令	说明	时序
生成脉冲 TP Time IN　Q T#5s — PT　ET — T#0ms 或 —(TP Time)— T#5s	IN 从“0”变为“1”，定时器启动，Q 立即输出“1”；当 ET<PT 时，IN 的改变不影响 Q 的输出和 ET 的计时 当 ET=PT 时，ET 立即停止计时，如果 IN 为“0”，则 Q 输出“0”，ET 回到 0；如果 IN 为“1”，则 Q 输出“0”，ET 保持	IN、ET、PT、Q、PT、PT、PT
接通延时 TON Time IN　Q T#5s — PT　ET — T#0ms 或 —(TON Time)— T#5s	IN 从“0”变为“1”，定时器启动 当 ET=PT 时，Q 立即输出“1”，ET 立即停止计时并保持 在任意时刻，只要 IN 变为“0”，ET 立即停止计时并回到 0，Q 输出“0”	IN、ET、PT、Q、PT、PT

（续）

指令	说明	时序
关断延时 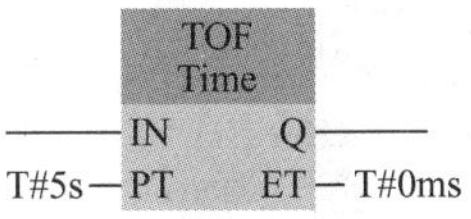 TOF Time IN Q T#5s — PT ET — T#0ms 或 —(TOF Time)— T#5s 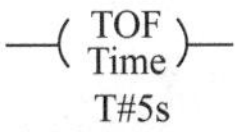	只要 IN 为“1”时，Q 即输出为“1” IN 从“1”变为“0”，定时器启动 当 ET=PT 时，Q 立即输出“0”，ET 立即停止计时并保持 在任意时刻，只要 IN 变为“1”，ET 立即停止计时并回到 0	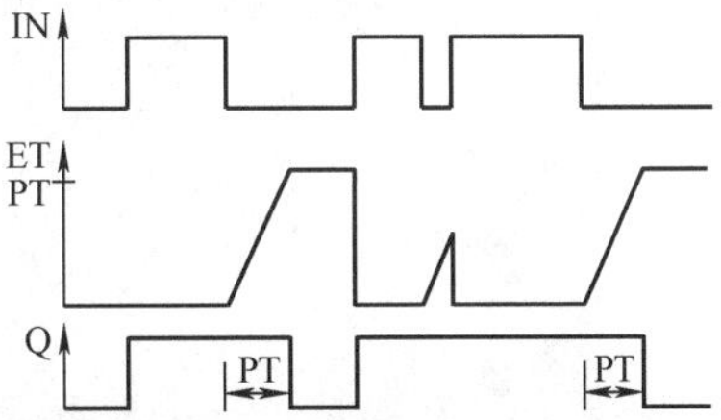 IN ET PT Q PT PT
时间累加器 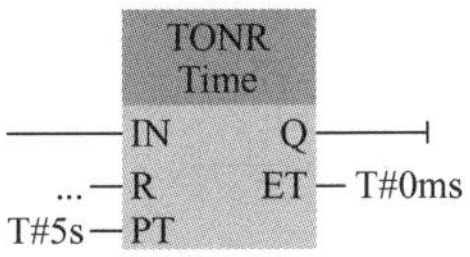 TONR Time IN Q ...— R ET — T#0ms T#5s — PT 或 —(TONR Time)— T#5s 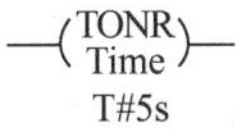	只要 IN 为“0”时，Q 即输出为“0” IN 从“0”变为“1”，定时器启动 当 ET<PT，IN 为“1”时，则 ET 保持计时，IN 为“0”时，ET 立即停止计时并保持 当 ET=PT 时，Q 立即输出“1”，ET 立即停止计时并保持 在任意时刻，只要 R 为“1”时，Q 输出“0”，ET 立即停止计时并回到 0。R 从“1”变为“0”时，如果此时 IN 为“1”，定时器启动	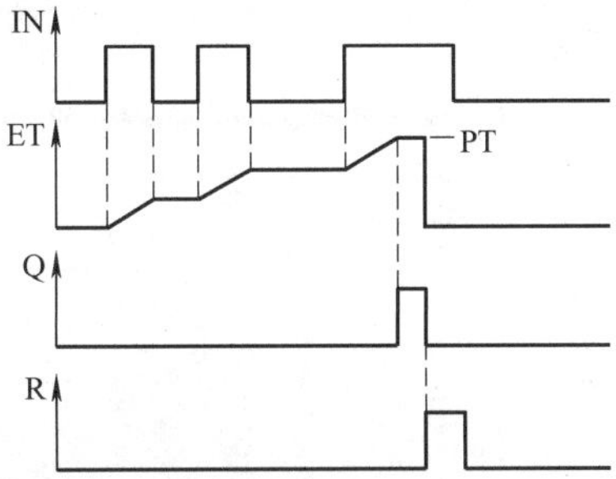 IN ET PT Q R
复位定时器LAD： —[RT]—	指令前的运算结果（RLO）为“1”时使得指定定时器的 ET 立即停止计时并回到 0	
加载新的定时时间LAD： —(PT)— T#10s	指令前的运算结果为“1”时使得指定定时器的新定时时间设定值立即生效。在定时器的引脚中也有一个“PT”引脚，如果定时器处于计时过程中，修改“PT”引脚的值，该新值在当前的计时中不会生效，需要等待下次定时器重新启动时才会使用该新值	

2. S7-1200 PLC 定时器的使用

以 S7-1200 PLC 为例，学习如何在程序中使用定时器。如前文所说，S7-1200 PLC 中的定时器都是需要使用一个载体来存储其背景数据的。由此，就产生了满足不同应用场合的五种使用方法。

（1）直接调用　作为最基本的使用方法，可在任何场合下使用。

将功能框指令直接拖入梯形图程序段中，软件会提示创建所需的背景数据块，用户可以输入该背景数据块的名称，也可以切换到手动模式，定义数据块的块号。单击确定之后即可自动创建数据块，如图 3-3 所示，该数据库位于“系统块 > 程序资源”中。

（2）单独创建定时器背景数据块　创建数据块，并选择其类型为“IEC_Timer”。将定时器功能块拖入程序段中，在如方法（1）所示的提示对话框中单击“取消”按钮。之后将已经创建好的数据块拖放到此定时器指令块上即可，如图 3-4 所示。

此方法适用于在定时器指令使用之前需要使用定时器状态来进行逻辑处理的场合。

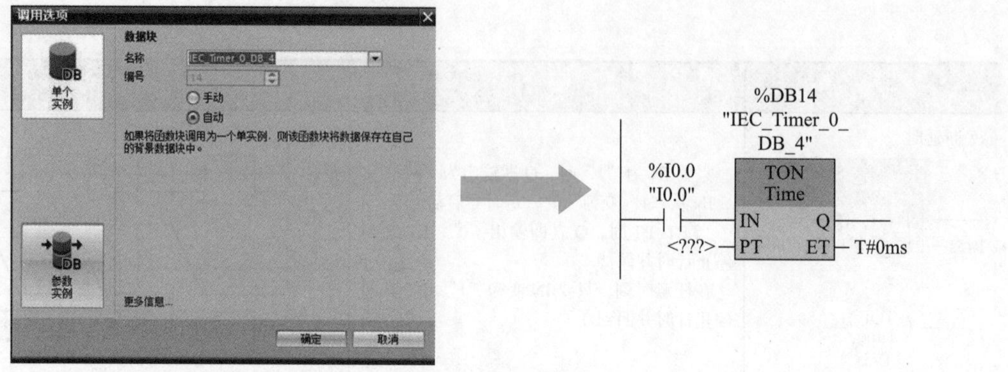

图 3-3　定时器功能框指令的直接调用

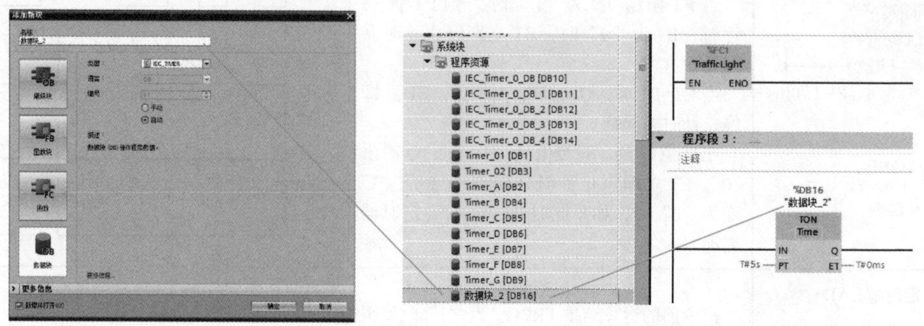

图 3-4　定时器功能框指令的背景数据块的单独创建

（3）使用参数实例　在创建背景数据块的提示对话框中，选择“参数实例”，定时器背景数据将集成在 FC 或者 FB 的接口参数中，如图 3-5 所示。此方法不适用于组织块中调用定时器。

扫码学习如何创建定时器数据块，并关联定时器

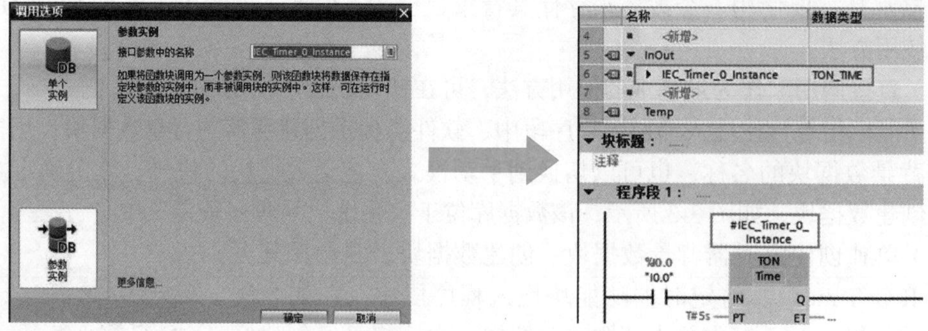

图 3-5　使用参数实例的定时器调用

当在组织块或者其他程序块中调用此 FC 或者 FB 时，用户需要指定定时器背景数据块地址，如图 3-6 所示，需要在<???>—IEC_Timer_0_Instance引脚指定背景数据块地址。

此方法适用于在通用型 FC 或者 FB 中使用定时器，即定时器在调用时才需要指定背景数据块。

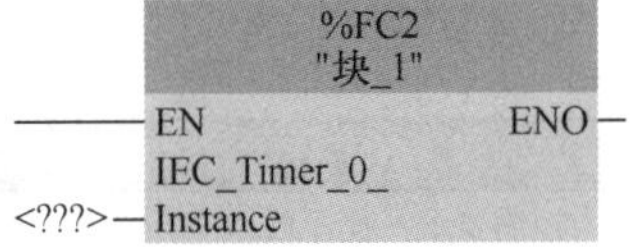

图 3-6 背景数据块地址

（4）FB 中使用多重背景存储定时器背景数据块　此方法仅适用于 FB 中调用定时器。在创建背景数据库的提示对话框中，选择“多重实例”。定时器背景数据将集成在 FB 的背景数据块。

FB 中集成定时器的背景数据块，可以减少项目中定时器背景数据块的数量，也符合 FB 数据封装的使用逻辑。

扫码学习在 FB 中
使用多重背景数据
块调用定时器

（5）使用全局数据块存储定时器背景数据　不同的定时器调用方法其实就是如何处理定时器背景数据块，如果项目中有大量的定时器，而且可能需要对定时器的状态、设定时间等进行集中管理，则可以将所有的定时器数据块集成到一个或多个公共全局数据块中。在任何地方调用定时器即可使用该全局数据块中存储的条目，例如方法（3）中调用含有定时器参数实例的 FC 或者 FB 时，即可使用该全局数据块中的 Timer02，如图 3-7 所示。

数据块_1

	名称	数据类型	起始值
1	▼ Static		
2	▸ Timer01	IEC_TIMER	
3	▼ Timer02	TON_TIME	
4	PT	Time	T#0ms
5	ET	Time	T#0ms
6	IN	Bool	false
7	Q	Bool	false
8	▸ Timer03	TOF_TIME	
9	▸ Timer04	TONR_TIME	
10	▸ Timer05	TP_TIME	

%FC2
"块_1"
EN　ENO
"数据块_1".Timer02 — IEC_Timer_0_ Instance

图 3-7 全局数据块的定时器调用

本项目中，我们只用到接通延时定时器 TON，其相关信息如下：

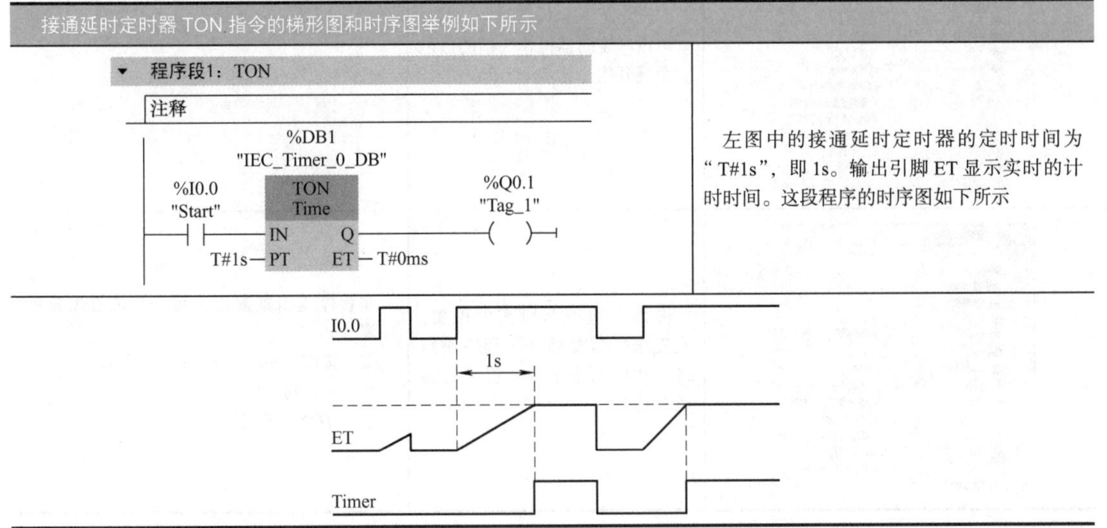

3. 任务热身

定时器应用举例：两个按钮控制的一个指示灯的联锁程序。

控制要求：程序段 A 所示为两个按钮控制的一个指示灯亮灭程序，现在要求在此过程中加入延时控制，控制指示灯点亮 10s 后自动熄灭。通过加入一个接通延时定时器，如程序段 B 所示。

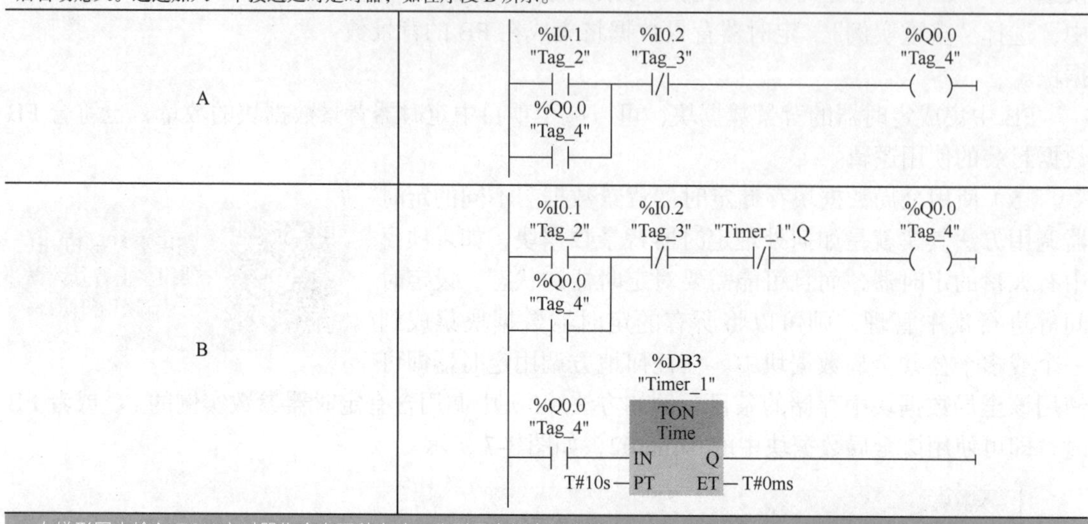

在梯形图中输入 TON 定时器指令有两种方法：分别是在指令树中选取和利用快捷键选取。

在指令树中选取 TON 定时器		用快捷键插入定时器
	在基本指令中找到“定时器操作”	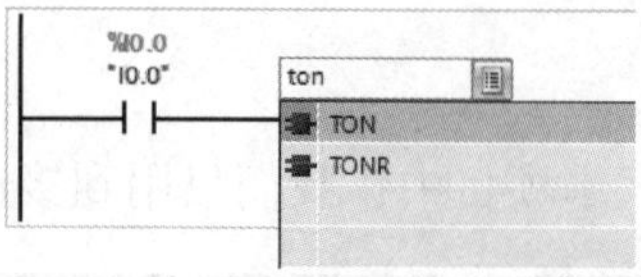
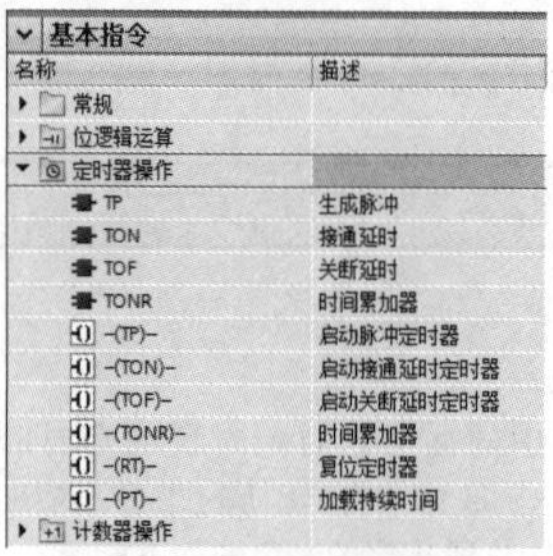	单击“定时器操作”前的黑色三角展开指令树	
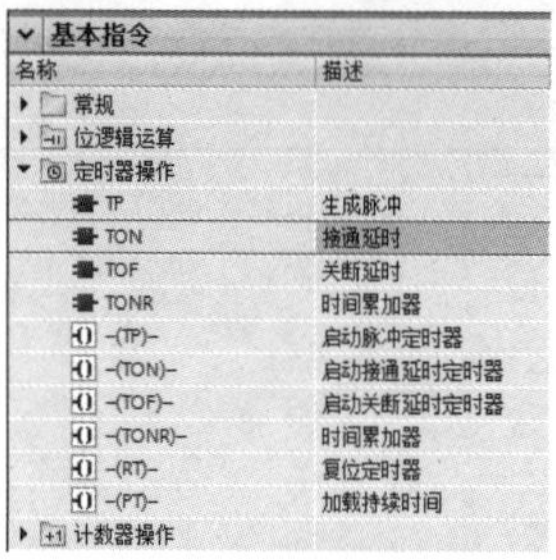	将指令拖拽至所需的位置。或先选择需要插入的程序块网络，然后双击指令，将定时器插入其中	在程序编辑器窗口中将光标放在所需的位置 按下按键〈Shift〉+〈F5〉 弹出指定对话框 选取 TON 定时器

完成程序之后下载到 PLC 中，打开监控功能进行程序调试。

程序的初始在线状态如图 3-8 所示。

接通 I0.1 信号，指示灯点亮 10s，如图 3-9 所示。待定时时间到，指示灯熄灭，如图 3-10 所示。

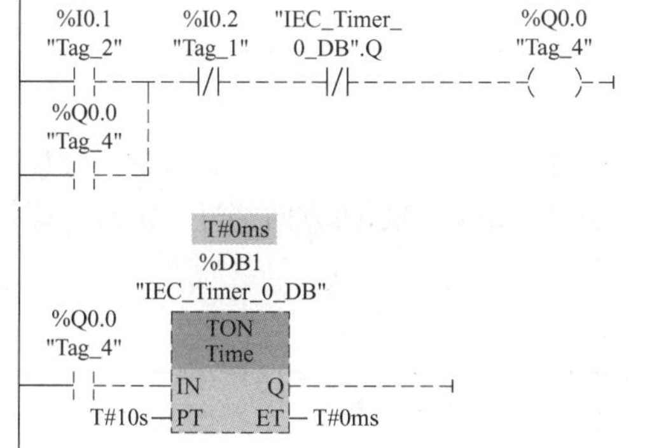

图 3-8　指示灯控制程序监控

图 3-9　指示灯控制程序监控定时器计时中

图 3-10　指示灯控制程序监控定时器计时到

扫码观看指示灯控制程序监控全过程

三、在线学习及自评测试

扫码检测学习效果并查看参考答案

四、任务实践

1. 控制要求描述

某十字路口交通信号灯系统控制要求：

1）按下起动按钮，十字路口交通信号灯按表 3-3 所示规律开始运行，并周而复始地循环运行；

2）按下停止按钮，所有交通信号灯熄灭。具体要求见表 3-4。

表 3-3　交通信号灯运行规律

南北方向交通信号灯变化	绿	绿	绿	黄	红	红	红	红	红	红
东西方向交通信号灯变化	红	红	红	红	红	绿	绿	绿	黄	红

表 3-4　十字路口交通信号灯具体要求

<table>
<tr><td rowspan="2">南北</td><td>信号</td><td>绿灯</td><td>黄灯</td><td colspan="4">红灯</td></tr>
<tr><td>时间</td><td>3s</td><td>1s</td><td colspan="4">6s</td></tr>
<tr><td rowspan="2">东西</td><td>信号</td><td colspan="3">红灯</td><td>绿灯</td><td>黄灯</td><td>红灯</td></tr>
<tr><td>时间</td><td colspan="3">5s</td><td>3s</td><td>1s</td><td>1s</td></tr>
</table>

2. 任务准备

（1）设备清单　由以上控制要求分析可知，本任务有 2 个输入设备：起动按钮 SB1 和停止按钮 SB2；12 个输出设备：南北方向红灯、黄灯、绿灯和东西方向红灯、黄灯、绿灯，设备清单见表 3-5。

表 3-5　设备清单

序号	设备名称	型号	数量	备注
1	S7-1200 PLC	CPU 1215C	1 台	S7-1200 PLC 均可
2	按钮		2 个	起动 / 停止
3	红色信号灯	DC 24V	4 个	南北 2 个，东西 2 个
4	绿色信号灯	DC 24V	4 个	南北 2 个，东西 2 个
5	黄色信号灯	DC 24V	4 个	南北 2 个，东西 2 个
6	DC 24V 电源		1 个	输出负载供电
7	导线		若干	

（2）I/O 设置　将归纳出的输入 / 输出设备进行 PLC 控制的 I/O 设置，见表 3-6。这里需要注意，一个方向相同颜色两个信号灯的动作完全一致，所以，这两个信号灯在 PLC 控制系统中是一个输出点。

表 3-6　I/O 设置

<table>
<tr><th>设备 / 信号类型</th><th>设备名称</th><th>信号地址</th></tr>
<tr><td rowspan="2">输入</td><td>起动按钮</td><td>I0.0</td></tr>
<tr><td>停止按钮</td><td>I0.1</td></tr>
<tr><td rowspan="6">输出</td><td>南北方向绿灯</td><td>Q0.0</td></tr>
<tr><td>南北方向黄灯</td><td>Q0.1</td></tr>
<tr><td>南北方向红灯</td><td>Q0.2</td></tr>
<tr><td>东西方向红灯</td><td>Q0.3</td></tr>
<tr><td>东西方向绿灯</td><td>Q0.4</td></tr>
<tr><td>东西方向黄灯</td><td>Q0.5</td></tr>
</table>

（3）系统接线图　交通信号灯双向控制系统接线图如图 3-11 所示。

扫码观看交通信号灯双向控制系统接线微课

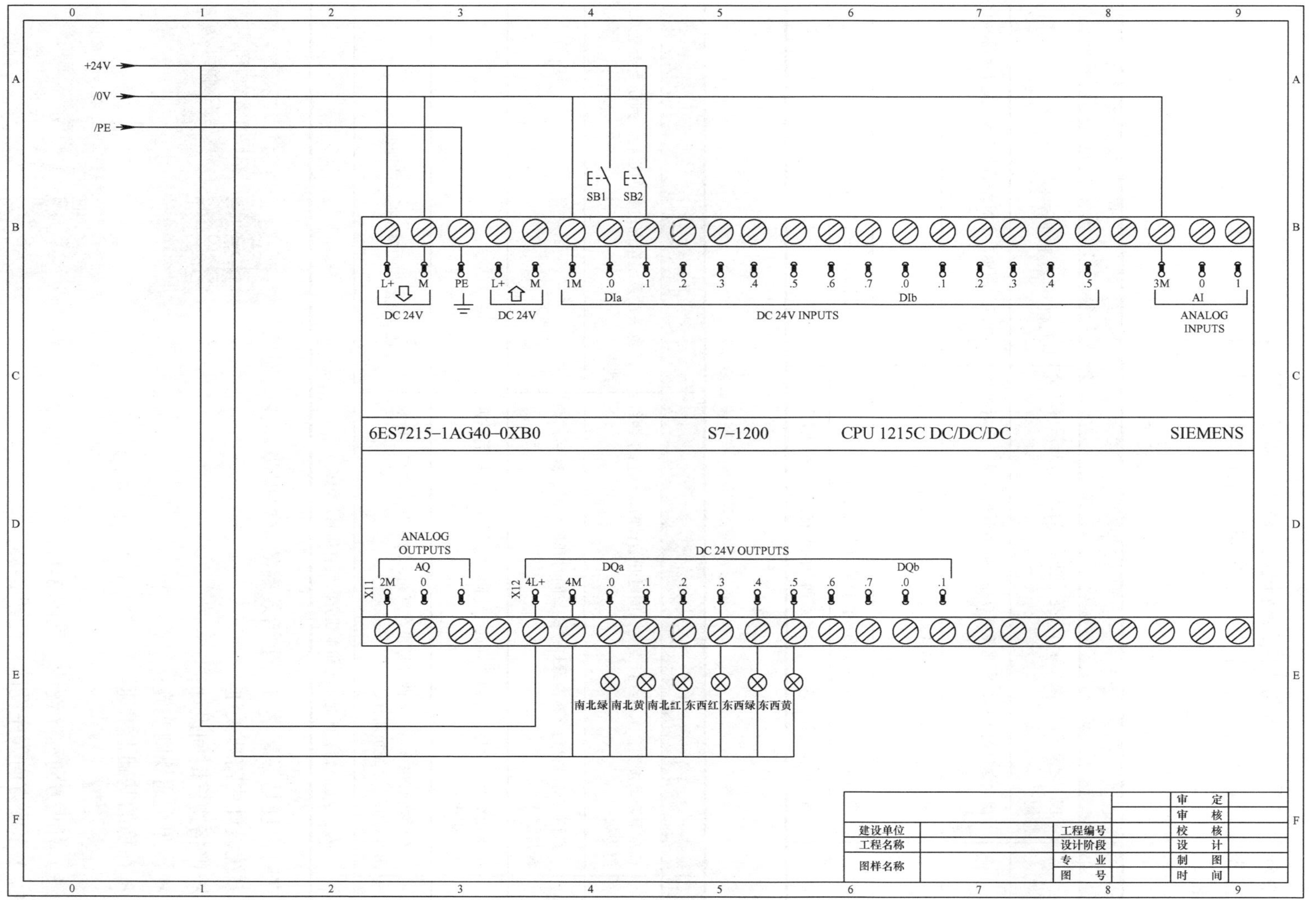

图 3-11 交通信号灯双向控制系统接线图

（4）控制逻辑　由表3-3和表3-4中十字路口交通灯系统的运行规律可以看到，南北方向与东西方向的信号灯运行时，要求同时起动，时间上相互配合，所以本任务可以分为两个重点环节完成，即南北方向运行过程和东西方向运行过程。

首先完成南北方向程序设计；再进行东西方向程序设计，具体设计步骤见表3-7和表3-8。

表3-7　南北方向程序设计步骤

步骤	内容	注意事项
1	按下起动按钮，南北绿灯点亮，同时开始计时，3s后南北绿灯熄灭	按钮为一短脉冲信号
2	南北绿灯熄灭后，南北黄灯点亮，同时开始计时，1s后南北黄灯熄灭	注意判断驱动定时器的节点是长还是短脉冲信号
3	南北黄灯熄灭后，南北红灯点亮，同时开始计时，6s后南北红灯熄灭	
4	南北红灯熄灭后，开始循环，重新点亮南北绿灯	注意判断出循环信号
5	按下停止按钮，南北方向和东西方向所有信号灯熄灭	

表3-8　东西方向程序设计步骤

步骤	内容	注意事项
1	按下起动按钮，东西红灯点亮，同时开始计时，5s后东西红灯熄灭	注意关注系统全部过程的运行，判断是否是双线圈
2	东西红灯熄灭后，东西绿灯点亮，同时开始计时，3s后东西绿灯熄灭	
3	东西绿灯熄灭后，东西黄灯点亮，同时开始计时，1s后东西黄灯熄灭	
4	东西黄灯熄灭后，东西红灯再次点亮，同时开始计时，1s后开始循环，系统重新开始	注意双线圈的问题及循环的处理
5	按下停止按钮，南北方向和东西方向所有信号灯熄灭	

守时遵规是提高学习、生活效率的重要保障，在交通信号灯系统设计中需要关注：

➢ 严格遵守时间设计；

➢ 按照交通规则实施；

➢ 在稳的基础上求速。

扫码观看交通信号灯双向控制南北方向程序运行过程

3. 任务实施

（1）南北方向程序设计　见图3-12。

（2）东西方向程序设计　见图3-13。

扫码观看交通信号灯双向控制东西方向程序运行过程

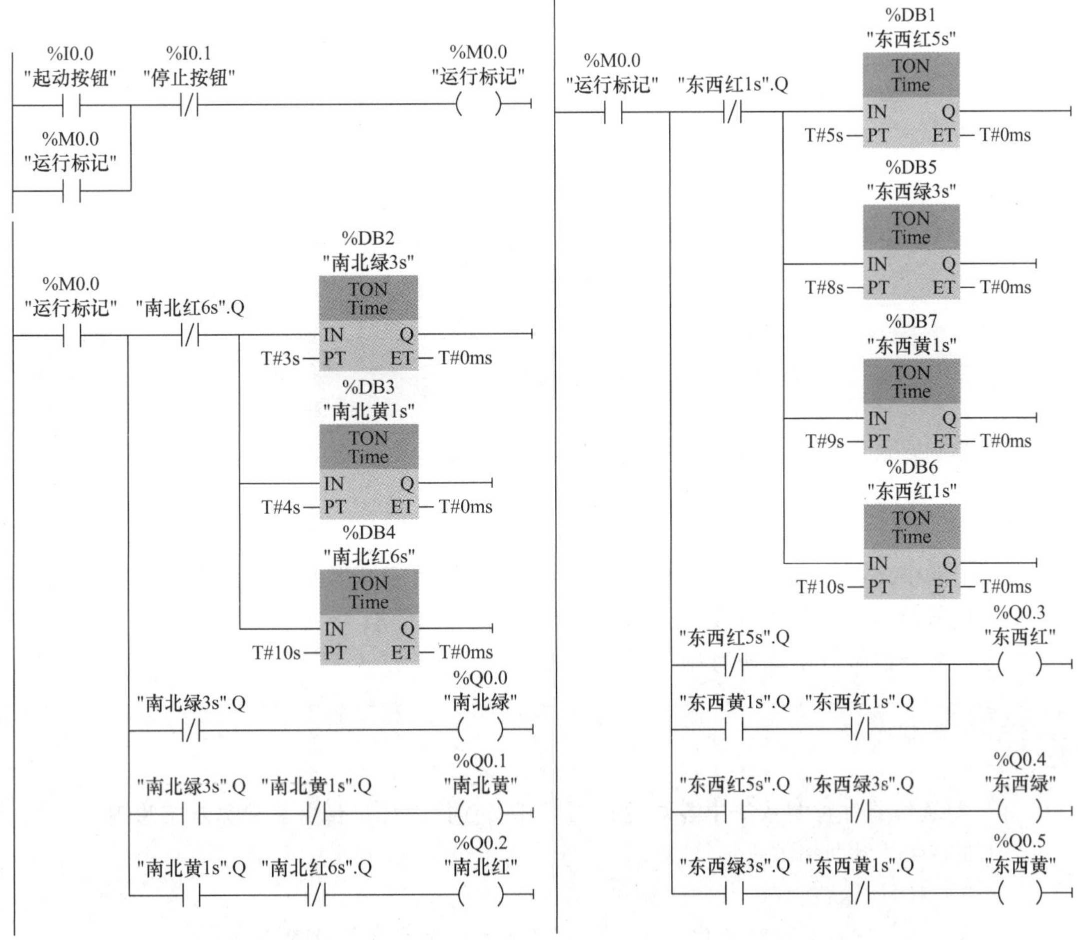

图 3-12 交通信号灯控制南北方向程序　　　图 3-13 交通信号灯控制东西方向程序

连接实际负载，在博途软件中进行系统调试。

任务实施过程中，及时填写任务工单，记录调试步骤、故障现象及处理过程，客观评价学习结果。

扫码观看交通信号灯双向控制系统运行效果

五、应用考核

1. 要点回顾

本任务需要了解定时器的工作原理，理解 IEC_Timer 数据类型及各端口的意义和设定要求。能在程序中正确使用定时器指令完成基本定时功能。下面，通过一个简单控制系统检验定时器指令的掌握情况。

2. 考核任务

任务要求：某工件加工过程分为四道工序完成，共需 30s，其时序要求如图 3-14 所示。控制开关接通时，按时序循环运行。控制开关断开时，停止运行。而且每次接通控制开关时均从第一道工序开始。在博途软件中，设计满足上述控制要求的程序并仿真调试。

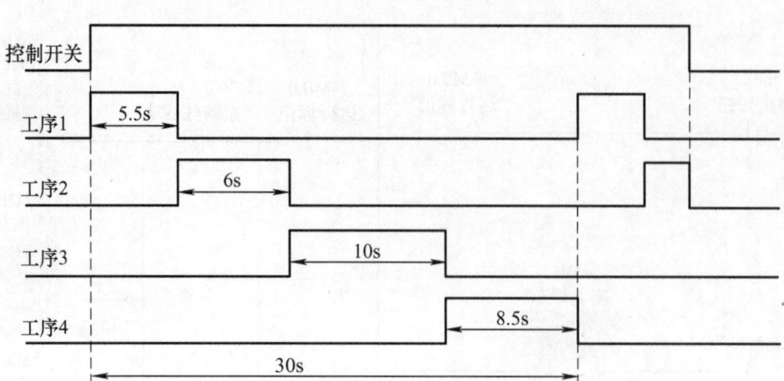

图 3-14　工件加工过程时序图

根据控制要求，完成系统接线图、程序设计及调试。

六、任务拓展

现实生活中，部分十字路口交通信号灯系统的黄灯以闪烁形式提醒大家减速慢行，请在以上交通信号灯自动控制系统设计的基础上实现黄灯 3s 闪烁。

思考：交通信号灯系统还有哪些表现形式？

提示

交通信号灯控制系统中各灯运行时间可以自行设计，但需要遵循以下原则：

1）双向周期相同。

2）双向同颜色灯运行时间相同。

3）双向灯不能同时变化（同一时刻只能有一个方向灯改变颜色）。

4）双向必须有同时亮红灯时段。

任务 2　交通信号灯手 / 自动控制系统设计与调试

一、应用场景

在过十字路口时，你有没有这样的经历——你要通过的方向较长时间是红灯，而绿灯的方向并没有车辆通过，甚有浪费时间之感呢？其实，随着城市交通系统设计的人性化发展，很多十字路口交通灯控制系统已经增加了手动控制功能，我们可以看到在行人通过路口的立杆上都设有手动按钮，当行人需要通过时，按下手动控制按钮，稍后该方向就会变成绿灯，一定时间后自动切换为正常运行模式。这一改进，在一定程度上提高了交通信号灯的工作效率，同时也大大减少了行人闯红灯而造成的事故率。

那么，手动控制与任务 1 中的自动控制是如何切换的呢？这就需要通过程序设计来实现了。

二、知识准备

S7–1200 PLC 的置位和复位指令有置位输出指令 S 和复位输出指令 R、置位位域指令 SET_BF 和复位位域指令 RESET_BF、置位优先触发器指令 RS 和复位优先触发器指令 SR，这三对指令都是对位进行直接操作，但又各有功能特点和应用场合。本任务将简单介绍三种指令。

1. 置位输出指令和复位输出指令学习

置位输出指令 S（Set）将指定的位操作数置位（变为 1 状态并保持）。

复位输出指令 R（Reset）将指定的位操作数复位（变为 0 状态并保持）。

如果同一操作数的线圈同时执行 S 和 R 指令，后序有效，即执行结果以后边的指令执行结果为准。

置位输出指令		复位输出指令	
"OUT" —(S)—	置位（S）激活时，OUT 操作数的数据值设置为 1；未激活时，OUT 不变	"OUT" —(R)—	复位（R）激活时，OUT 操作数的数据值设置为 0；未激活时，OUT 不变

置位输出指令和复位输出指令最主要的特点是有记忆和保持功能。如图 3-15a 中的 I0.4 的常开触点闭合，Q0.5 变为 1 状态并保持该状态。即使 I0.4 的常开触点断开，Q0.5 也仍然保持 1 状态；I0.5 的常开触点闭合时，Q0.5 变为 0 状态并保持该状态，即使 I0.5 的常开触点断开，Q0.5 也仍然保持为 0 状态，如图 3-15b 所示。

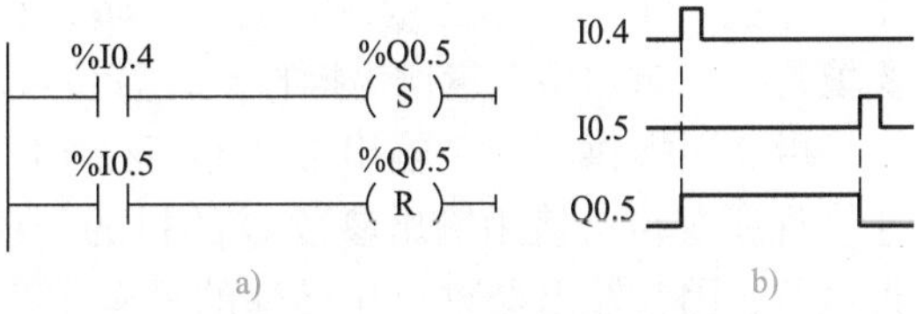

图 3-15　置位输出指令与复位输出指令

2. 置位位域指令和复位位域指令学习

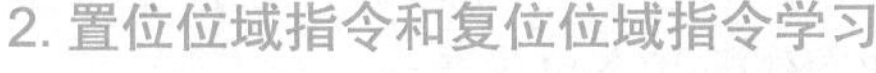

置位位域指令和复位位域指令说明如下：

置位位域指令		复位位域指令	
"OUT" —(SET_BF)— "n"	SET_BF 激活时，为从寻址变量 OUT 处开始的 n 位分配数据值 1；未激活时，OUT 不变	"OUT" —(RESET_BF)— "n"	RESET_BF 激活时，为从寻址变量 OUT 处开始的 n 位分配数据值 0；未激活时，OUT 不变

置位位域指令 SET_BF 将指定的地址开始的连续的若干个位地址置位（变为 1 状态并保持）。如图 3-16 所示，在 I0.6 的上升沿（从 0 状态变为 1 状态）时，从 M5.0 开始的 4 个连续的位被置位为 1 状态并保持该状态不变。

复位位域指令 RESET_BF 将指定的地址开始的连续的若干个位地址复位（变为 0 状态并保持）。如图 3-16 所示，在 I0.7 的下降沿（从 1 状态变为 0 状态）时，从 M5.1 开始的 3 个连续的位被复位为 0 状态并保持该状态不变。

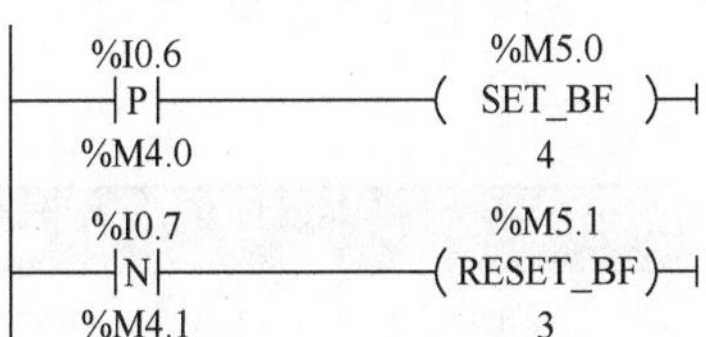

图 3-16　边沿检测触点与置位位域、复位位域指令

3. 置位优先触发器指令和复位优先触发器指令学习

置位优先触发器指令 RS 以及复位优先触发器指令 SR 的逻辑来自于数字电子电路中的触发器，即在两个条件都具备的情况下，采用优先级来区分为对位的操作逻辑。

注意

在具体使用置位和复位指令时，如果存在多个条件且相互之间存在优先级顺序，则建议使用 RS 或者 SR 指令。

置位优先触发器指令和复位优先触发器指令说明如下：

置位优先触发器指令 RS	复位优先触发器指令 SR
<??.?> RS: R, S1, Q	<??.?> SR: S, R1, Q

（1）置位优先触发器指令 RS　该指令有两个输入参数：R 和 S1。这两个输入参数各自需要连接一个布尔型变量或者前序逻辑，在梯形图编程中可以直接连接。在指令的上方需要填写一个布尔型变量作为操作数，置位或者复位均是针对该操作数进行的。

指令还提供了一个输出参数 Q，在实际编程中 Q 端可以不连接任何变量，也可以其后连接程序逻辑。使用输出参数 Q 的目的是根据触发器的执行结果来决定后续梯形图逻辑是否执行，因为输出参数 Q 中传递的是操作数在触发器执行之后的实际状态。

当输入参数 R 端有信号为 True（1），且输入参数 S1 端无信号为 False（0）时，该指令将操作数复位，即设置为 False，此时的输出参数 Q 传递出操作数的状态，也为 False。

当输入参数 S1 端有信号为 True，且输入参数 R 端无信号为 False 时，该指令将操作数置位，即设置为 True，此时的输出参数 Q 传递出的操作数状态也为 True。

当输入参数 R 和 S1 都没有信号为 False 时，该指令不对操作数进行任何操作，操作数保持原值不变，即操作数为 True 则输出参数 Q 也为 True，操作数为 False 则输出参数 Q 也为 False。

当输入参数 R 和 S1 都有信号输入为 True 时，该指令按照置位对操作数进行处理，即设置操作数为 True，输出参数 Q 也为 True，这就是所谓的“置位优先”的含义。

具体逻辑关系见表 3-9。

表 3-9　置位优先触发器指令引脚说明

输入引脚 R	输入引脚 S1	操作数	输出引脚 Q
True（1）	False（0）	False（0）	False（0）
False（0）	True（1）	True（1）	True（1）
False（0）	False（0）	不变	与操作数一致
True（1）	True（1）	True（1）	True（1）

（2）复位优先触发器指令 SR　该指令有两个输入参数：S 和 R1。这两个输入参数各

自也需要连接一个布尔型变量或者前序逻辑，在梯形图编程中可以直接调用连接。在指令的上方需要填写一个布尔型变量作为操作数，置位或者复位均是针对该操作数进行的。具体使用方式与 RS 指令类似，逻辑上有所区别：

当输入参数 S 端有信号为 True（1），且输入参数 R1 端无信号为 False（0）时，该指令将操作数置位，即设置为 True，此时的输出参数 Q 传递出操作数的状态，也为 True。

当输入参数 R1 端有信号为 True，且输入参数 S 端无信号为 False 时，该指令将操作数复位，即设置为 False，此时的输出参数 Q 传递出的操作数状态也为 False。

当输入参数 S 和 R1 都没有信号为 False 时，该指令不对操作数进行任何操作，操作数保持原值不变，即操作数为 True 则输出参数 Q 也为 True，操作数为 False 则输出参数 Q 也为 False。

当输入参数 S 和 R1 都有信号输入为 True 时，该指令按照复位对操作数进行处理，即设置操作数为 False，输出参数 Q 也为 False，这就是所谓的“复位优先”的含义。

复位优先触发器指令引脚说明见表 3-10。

表 3-10　复位优先触发器指令引脚说明

输入引脚 S	输入引脚 R1	操作数	输出引脚 Q
True（1）	False（0）	True（1）	True（1）
False（0）	True（1）	False（0）	False（0）
False（0）	False（0）	不变	与操作数一致
True（1）	True（1）	False（0）	False（0）

在 RS 指令中，复位 R 在前、置位 S 在后，所以会先判断是否有复位条件，若有则完成复位操作。若无则不进行任何操作，然后判断是否有置位条件 S，若有则完成置位操作，若无则不进行任何操作。如果两个条件都满足，对操作数先进行复位操作，然后再进行置位操作，这样置位操作会覆盖之前复位操作的结果。最后的输出就是置位操作的结果，所以实现了置位优先的原则。

同理，对于 SR 指令也是一样的逻辑，置位 S 在前、复位 R 在后。在语句表中先判断是否有置位条件 S，若有则完成置位操作，若无则不进行任何操作，然后判断是否有复位条件 R，若有则完成复位操作，若无则不进行任何操作。这样当两个条件都满足时，对操作数先进行置位操作，然后再进行复位操作，这样复位操作会覆盖之前的置位操作，最后的输出就是复位操作结果，实现了复位优先的功能。

（3）RS 和 SR 指令的使用　作为基本指令，RS 指令和 SR 指令在 S7-1200 PLC 的项目编程使用十分灵活，很多情况下为了调试和将来程序修改的需要，置位输出指令 S 和复位输出指令 R 会都用 RS 指令和 SR 指令来取代。此处我们就基本使用和输出参数 Q 的使用来了解触发器指令的功能。

1）基本使用。多数梯形图编程的情况下，RS 和 SR 指令都是放置在网络的最末端，即输出参数不做任何连接。以 SR 指令为例，将指令拖入到梯形图网络中，S 和 R1 引脚分别连接常开触点 I0.0 和 I0.1，如图 3-17 所示。

扫码学习快速在程序中插入 SR 指令

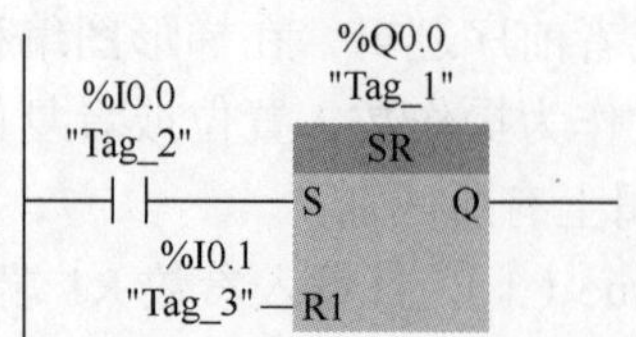

图 3-17　SR 指令 S 和 R1 引脚的应用

编译保存并下载该程序，即可以测试 SR 指令的常规功能。

2）输出参数 Q 的使用。某些情况下，SR 指令在完成对操作数的置位或者复位操作之后，还需根据当前操作数的状态来判断是否执行后续操作。一种解决思路就是另外创建一个新的网络，在其中使用一个常开触点来连接操作数的状态；另一种方式是使用触发器的输出引脚 Q，因为 Q 引脚的状态与操作数一致。

在上一步程序的基础之上，在输出引脚 Q 后面继续增加一个简短逻辑，如图 3-18 所示。

图 3-18　SR 指令引脚 Q 的应用

4. 任务热身

RS 指令应用举例：电动机控制的多条件信号联锁。

控制要求：设置急停按钮 I10.0，同时模拟两个阀门的开阀已开状态信号 M2.0 和 M2.1，当这三个信号中任何一个为 True 时，则必须关闭电动机。如果这三个信号均为 False，按照正常的逻辑工作。

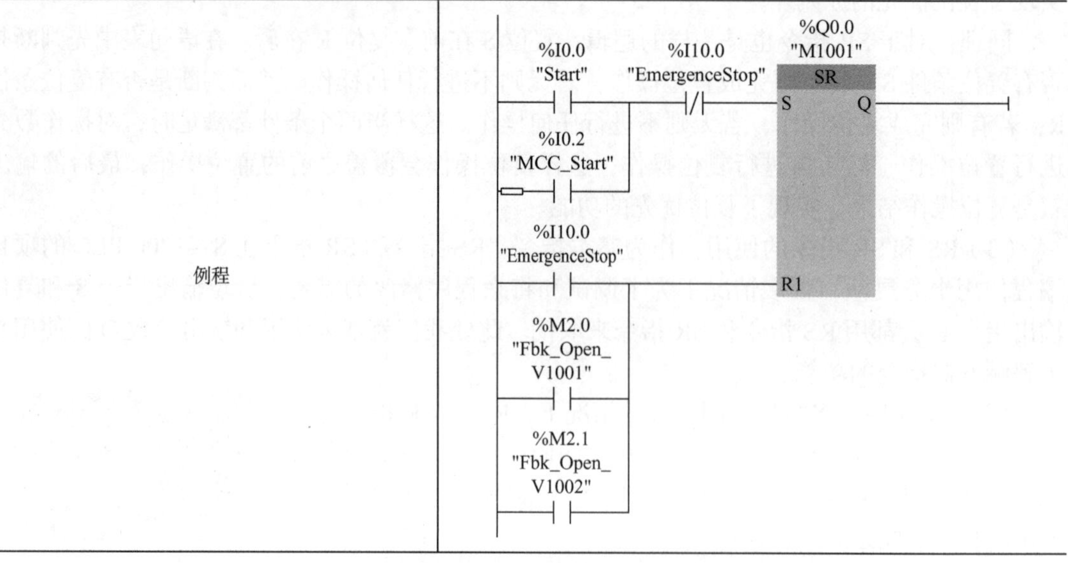

（续）

如何在梯形图中增加多行指令？		
使用功能栏按钮和鼠标操作在指令树中选取 SR 指令		使用快捷键
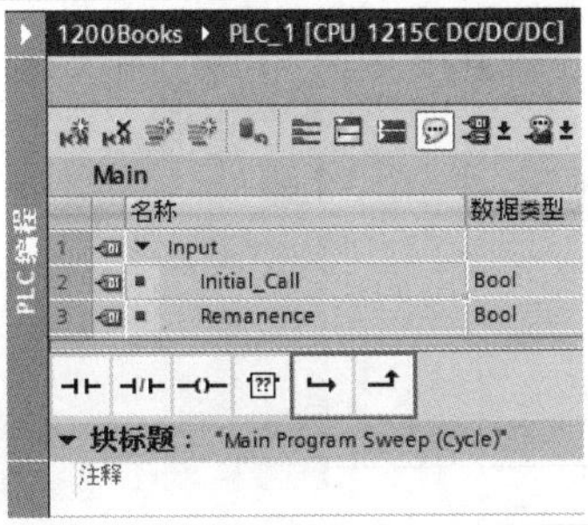 1200Books ▸ PLC_1 [CPU 1215C DC/DC/DC] Main 名称 数据类型 1 Input 2 Initial_Call Bool 3 Remanence Bool 块标题： "Main Program Sweep (Cycle)" 注释	选中梯形图中母线后单击分支和闭合按钮	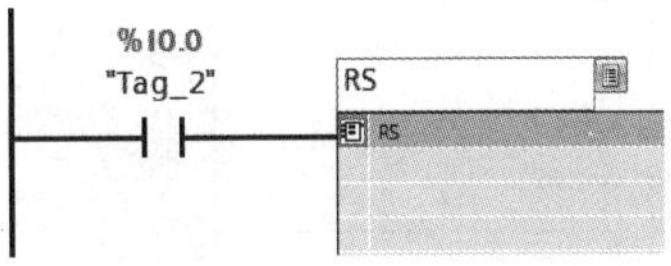 %I0.0 "Tag_2" RS
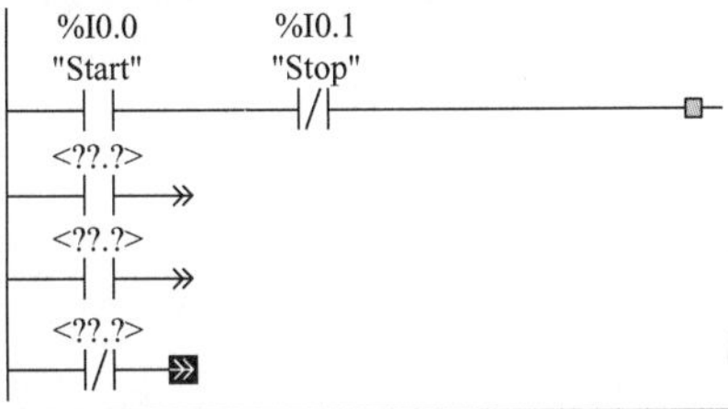 %I0.0 "Start" %I0.1 "Stop" <??.?> <??.?> <??.?>	鼠标选择分支右侧的箭头，拖放到显示为亮绿色的方块即可完成闭合	
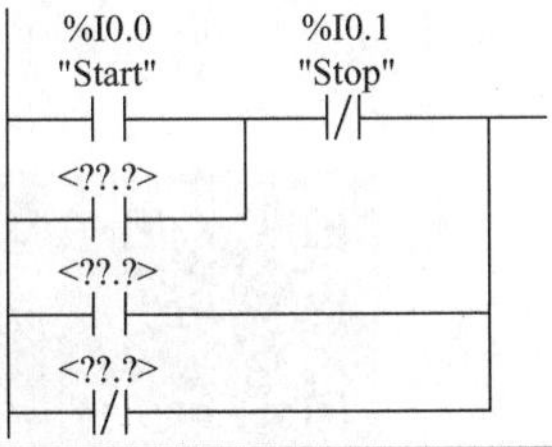 %I0.0 "Start" %I0.1 "Stop" <??.?> <??.?> <??.?>	直接使用闭合分支按钮只能合并到当前列，如第二个分支	在程序编辑器窗口中将光标放在所需的位置 按下按键〈Shift〉+〈F8〉或者〈Shift〉+〈F9〉即可在选择的位置上插入一个分支或者闭合一个分支线 注：如果需要跨列闭合一个分支，则必须使用鼠标操作

完成程序之后下载到 PLC 中，打开监控功能进行程序调试。程序的初始在线状态如图 3-19 所示。接通就地起动信号 I0.0，或者 MCC（电动机控制中心）柜发出起动电动机信号 I0.2，输出信号为 Q0.0，如图 3-20 所示。

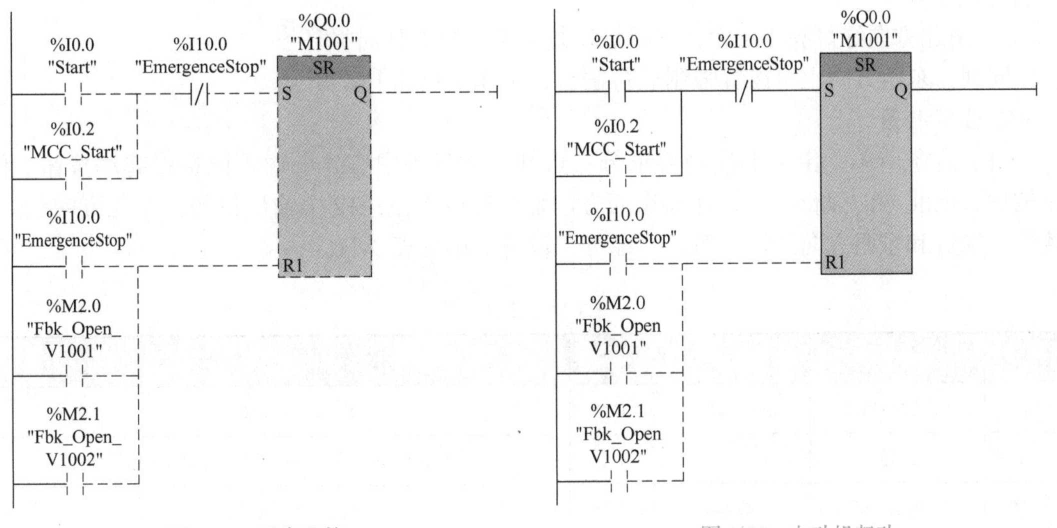

图 3-19　程序监控　　　　图 3-20　电动机起动

此时，即使起动信号消失，电动机依旧保持运行状态，如图 3-21 所示。只有当 R1 端连接的三个信号中的某一个变成 True 之后，电动机才会停止，如图 3-22 所示，阀门 V1002 的开阀反馈变成 1。

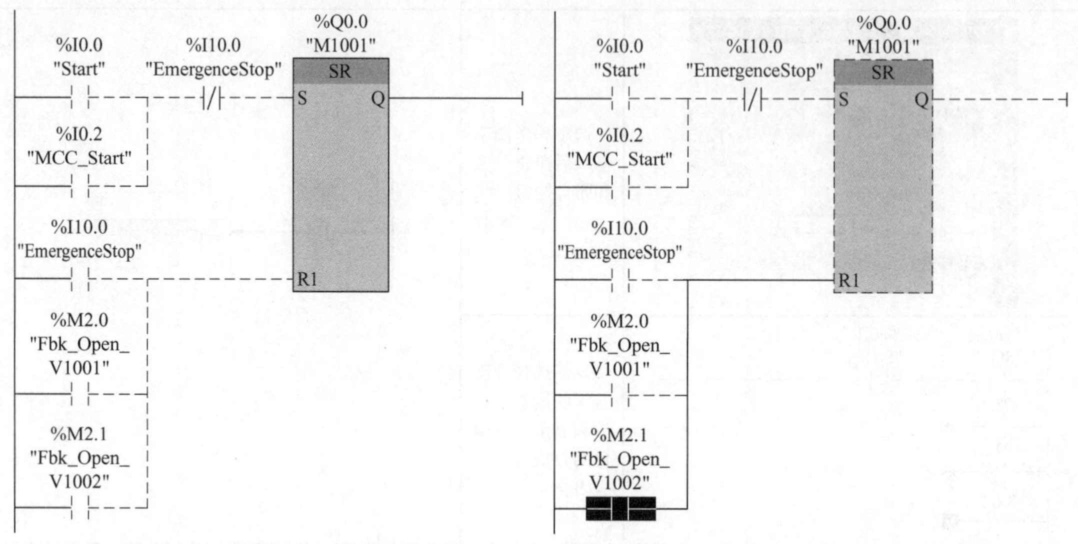

图 3-21　起动信号消失，电动机保持运行　　图 3-22　R1 信号出现，电动机停机

三、在线学习及自评测试

扫码检测学习效果并查看参考答案

四、任务实践

1. 控制要求描述

某十字路口交通信号灯系统在实现任务 1 的功能要求上，增加如下功能需求：

1）增加一个南北方向强制通行按钮，当按下此按钮时，南北方向变成绿灯，东西方向强制变成红灯。

2）南北方向绿灯亮 10s 后，红绿灯恢复正常，重新计时循环。

同理，东西方向也可设置强制通行按钮，工作过程如上。

2. 任务准备

（1）设备清单　由以上控制要求分析可知，本任务中有 4 个输入设备：起动按钮、停止按钮、南北方向强行通行按钮和东西方向强行通行按钮；12 个输出设备：南北方向红灯、黄灯、绿灯和东西方向红灯、黄灯、绿灯，设备清单见表 3-11。

表 3-11　设备清单

序号	设备名称	型号	数量	备注
1	S7-1200 PLC	CPU 1215C	1 台	S7-1200 PLC 均可
2	按钮		4 个	起动 / 停止 / 南北方向强行按钮 / 东西方向强行按钮
3	红色信号灯	DC 24V	2 个	南北 2 个，东西 2 个

（续）

序号	设备名称	型号	数量	备注
4	绿色信号灯	DC 24V	2 个	南北 2 个，东西 2 个
5	黄色信号灯	DC 24V	2 个	南北 2 个，东西 2 个
6	DC 24V 电源		1 个	输出负载供电
7	导线		若干	

（2）I/O 设置　将归纳出的输入 / 输出设备进行 PLC 控制的 I/O 设置，见表 3-12。

表 3-12　I/O 设置

设备 / 信号类型	设备名称	信号地址
输入	起动按钮	I0.0
	停止按钮	I0.1
	南北向强行通行按钮	I0.2
	东西向强行通行按钮	I0.3
输出	南北方向绿灯	Q0.0
	南北方向黄灯	Q0.1
	南北方向红灯	Q0.2
	东西方向红灯	Q0.3
	东西方向绿灯	Q0.4
	东西方向黄灯	Q0.5

（3）系统接线图　交通信号灯手 / 自动控制系统接线图如图 3-23 所示。参考工单进行系统接线。

（4）控制逻辑　上一个任务中，交通信号灯已经可以通过多个定时器来完成自动状态切换，增加两个强行通行按钮，意味着打乱现有的依靠定时器的顺序逻辑，主要控制要点包括如下几个方面：

扫码观看交通信号灯手 / 自动控制系统接线微课

1）交通信号灯以线圈的形式接受定时器的状态，需要修改为多条件控制的方式。即正常状态下还是按照任务 1 的程序逻辑由定时器的状态来控制交通灯，在强行通行按钮按下之后，具有更高优先权来输出交通灯状态。

2）两个强行通行按钮释放之后，现有的定时器循环需要被重新启动，即任务 1 程序中的 I0.0 信号需要并联其他条件。

3）定时器的复位问题。在强行通行按钮使能之后，定时器依旧在正常工作，在定时器循环重新启动之后，前几个周期里定时器的状态会出现紊乱。所以，在程序中需要考虑强行通行按钮对于所有用到的定时器的复位功能。

结合上述三个主要控制逻辑，对任务 1 的程序进行调整。

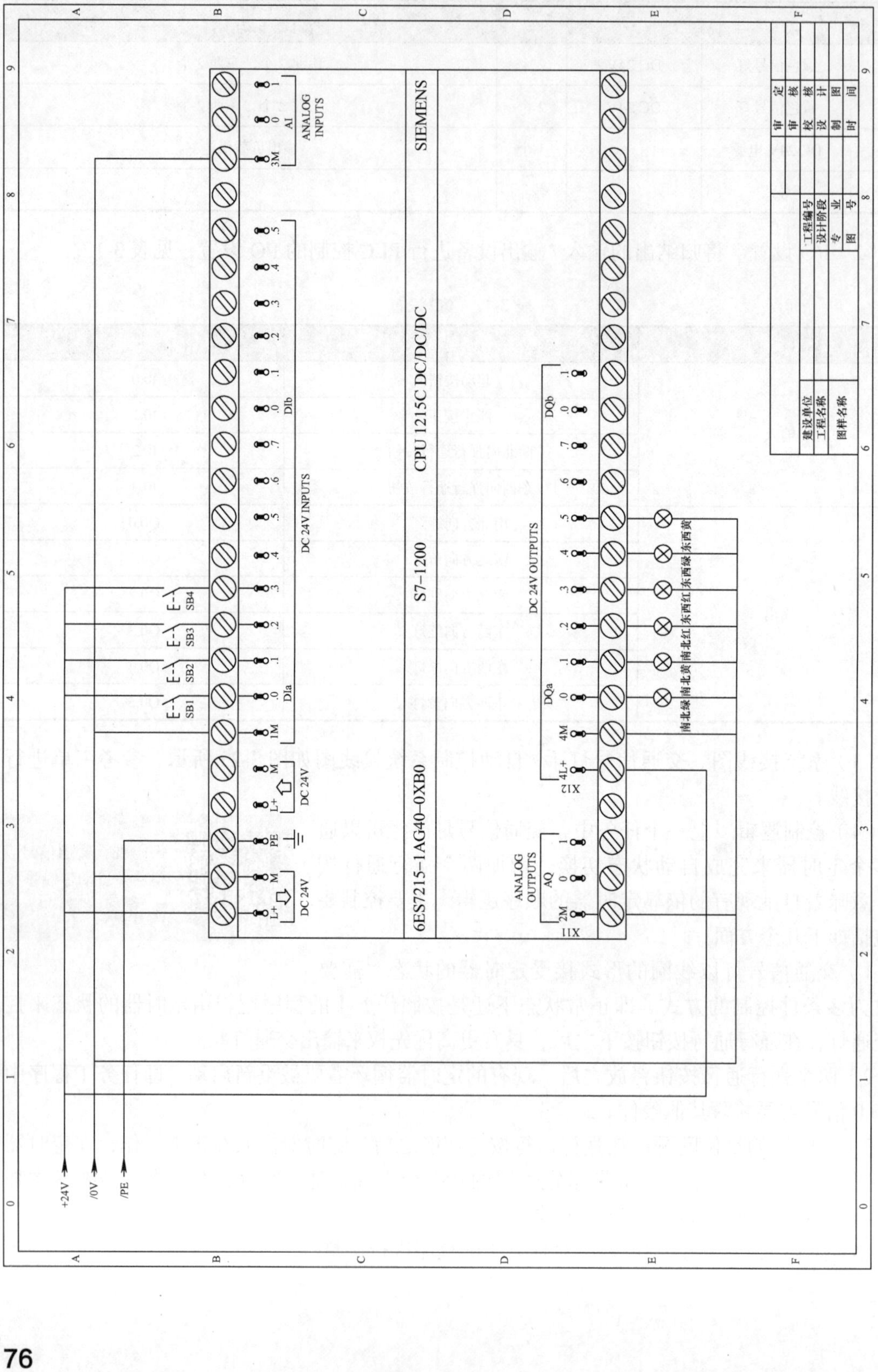

图 3-23 交通信号灯手 / 自动控制系统接线图

3. 任务实施

手/自动切换是提高交通信号灯控制系统高效运行的重要体现，在系统设计中需要关注：

1）严格遵守时间设计。

2）判断优先条件。

3）定时器复位。

（1）南北方向程序设计　见图 3-24。

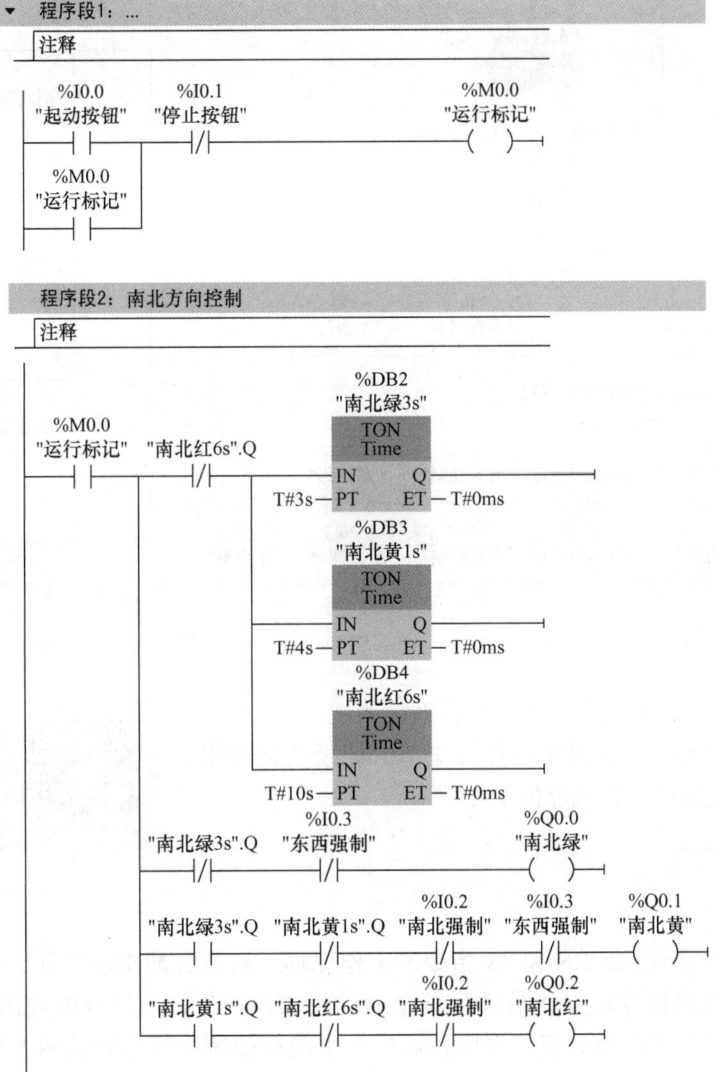

图 3-24　南北方向程序设计

（2）东西方向程序设计　见图 3-25。

（3）强制程序设计　见图 3-26。

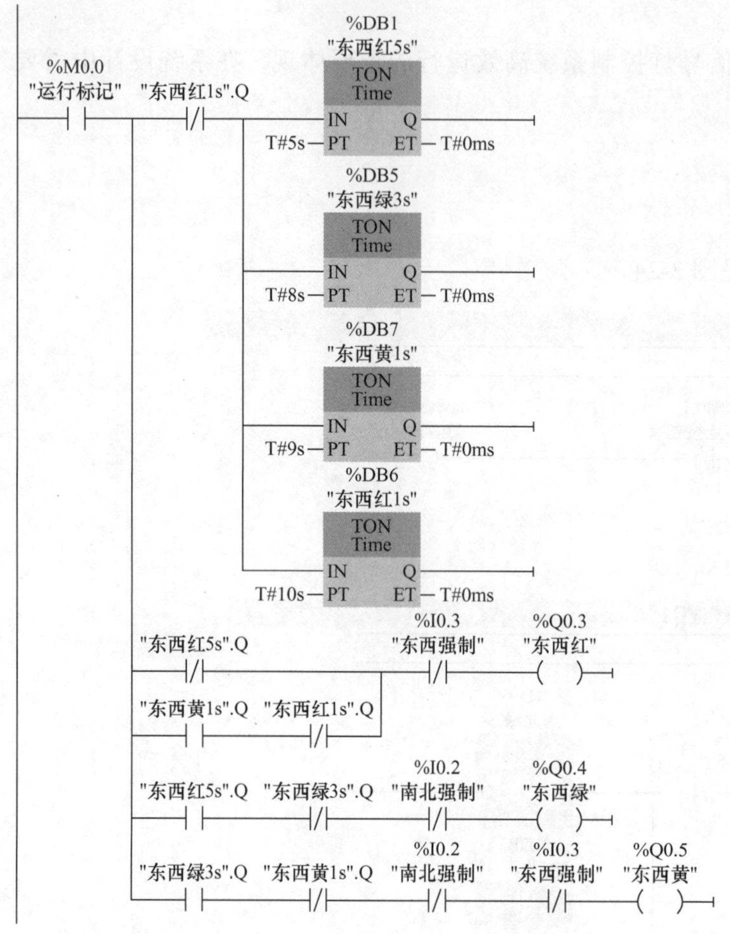

图 3-25　东西方向程序设计

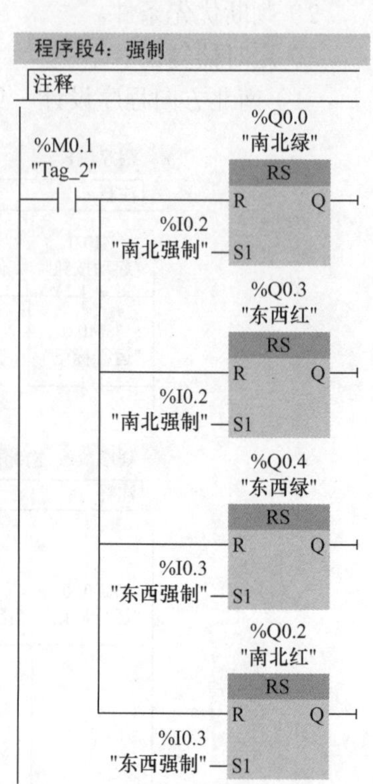

图 3-26　强制程序设计

连接实际负载，在博途软件中进行系统调试。

任务实施过程中，及时填写任务工单，记录调试步骤、故障现象及处理过程，客观评价学习结果。

扫码观看手 / 自动交通信号灯控制系统实际运行效果

五、应用考核

1. 要点回顾

本任务需要详细了解 RS 和 SR 指令的工作原理，对两者的功能区分、引脚定义等均要熟记于心。触发器指令对操作数进行置位和复位操作，与之前的线圈输出有很大的不同，尤其要注意两种方式的差异点。下面，通过一个简单控制系统检验这两个触发器指令的掌握情况。

2. 考核任务

任务要求：隧道通风系统现场有一关键风机，承担给整个隧道送新风的任务，风机的控制逻辑：

1）起动按钮按下 10s 后，风机起动，这 10s 中之内控制一个声光报警器工作。

2）风机起动命令发出 5s 后，如果还没有收到风机运行的状态反馈，则再次控制声光报警器工作。

3）现场配备三个火灾信号点，只有这三个信号均为 1 才强行停止该风机。

根据控制要求，完成系统接线图、程序设计及调试。

六、任务拓展

任务拓展 1：在大城市的早晚高峰，很多重点路口经常容易出现车辆堵死的情景，此时赶过来的交警会怎么做呢？在有交通信号灯的路口，您有没有发现在某个显著位置有一个小柜子？这个小柜子是如何强制控制交通灯，从而疏解堵车的呢？那这个强制通行和本任务中的交通信号灯手 / 自动变化是如何切换的？

任务拓展 2：实际的交通信号灯控制一般使用多级控制的方式，即交管中心的远程命令、现场交警的强行控制以及正常的基于定时器的控制，目前两个任务已经实现现场强行控制和定时器控制的结合，如果再加上交管中心的远程命令，PLC 程序该如何调整？提示：交管中心的控制台可以将各个灯的控制命令写入到 M 区的地址中，例如 M10.0 等，而且交管中心往往具有最高的优先级。

提示

相比于输出线圈，SR 或者 RS 触发器指令更加灵活，具体体现在：

1）条件具备才执行动作，而输出线圈每次都有逻辑运算结果。

2）SR 和 RS 允许带优先级的置位复位逻辑，输出线圈没有。

3）可读性更强，位的状态更明确。

项目四 天塔之光控制

项目目标

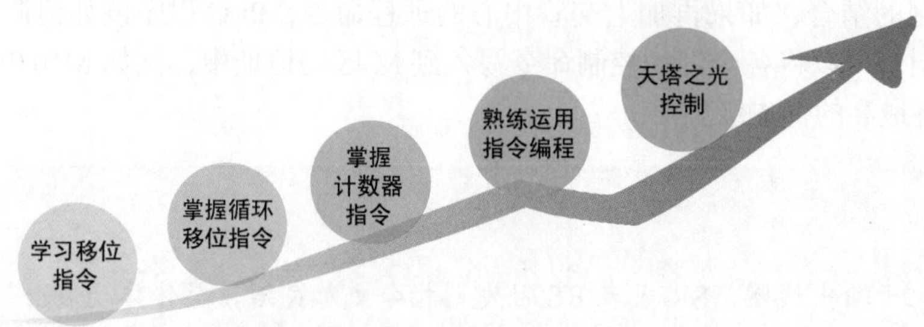

知识目标	1. 了解移位指令和循环移位指令的基本信息，能根据需求正确选择相应指令，并分析时序特点； 2. 掌握计数器指令的运行原理，能根据控制要求选择适合的计数器，实现程序控制。
能力目标	能根据控制要求，完成天塔之光控制系统的设计和调试，并进行简单故障排查。
素质目标	1. 培养爱国主义精神、民族自豪感。 2. 夯实安全第一意识，强调规范意识及责任意识，做到知行合一，提升逻辑思维能力。

项目导入

在现代生活中，彩灯作为一种装饰，既可以增强人们的感观，起到广告宣传的作用，又可以增添节日气氛，为人们的生活增添亮丽，用在舞台上增强晚会的灯光效果。随着科学技术的发展以及人民生活水平的提高，人们对彩灯的要求越来越高；另外随着电子技术的发展，应用系统向着小型化、快速化、大容量、重量轻的方向发展，PLC 技术的应用引起电子产品及系统开发的巨大变革。

天塔灯光秀，美轮美奂，展现了城市夜间光环境的独特魅力。本项目以天塔之光装置为基础，根据不同的灯光闪烁要求，设计多种运行方式。采用 PLC 来实现天塔之光的自动控制，常见的有以下三种，即发射型灯光控制（任务 1）、流水型灯光控制（任务 2）以及多模式灯光控制（任务 3）。

来听故事啦

扫码查看世界最高广播电视观光塔——广州塔

广州塔（Canton Tower）又称广州新电视塔，昵称小蛮腰，位于广州城市新中轴线与珠江景观轴交汇处，与举办第十六届亚运会开闭幕式的海心沙岛和广州市21世纪CBD区珠江新城隔江相望。广州塔总高度600m，其主体高454m，天线桅杆高146m，是世界上最高的广播电视观光塔。夜幕降临时，摩天轮在空中旋转，珠江在塔底流淌，夜幕下灯光璀璨。广州塔的灯光五彩缤纷，她的奥秘在于塔上的6700余盏LED灯，每一个发光的圆圈都是一个由RGB（红、绿、蓝）三种原色混合而成的LED灯珠。

任务1 发射型灯光控制系统设计与调试

一、应用场景

发射型灯光控制多见于生活中的广告牌设计、梦幻时光隧道设计和其他观赏彩灯设计中，在点亮夜空的同时也为我们的生活增添了色彩、提供了方便。

二、知识准备

1. 移位指令学习

S7–1200 PLC的移位指令包括右移指令SHR和左移指令SHL，它们执行的过程是一致的，只是移动的方向不同而已，左移指令是由低位往高位移动，右移指令是由高位往低位移动，在博途软件中的位置如图4-1所示。

图4-1 移位指令的位置

右移指令SHR和左移指令SHL将输入参数IN指定的存储单元的整个内容逐位右移或左移若干位，移位的位数用输入参数N来定义，移位的结果保存在输出参数OUT指定的地址中。其指令功能块的引脚说明见表4-1。

表4-1 移位指令的引脚说明

	输入引脚			
	参数	说明	数据类型	备注
SHR ??? EN—ENO <???>—IN OUT—<???> <???>—N	EN	输入位	Bool	执行条件
	IN	要移位的位序列	整数	
	N	要移位的位数	USint，UDint	若N=0，则不移位，将IN值分配给OUT

（续）

	输出引脚			
	参数	说明	数据类型	备注
SHL ??? EN—ENO <???>—IN OUT—<???> <???>—N	ENO	输出位	Bool	使能输出，对于移位操作，ENO 总是为 TRUE
	OUT	移位操作后的位序列	整数	

无符号数（如 UInt、Word）移位后空出来的位用 0 填充；有符号数（如 Int）左移后空出来的位用 0 填充，右移后空出来的位用符号位（原来的最高位）填充。正数的符号位为 0，负数的符号位为 1。将指令列表中的移位指令拖放到梯形图后，单击方框内指令名称下面的问号，从下拉式列表中选择该指令的数据类型，如图 4-2 所示。

移位位数 N 为 0 时不会移位，IN 指定的输入值被赋值给 OUT 指定地址。

对于移位操作，ENO 总是为 TRUE。

如图 4-3 所示，将十进制数 −200 对应的二进制数 2#1111111100111000 右移 2 位，右移后，最右侧两位丢失，最左侧两位空出来，用符号位填充，即用最高位 1 填充，所以右移后的二进制数是 2#1111111111001110，对应的十进制数是 −50。

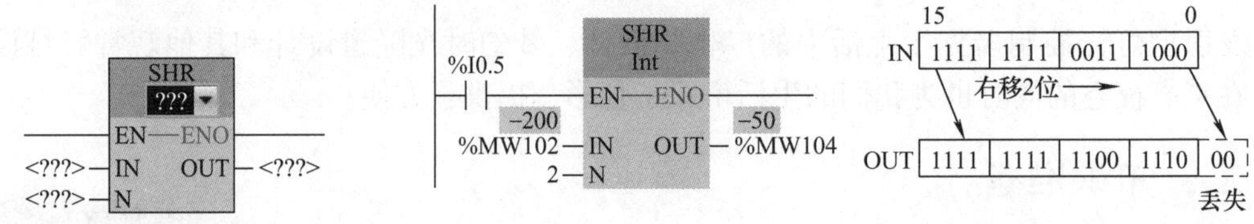

图 4-2 设置指令的数据类型　　　　图 4-3 移位指令数据的右移

图 4-3 中 I0.5 为 1 状态的每个扫描周期都要移位一次。

2. 任务热身

1. 移位指令应用举例：四盏彩灯依次点亮的控制程序

控制要求：按下起动按钮 I0.4，第一盏灯点亮；第一次按下控制移位按钮 I1.0 时，第二盏灯亮，第一盏灯灭；第二次按下 I1.0 时，第三盏灯亮，第二盏灯灭；第三次按下 I1.0 时，第四盏灯亮，第三盏灯灭。按下停止按钮 I0.5，四盏灯全部熄灭。四盏彩灯 HL1 ～ HL4 分别分配地址 Q0.0 ～ Q0.3。

A 起动程序段

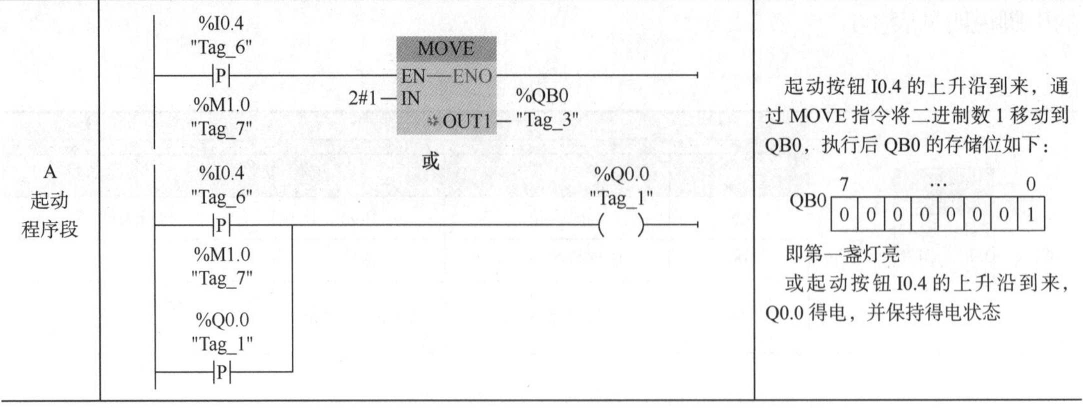

起动按钮 I0.4 的上升沿到来，通过 MOVE 指令将二进制数 1 移动到 QB0，执行后 QB0 的存储位如下：

QB0 (7 … 0)	0	0	0	0	0	0	0	1

即第一盏灯亮

或起动按钮 I0.4 的上升沿到来，Q0.0 得电，并保持得电状态

（续）

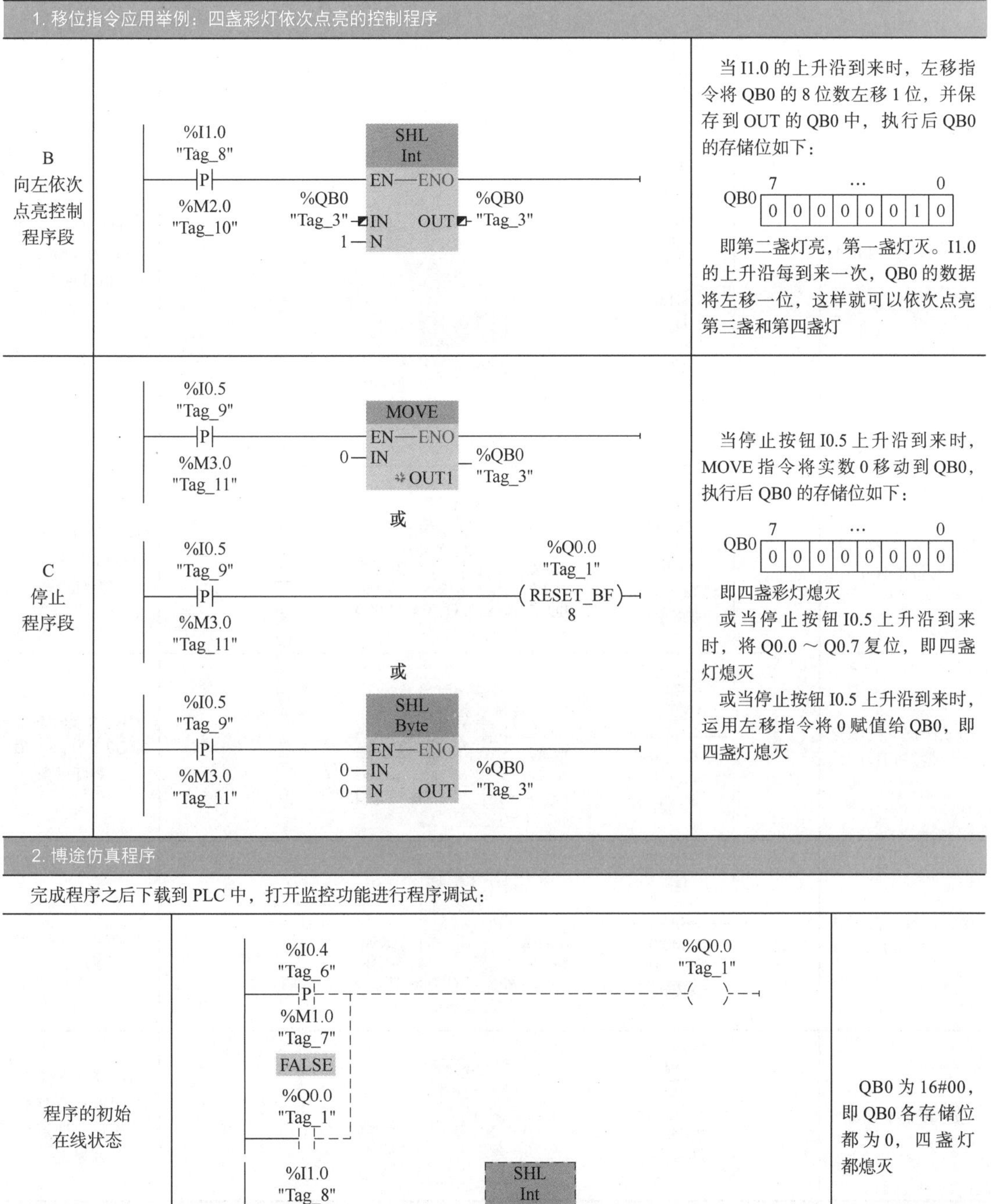

1. 移位指令应用举例：四盏彩灯依次点亮的控制程序		
B 向左依次点亮控制程序段	%I1.0 "Tag_8" —|P|— %M2.0 "Tag_10" SHL Int: EN—ENO; %QB0 "Tag_3"—IN; 1—N; OUT—%QB0 "Tag_3"	当I1.0的上升沿到来时，左移指令将QB0的8位数左移1位，并保存到OUT的QB0中，执行后QB0的存储位如下： QB0（7 … 0）：0 0 0 0 0 0 1 0 即第二盏灯亮，第一盏灯灭。I1.0的上升沿每到来一次，QB0的数据将左移一位，这样就可以依次点亮第三盏和第四盏灯
C 停止程序段	%I0.5 "Tag_9" —|P|— %M3.0 "Tag_11" MOVE: EN—ENO; 0—IN; OUT1—%QB0 "Tag_3" 或 %I0.5 "Tag_9" —|P|— %M3.0 "Tag_11" —(RESET_BF)— %Q0.0 "Tag_1" 8 或 %I0.5 "Tag_9" —|P|— %M3.0 "Tag_11" SHL Byte: EN—ENO; 0—IN; 0—N; OUT—%QB0 "Tag_3"	当停止按钮I0.5上升沿到来时，MOVE指令将实数0移动到QB0，执行后QB0的存储位如下： QB0（7 … 0）：0 0 0 0 0 0 0 0 即四盏彩灯熄灭 或当停止按钮I0.5上升沿到来时，将Q0.0～Q0.7复位，即四盏灯熄灭 或当停止按钮I0.5上升沿到来时，运用左移指令将0赋值给QB0，即四盏灯熄灭

2. 博途仿真程序

完成程序之后下载到PLC中，打开监控功能进行程序调试：

程序的初始在线状态	%I0.4 "Tag_6" —|P|— %M1.0 "Tag_7" FALSE —( )— %Q0.0 "Tag_1" %Q0.0 "Tag_1" —| |— %I1.0 "Tag_8" —|P|— %M2.0 "Tag_10" FALSE SHL Int: EN—ENO; 16#00 %QB0 "Tag_3"—IN; 1—N; OUT—16#00 %QB0 "Tag_3"	QB0为16#00，即QB0各存储位都为0，四盏灯都熄灭

（续）

2. 博途仿真程序		
按下起动按钮 I0.4	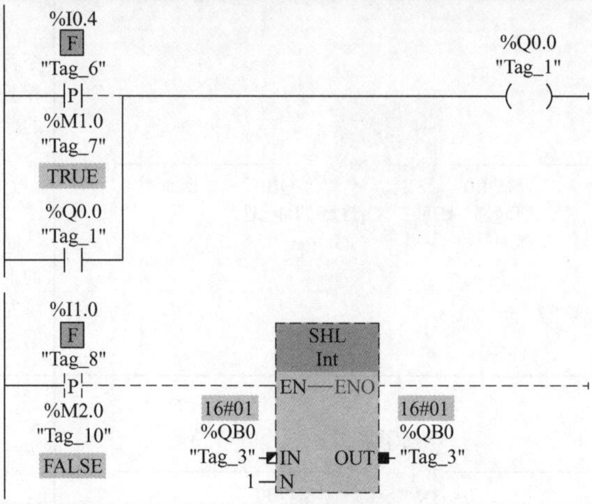 %I0.4 F "Tag_6" ─┤P├─ %M1.0 "Tag_7" TRUE %Q0.0 "Tag_1" ─┤ ├─ %Q0.0 "Tag_1" ─( )─ %I1.0 F "Tag_8" ─┤P├─ %M2.0 "Tag_10" FALSE SHL Int EN──ENO 16#01 %QB0 "Tag_3"─IN OUT─16#01 %QB0 "Tag_3" 1─N	Q0.0 为 1， 即 QB0 为 16#01，第一盏灯点亮
第一次按下控制移位按钮 I1.0	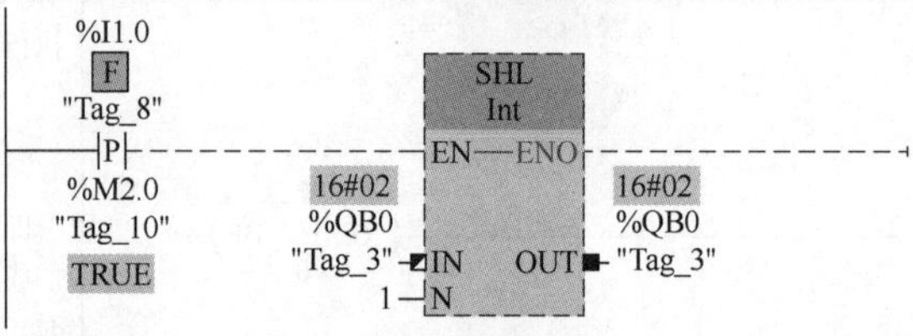 %I1.0 F "Tag_8" ─┤P├─ %M2.0 "Tag_10" TRUE SHL Int EN──ENO 16#02 %QB0 "Tag_3"─IN OUT─16#02 %QB0 "Tag_3" 1─N	QB0 为 16#02，即 Q0.1 为 1， 第二盏灯点亮
第二次按下控制移位按钮 I1.0	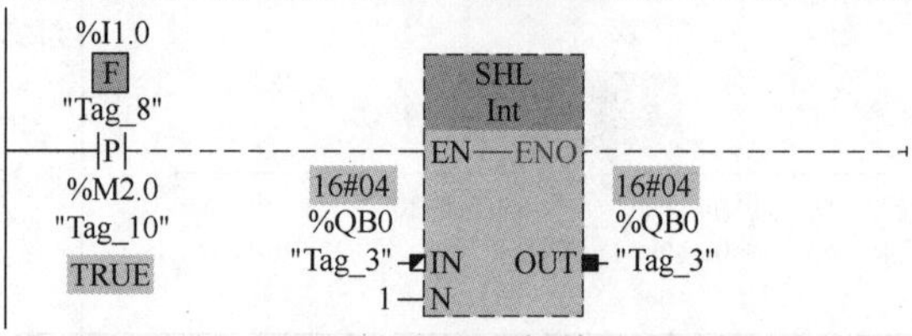 %I1.0 F "Tag_8" ─┤P├─ %M2.0 "Tag_10" TRUE SHL Int EN──ENO 16#04 %QB0 "Tag_3"─IN OUT─16#04 %QB0 "Tag_3" 1─N	QB0 为 16#04，即 Q0.2 为 1， 第三盏灯点亮
第三次按下控制移位按钮 I1.0	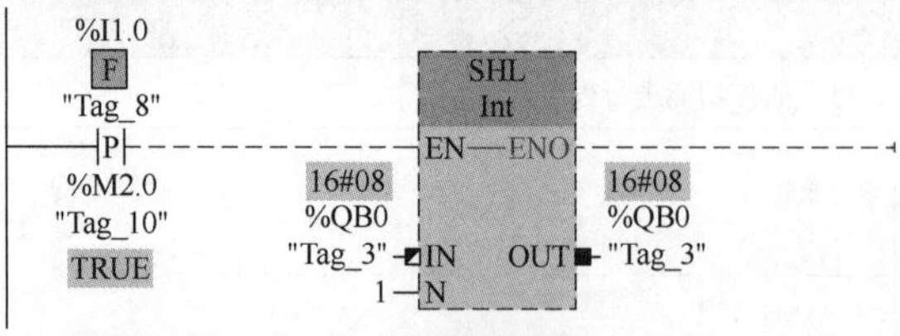 %I1.0 F "Tag_8" ─┤P├─ %M2.0 "Tag_10" TRUE SHL Int EN──ENO 16#08 %QB0 "Tag_3"─IN OUT─16#08 %QB0 "Tag_3" 1─N	QB0 为 16#08，即 Q0.3 为 1， 第四盏灯点亮
按下停止按钮 I0.5	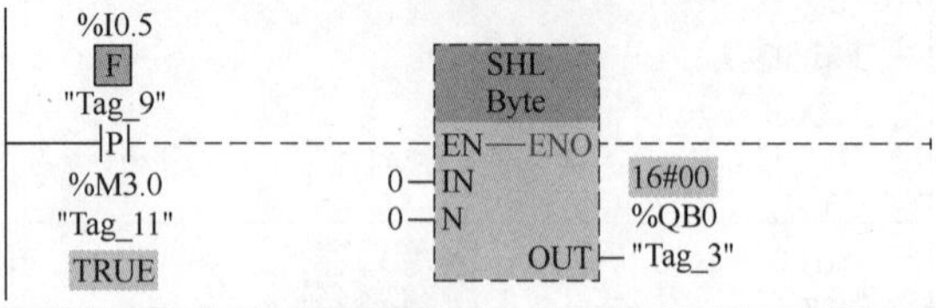 %I0.5 F "Tag_9" ─┤P├─ %M3.0 "Tag_11" TRUE SHL Byte EN──ENO 0─IN 0─N OUT─16#00 %QB0 "Tag_3"	QB0 为 16#00，即 QB0 各存储位都为 0，四盏灯都熄灭

三、在线学习及自评测试

扫码检测学习效果并查看参考答案

四、任务实践

1. 控制要求描述

天塔之光装置如图 4-4 所示，发射型灯光控制要求如下：

1）按下起动按钮 SB1，L1 亮 1s 后熄灭，接着 L2～L5 亮，1s 后熄灭，接着 L6～L9 亮，1s 后熄灭，接着 L1 又亮 1s 后熄灭，如此循环下去。

2）按下停止按钮 SB2，所有灯熄灭。

时序图如图 4-5 所示。

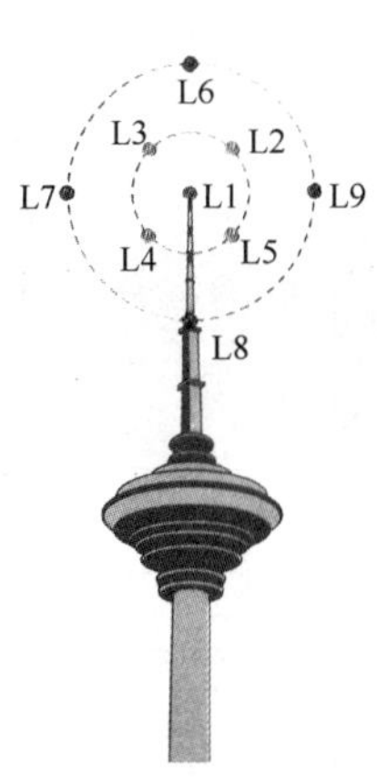

图 4-4　天塔之光装置

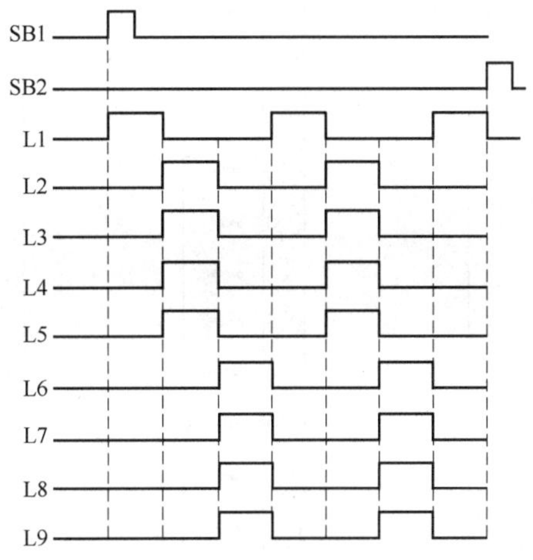

图 4-5　发射型灯光控制时序图

2. 任务准备

（1）设备清单　本任务需要的设备清单见表 4-2。

表 4-2　设备清单

序号	设备名称	型号	数量	备注
1	S7-1200 PLC	CPU 1215C	1 台	S7-1200 PLC 均可
2	按钮		2 个	起动 / 停止
3	信号灯	DC 24V	9 个	
4	DC 24V 电源		1 个	输出负载供电
5	导线		若干	

（2）I/O 设置　将归纳出的输入 / 输出设备进行 PLC 控制的 I/O 设置，见表 4-3。

表 4-3　I/O 设置

设备 / 信号类型	设备名称	信号地址
输入	起动按钮 SB1	I0.0
	停止按钮 SB2	I0.1
输出	L1	Q0.0
	L2	Q0.1
	L3	Q0.2
	L4	Q0.3
	L5	Q0.4
	L6	Q0.5
	L7	Q0.6
	L8	Q0.7
	L9	Q1.0

（3）系统接线图　发射型灯光控制系统接线图如图 4-6 所示。

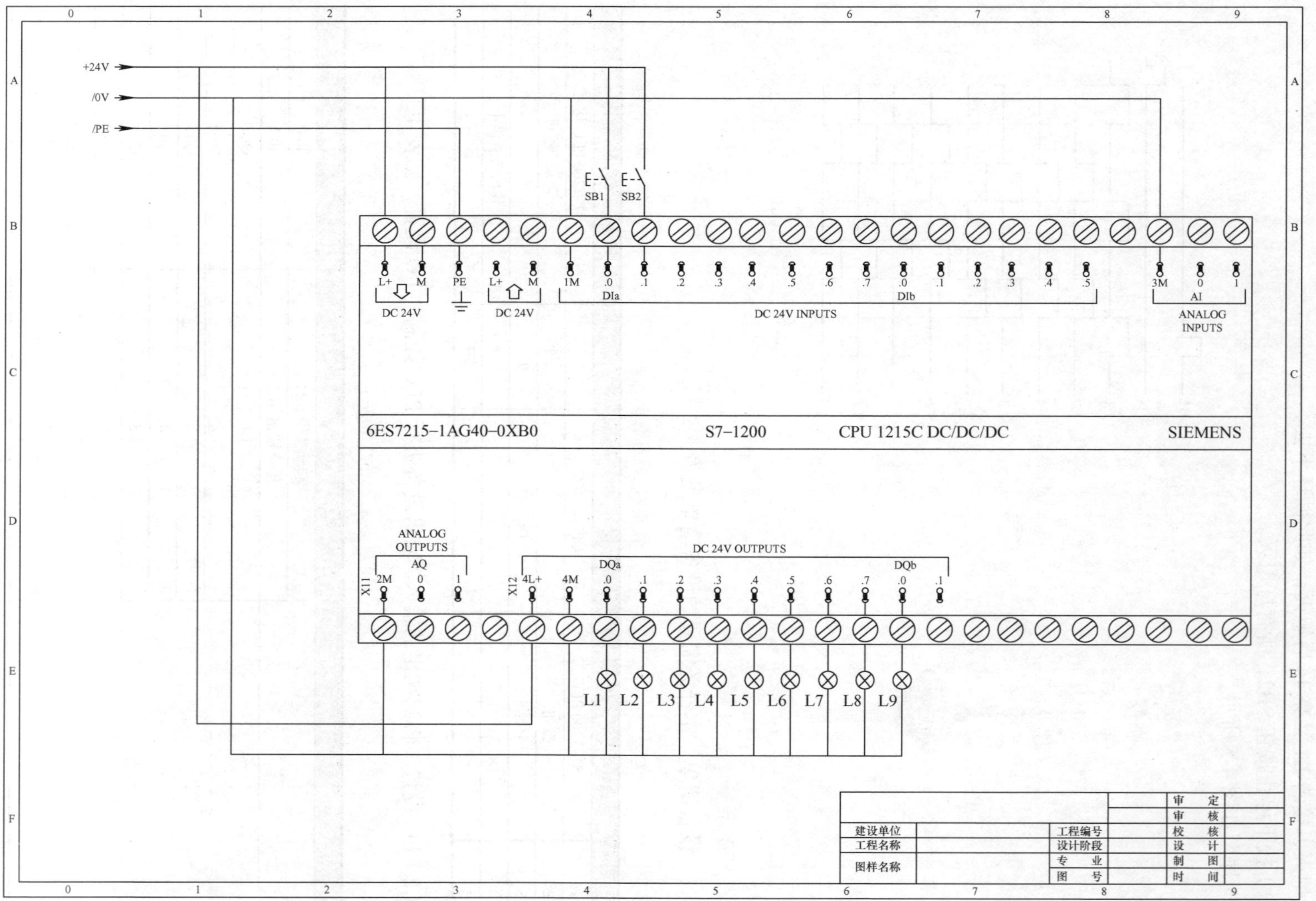

图 4-6 发射型灯光控制系统接线图

3. 任务实施

扫码观看发射型灯光控制系统接线微课

规律与节拍直接影响到灯光闪烁的速度、方式和风格，也影响到灯光的观赏性，在系统设计中需要关注：

- 准确组态时钟存储器。
- 依据控制要求实现逻辑功能。
- 在有节律的基础上凸显观赏性。

1）按下起动按钮 I0.0，M0.0 得电为 1，如图 4-7 所示。

2）在组态 CPU 的属性时，设置时钟存储器字节的地址为 MB101，M101.5 的频率为 1Hz，时钟存储器位 M1001.5 每个上升沿到来时，MB0 左移一位，实现点亮 1s 后熄灭的控制要求，如图 4-8 所示。

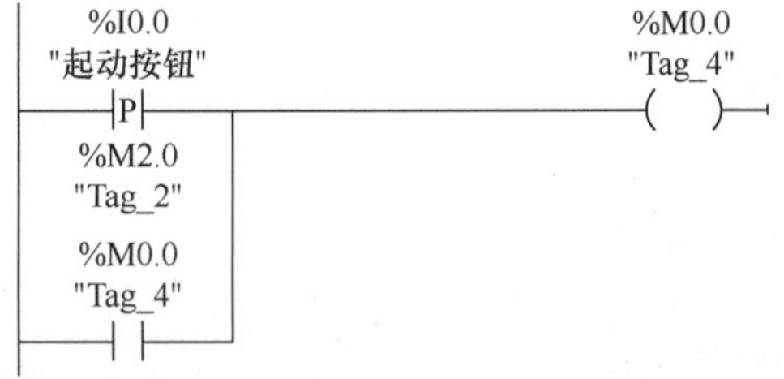

图 4-7 M0.0 为 1 的程序

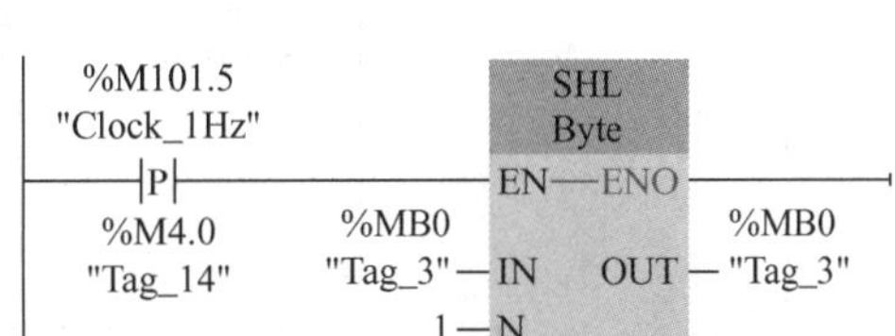

图 4-8 控制点亮 1s 后熄灭的程序

3）当 M0.0 为 1 时，Q0.0 为 1，即 L1 点亮 1s，如图 4-9 所示。

4）当 M0.1 为 1 时，Q0.1 ～ Q0.4 为 1，即 L2 ～ L5 点亮 1s，如图 4-10 所示。

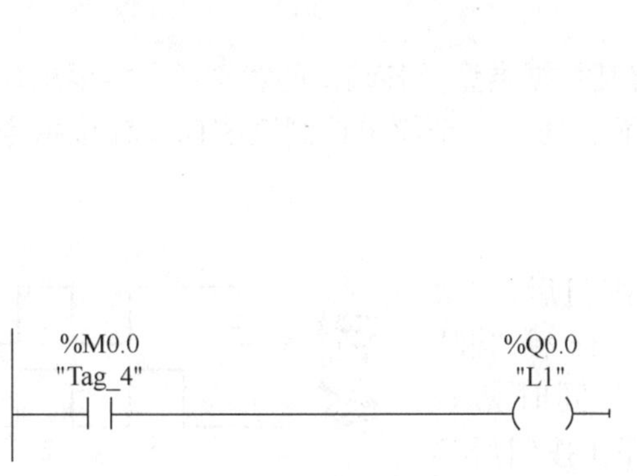

图 4-9 L1 点亮 1s 程序

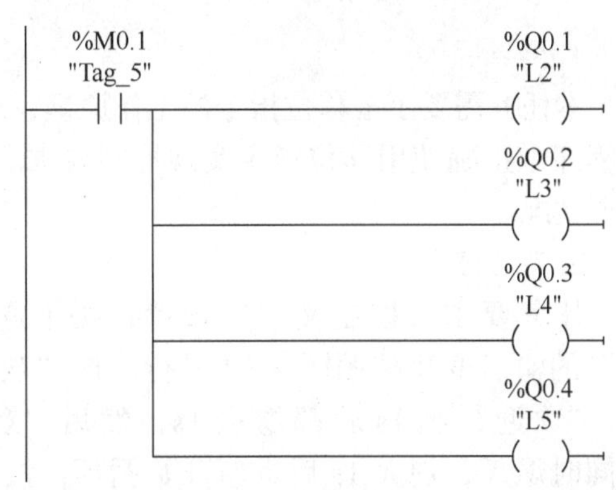

图 4-10 L2 ～ L5 点亮 1s 程序

5）当 M0.2 为 1 时，Q0.5 ～ Q1.0 为 1，即 L6 ～ L9 点亮 1s，如图 4-11 所示。

6）当 M0.3 为 1 时，MB0 右移 3 位，即使 M0.0 为 1，进入第二次循环，如图 4-12 所示。

7）按下停止按钮 I0.1，将 0 赋值给 MB0，即 MB0 各个位都为 0，即全部灯熄灭，如图 4-13 所示。

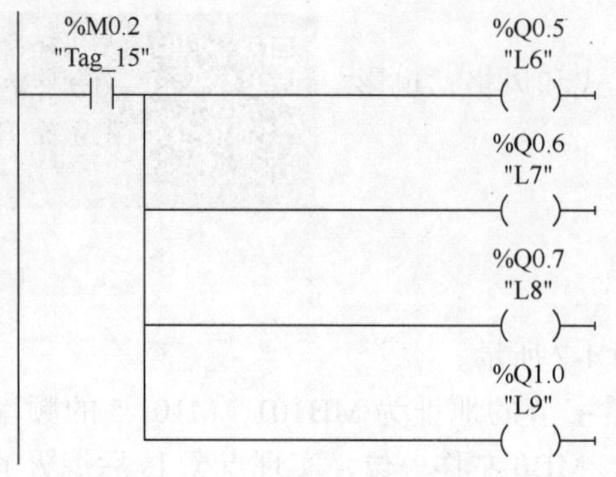

图 4-11 L6 ～ L9 点亮 1s 程序

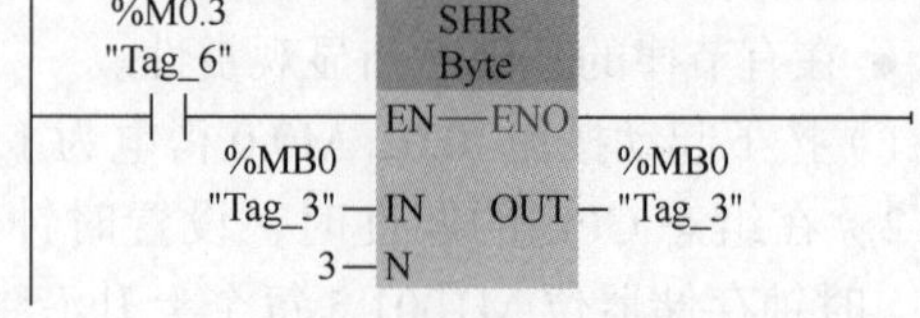

图 4-12 进入第二次循环的程序

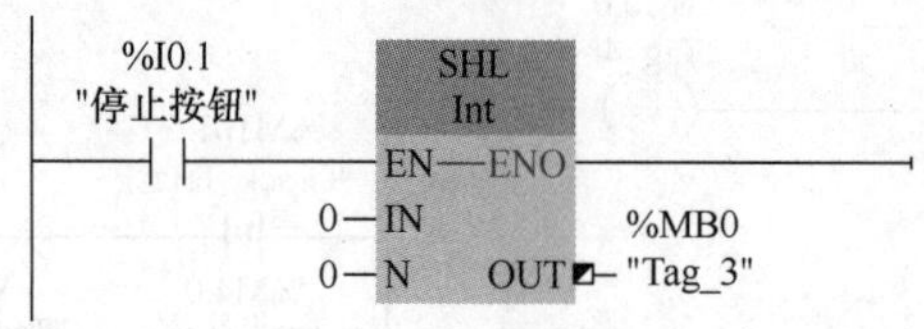

图 4-13 停止程序

在 Portal 软件中使用仿真测试控制效果。

任务实施过程中，及时填写任务工单。

扫码观看发射型灯光控制系统实际运行效果

五、应用考核

1. 要点回顾

本任务需要了解移位指令的工作原理，理解其数据类型及各端口的意义和设定要求。能在程序中正确使用移位指令实现控制要求。下面，通过一个简单控制系统检验移位指令的掌握情况。

2. 考核任务

任务要求：控制文字广告牌，按下起动按钮后，“欢迎”的输出变化按照图 4-14 进行。即“欢”亮 1s 后“迎”亮，“欢迎”亮 1s 后都熄灭 1s，然后“欢迎”同时亮 1s 后同时熄灭，熄灭 1s 后重新开始循环，按下停止按钮后都熄灭。

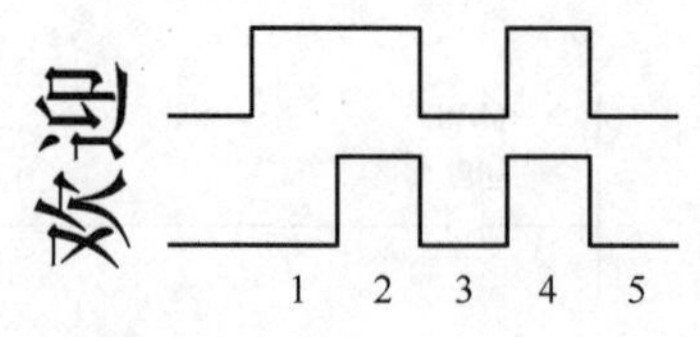

图 4-14 文字广告牌时序

根据控制要求，完成系统接线图、程序设计及调试。

生活中的灯光控制多种多样，比如天塔之光装置可以由内而外点亮的同时由外而内也点亮，这种双向发射型灯光控制如何调整程序？

思考：发射型灯光控制系统还有哪些表现形式？

六、任务拓展

小组讨论，以表格形式列举 SHL 指令与 SHR 指令的区别。

任务2 流水型灯光控制系统设计与调试

一、应用场景

流水型灯光由于其特有的流动感而广泛应用于广告控制及人们的生活中，给人以美感，为人们的生活带来乐趣、增添色彩！

二、知识准备

1. 循环移位指令学习

S7–1200 PLC 的循环移位指令包括循环右移指令 ROR(Rotate Right）和循环左移指令 ROL（Rotate Left），它们执行的过程是一致的，只是移动的方向不同，循环左移指令是由低位往高位移动，循环右移指令是由高位往低位移动。在博途软件中的位置如图 4-15 所示。

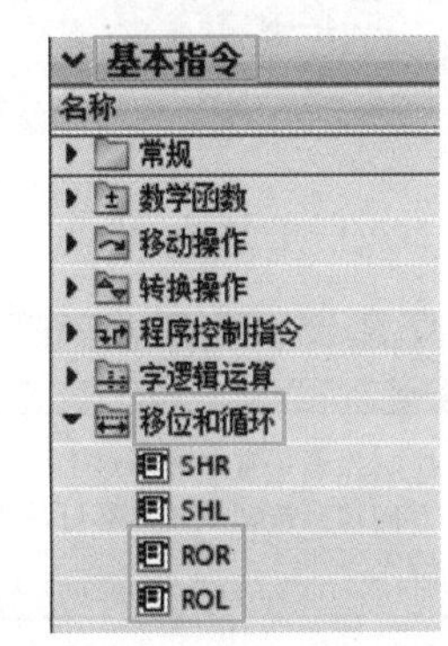

图 4-15　循环移位指令的位置

循环右移指令 ROR 和循环左移指令 ROL 将输入参数 IN 指定的存储单元的整个内容逐位循环右移或循环左移若干位，移出来的位又送回存储单元另一端空出来的位，原始的位不会丢失。N 为移位的位数，移位的结果保存在输出参数 OUT 指定的地址。N 为 0 时不会移位，将 IN 指定的输入值赋值给 OUT 指定地的址。移位位数 N 可以大于被移位存储单元的位数。

其指令功能块的引脚的参数数据类型见表 4-4。

表 4-4　移位指令参数的数据类型

<table>
<tr><td rowspan="9">ROR
???
EN—ENO
<???>—IN OUT—<???>
<???>—N

ROL
???
EN—ENO
<???>—IN OUT—<???>
<???>—N</td><td colspan="4">输入引脚</td></tr>
<tr><td>参数</td><td>说明</td><td>数据类型</td><td>备注</td></tr>
<tr><td>EN</td><td>输入位</td><td>Bool</td><td>执行条件</td></tr>
<tr><td>IN</td><td>要循环移位的位序列</td><td>整数</td><td></td></tr>
<tr><td>N</td><td>要循环移位的位数</td><td>USint，UDint</td><td>若 N=0，则不循环移位，将 IN 值分配给 OUT</td></tr>
<tr><td colspan="4">输出引脚</td></tr>
<tr><td>参数</td><td>说明</td><td>数据类型</td><td>备注</td></tr>
<tr><td>ENO</td><td>输出位</td><td>Bool</td><td>使能输出，执行循环指令之后，ENO 始终为 TRUE</td></tr>
<tr><td>OUT</td><td>循环移位操作后的位序列</td><td>整数</td><td></td></tr>
</table>

以循环左移指令为例，指令执行过程如图 4-16、图 4-17 所示，循环左移指令的 IN 端是 MW100，OUT 端是 MW200，N 为 4，即把存储单元 MW100 的整个内容逐位循环左移 4 位，移出来的位“1011”又送回存储单元右端空出来的位，4 个移出的位值按照先出先入的顺序依次插入到空出的位中，原始的位不会丢失，移位的结果保存在 MW200。

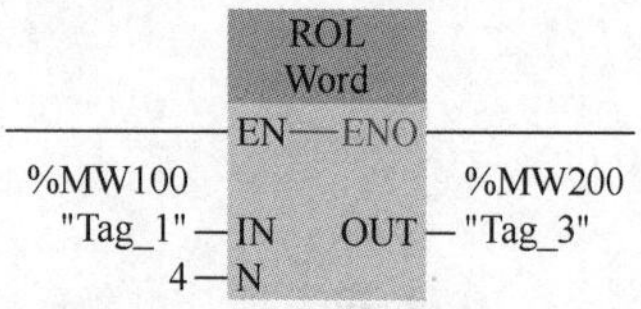

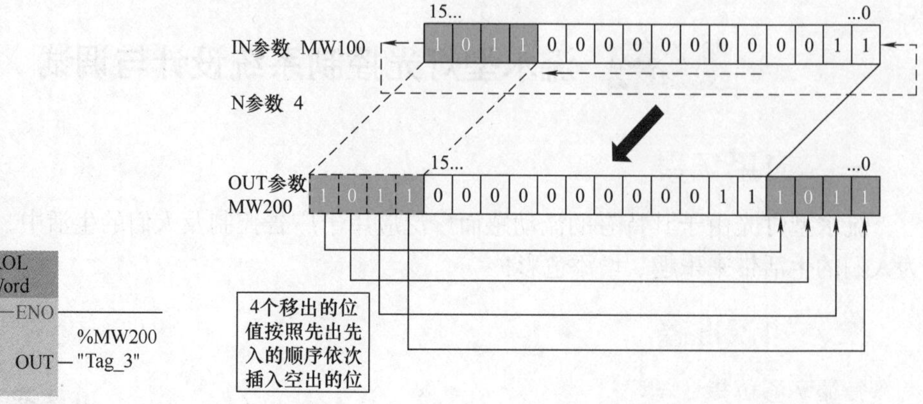

图 4-16 循环左移指令　　　　图 4-17 循环左移执行过程

2. 任务热身

1. 循环移位指令应用举例：8 盏彩灯的流水点亮控制		
控制要求：有 8 盏彩灯 L1 ～ L8，按下起动按钮 I0.0，L1 ～ L8 依次点亮 1s，后一盏灯点亮的同时前一盏灯熄灭；按下方向切换按钮 I0.2，彩灯从当前位置反向依次点亮 1s，后一盏灯点亮的同时前一盏灯熄灭；按下停止按钮 I0.1，所有灯熄灭。		
按下起动按钮	%I0.0 "起动按钮" -|P|- %M1.0 "Tag_7"；%Q0.0 "Tag_4" -| |-（并联）；-( )- %Q0.0 "Tag_4"	I0.0 上升沿到来时，Q0.0 为 1，并自锁保持得电状态，为循环移位做好准备
方向切换按钮	%M101.5 "Clock_1Hz" -|P|- %M1.1 "Tag_8"；%I0.2 "移位方向控制" -|/|- ROL Byte：EN—ENO，%QB0 "Tag_3"—IN，OUT—%QB0 "Tag_3"，1—N；%I0.2 "移位方向控制" -| |- ROR Byte：EN—ENO，%QB0 "Tag_3"—IN，OUT—%QB0 "Tag_3"，1—N	I0.2 控制移位方向，当 I0.2 未接通时，执行 ROL 指令，以 1Hz 的频率循环左移。当 I0.2 接通时，执行 ROR 指令，以 1Hz 的频率循环右移
按下停止按钮	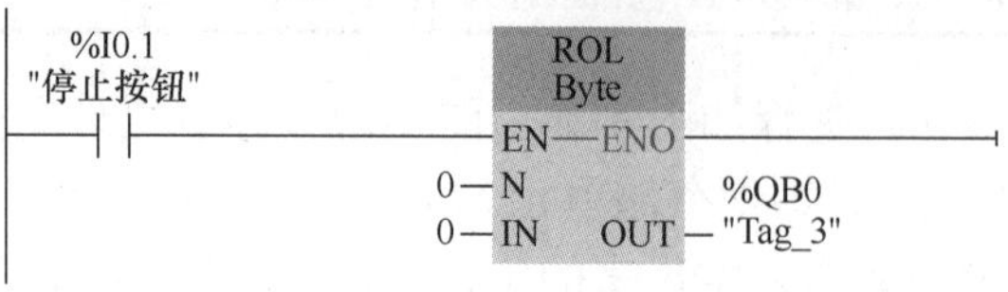 %I0.1 "停止按钮" -| |- ROL Byte：EN—ENO，0—N，0—IN，OUT—%QB0 "Tag_3"	当 I0.1 接通时，ROL 指令把 0 赋值给 QB0，使所有灯熄灭

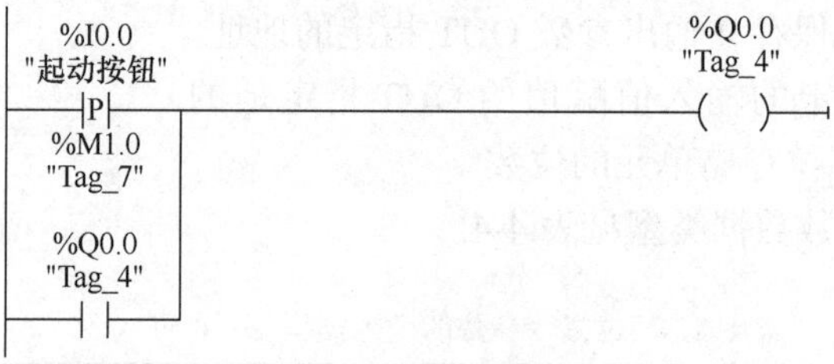

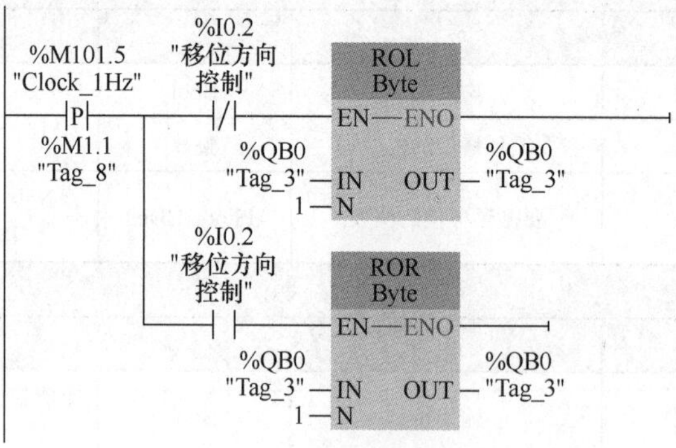

（续）

2. 博途仿真程序

完成程序之后下载到 PLC 中，打开监控功能来进行程序调试：

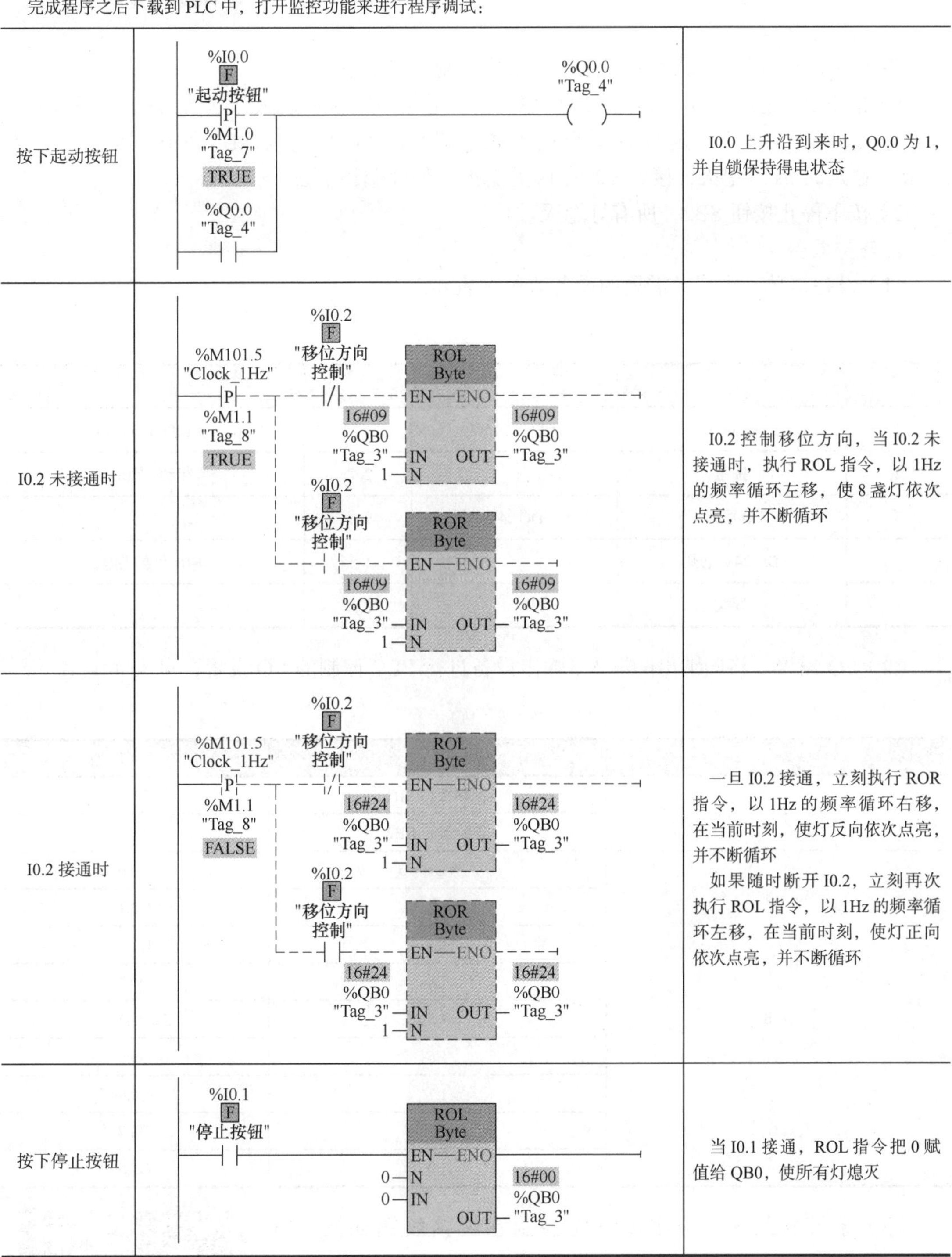

按下起动按钮	%I0.0 F "起动按钮" P %M1.0 "Tag_7" TRUE %Q0.0 "Tag_4" %Q0.0 "Tag_4"	I0.0 上升沿到来时，Q0.0 为 1，并自锁保持得电状态
I0.2 未接通时	%M101.5 "Clock_1Hz" P %M1.1 "Tag_8" TRUE %I0.2 F "移位方向控制" ROL Byte EN—ENO 16#09 %QB0 "Tag_3"—IN OUT—16#09 %QB0 "Tag_3" 1—N %I0.2 F "移位方向控制" ROR Byte EN—ENO 16#09 %QB0 "Tag_3"—IN OUT—16#09 %QB0 "Tag_3" 1—N	I0.2 控制移位方向，当 I0.2 未接通时，执行 ROL 指令，以 1Hz 的频率循环左移，使 8 盏灯依次点亮，并不断循环
I0.2 接通时	%M101.5 "Clock_1Hz" P %M1.1 "Tag_8" FALSE %I0.2 F "移位方向控制" ROL Byte EN—ENO 16#24 %QB0 "Tag_3"—IN OUT—16#24 %QB0 "Tag_3" 1—N %I0.2 F "移位方向控制" ROR Byte EN—ENO 16#24 %QB0 "Tag_3"—IN OUT—16#24 %QB0 "Tag_3" 1—N	一旦 I0.2 接通，立刻执行 ROR 指令，以 1Hz 的频率循环右移，在当前时刻，使灯反向依次点亮，并不断循环 如果随时断开 I0.2，立刻再次执行 ROL 指令，以 1Hz 的频率循环左移，在当前时刻，使灯正向依次点亮，并不断循环
按下停止按钮	%I0.1 F "停止按钮" ROL Byte EN—ENO 0—N 0—IN OUT—16#00 %QB0 "Tag_3"	当 I0.1 接通，ROL 指令把 0 赋值给 QB0，使所有灯熄灭

三、在线学习及自评测试

扫码检测学习效果并查看参考答案

四、任务实践

1. 控制要求描述

装置如图 4-4 所示，流水型灯光控制系统控制要求如下：

1）按下起动按钮 SB1，L1 亮 1s 后熄灭，接着 L2 亮 1s 后熄灭，接着 L3 亮 1s 后熄灭，依次进行，直至 L9 亮，延时 5s 后反向点亮，即 L8 亮 1s 后熄灭，L7 亮 1s 后熄灭，直至 L1 亮，也延时 5s 后熄灭，接着 L2 亮 1s 后熄灭，如此循环下去。

2）按下停止按钮 SB2，所有灯熄灭。

2. 任务准备

（1）设备清单　本任务需要的设备清单见表 4-5。

表 4-5　设备清单

序号	设备名称	型号	数量	备注
1	S7-1200 PLC	CPU 1215C	1 台	S7-1200 PLC 均可
2	按钮		2 个	起动 / 停止
3	信号灯	DC 24V	9 个	
4	DC 24V 电源		1 个	输出负载供电
5	导线		若干	

（2）I/O 设置　将归纳出的输入 / 输出设备进行 PLC 控制的 I/O 设置，见表 4-6。

表 4-6　I/O 设置

设备 / 信号类型	设备名称	信号地址
输入	起动按钮 SB1	I0.0
	停止按钮 SB2	I0.1
输出	L1	Q0.0
	L2	Q0.1
	L3	Q0.2
	L4	Q0.3
	L5	Q0.4
	L6	Q0.5
	L7	Q0.6
	L8	Q0.7
	L9	Q1.0

（3）系统接线图　流水型灯光控制系统接线图如图 4-18 所示。

扫码观看流水型灯光控制系统接线微课

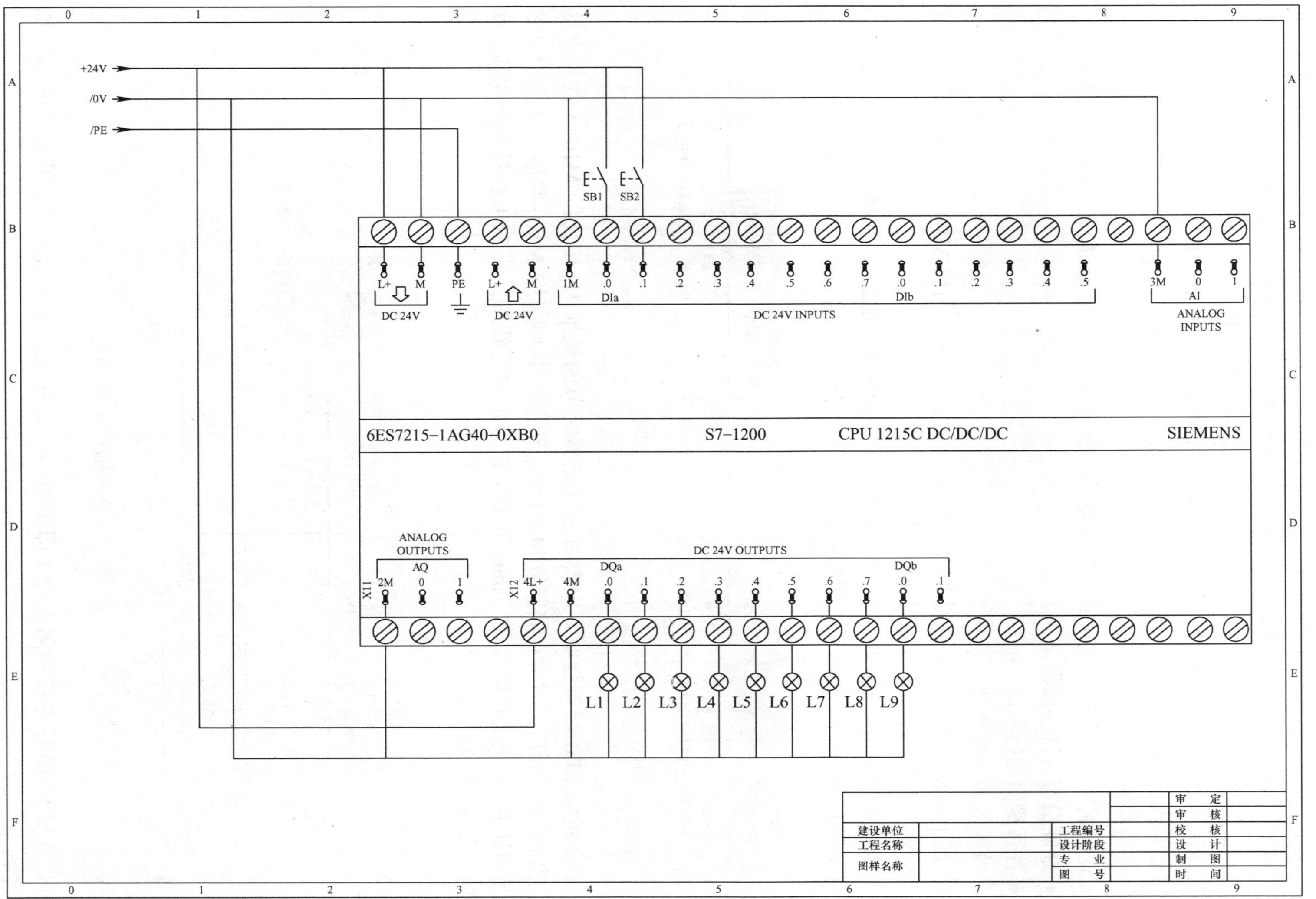

图 4-18 流水型灯光控制系统接线图

（4）控制逻辑　程序中有 9 盏灯，需要 9 个输出位，大于 1B，所以在循环移位时需要选择 Word 数据类型，即 IN 端、OUT 端需要使用 Word 数据类型，建议使用 MW0，而不直接控制 QW0，Word 数据类型是 16 位，而 CPU1215C 的 PLC 有 10 个输出位，不够一个 Word，所以如果 IN 端、OUT 端使用 QW0，在循环移位过程中可能造成输出不连续，不能实现流水灯控制。如果 IN 端、OUT 端使用 MW0，再用 MW0 的每个位控制输出 Q，即可很好实现流水灯控制。

3. 任务实施

工业控制中，设备运行的可靠性是保障生产效率的关键，在系统设计中需要关注：

- 准确组态时钟存储器。
- 注重逻辑编排控制。
- 兼顾效率与可靠性。

1）按下起动按钮，上升沿到来时，运用左移指令把 1 赋值给 MW0，使其最低位 M1.0 为 1，为循环移位做好准备，如图 4-19 所示。

2）按下停止按钮，应用左移指令把 0 赋值给 MW0 和 MB20，使 M0.0 ～ M1.0 都为 0，即复位 MW0，使所有灯都熄灭，如图 4-20 所示。

图 4-19　使最低位 M1.0 为 1 的程序　　图 4-20　停止程序

3）在组态 CPU 的属性时，设置时钟存储器字节的地址为 MB101，M101.5 的频率为 1Hz，当 M1.0 接通后，时钟存储器位 M101.5 每个上升沿到来时，MW0 左移一位。M5.0 的作用是锁住 M1.0 或定时器 "IEC_Timer_0_DB_1".Q 的接通状态，使 ROL 保持循环左移，实现灯的正向移位控制，如图 4-21 所示。

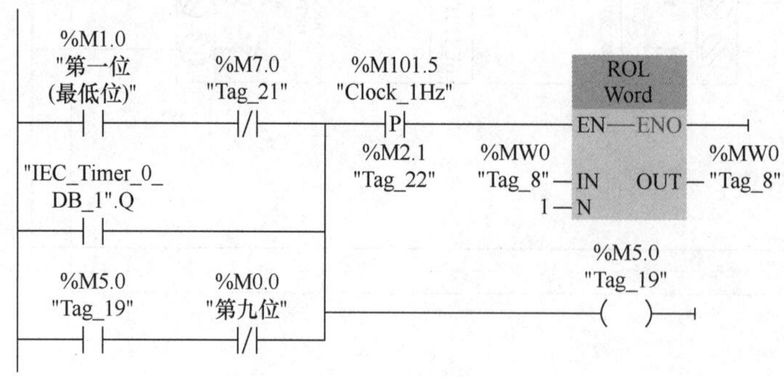

图 4-21　灯的正向移位控制程序

4）当 MW0 循环左移到第九位（即 M0.0 为 1，第九盏灯点亮）时，开始计时 5s，如图 4-22 所示。

5）计时 5s 时间到，"IEC_Timer_0_DB".Q 接通，ROR 以 1Hz 的频率循环右移，M5.1 的作用是锁住 "IEC_Timer_0_DB".Q 的接通状态，使 ROR 保持循环右移，实现灯的反向移位控制，如图 4-23 所示。

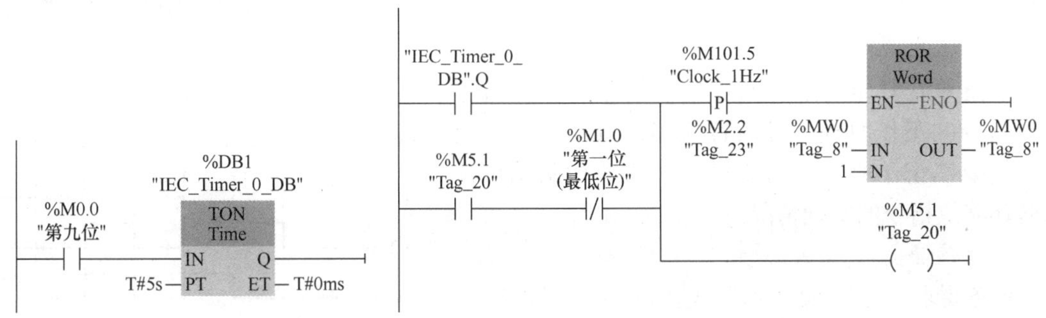

图 4-22　第九盏灯点亮 5s 的程序

图 4-23　灯的反向移位控制

6）当 MW0 循环右移到第一位（即 M1.0 为 1，第一盏灯点亮）时，开始计时 5s，如图 4-24 所示。计时 5s 时间到，"IEC_Timer_0_DB_1".Q 接通（见图 4-21），ROL 以 1Hz 的频率循环左移，M5.0 锁住 "IEC_Timer_0_DB".Q 接通状态，使 ROL 保持循环左移，实现灯的再次正向移位控制。

7）此段程序（图 4-25）的作用是利用 M7.0 切断程序段 3（图 4-21）的 M1.0 的接通状态，程序段 3 中 M1.0 所在的第一行程序，只有 M1.0 首次为 1 时接通运行，第二次及以后 M1.0 为 1 时都会被 M7.0 切断，不能执行，而只能执行第二行和第三行程序，这样保证第一盏灯的第二次及以后的点亮都能保持 5s 时间。

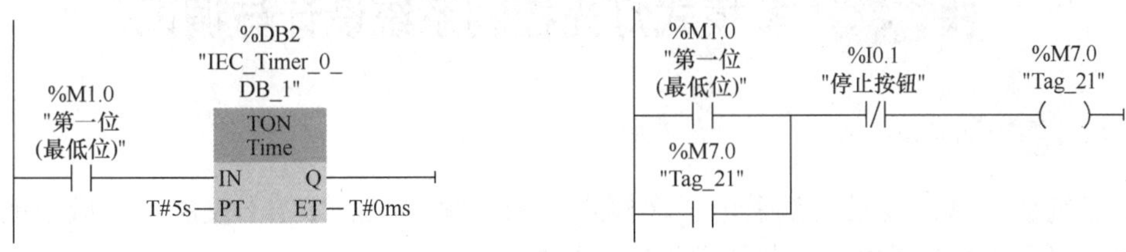

图 4-24　第一盏灯点亮 5s 程序

图 4-25　利用 M7.0 切断 M1.0 的接通状态

8）下面九个程序段是九盏灯被点亮的控制程序，用 MW0 的第一位（最低位）控制第一盏灯，第二位控制第二盏灯，依次类推，第九位控制第九盏灯，如图 4-26 所示。

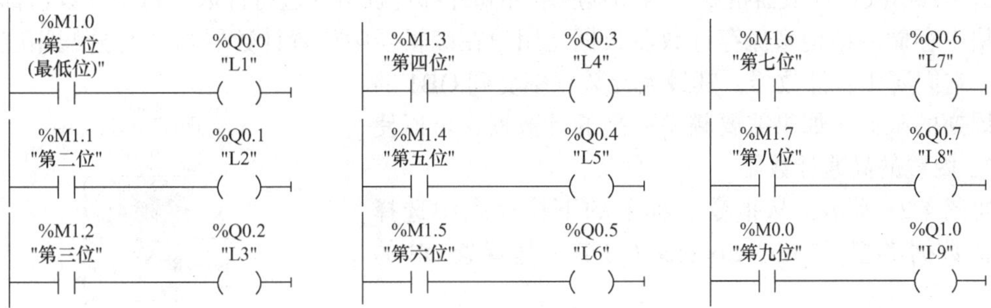

图 4-26　九盏灯被点亮的控制程序

在 Portal 软件中使用仿真测试控制效果。

任务实施过程中，及时填写任务工单。

扫码观看流水型灯光控制系统实际运行效果

五、应用考核

1. 要点回顾

本任务需要详细了解循环左移指令和循环右移移位指令的工作原理，对两者的移位方向、引脚定义等均要熟记于心。下面通过一个简单控制系统检验循环移位指令的掌握情况。

2. 考核任务

任务要求：有三盏信号灯，输出变化如图 4-27 所示，要求按下起动按钮 SB1 后 L1 首先点亮，1s 后 L2 点亮，再 1s 后 L3 点亮，三盏灯同时亮 1s 后都熄灭 1s，再都点亮 1s，再都熄灭 1s，按照上述方式循环下去；按下停止按钮 SB2，三盏灯都熄灭。

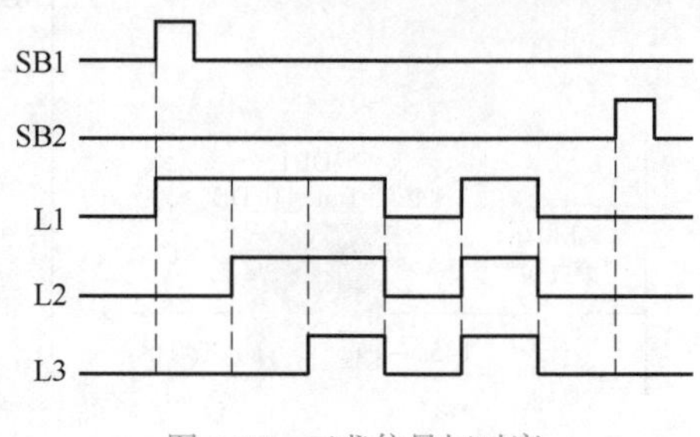

图 4-27　三盏信号灯时序

根据控制要求，完成系统接线图、程序设计及调试。

六、任务拓展

生活中的灯光控制呈现多形态流水型，如每次点亮两盏灯，再如首尾灯先点亮、依次向中间点亮，要实现这些灯光控制，PLC 程序该如何调整？

思考：流水型灯光控制系统还有哪些表现形式？

任务 3　多模式灯光控制系统设计与调试

一、应用场景

多彩绚丽的城市夜景大都采用了多模式灯光控制，夜景灯光不仅展示了城市的夜间景观，而且显示出城市的文化，传播着城市的形象。

二、知识准备

1. 计数器指令学习

S7-1200 PLC 计数器指令对内部程序事件和外部过程事件进行计数。每个计数器都使用数据块中存储的结构来保存计数器数据。用户在编辑器中放置计数器指令时分配相应的数据块。它们属于软计数器，其最大计数频率受到 OB1 的扫描周期的限制。如果需要频率更高的计数器，可以使用 CPU 内置的高速计数器。

如图 4-28 所示，从指令名称下的下拉列表中选择计数值数据类型，“IEC_Counter_0_DB”是背景 DB 的名称。

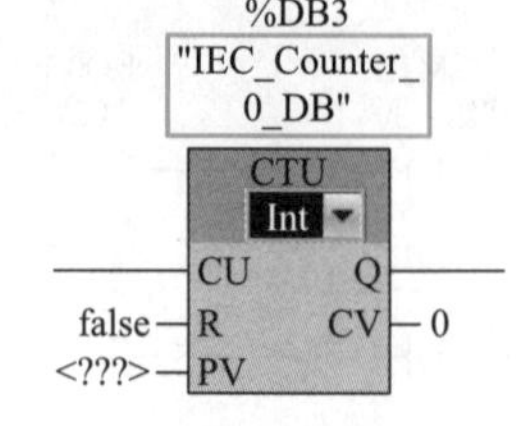

图 4-28　计数器的名称和数据类型选择

计数器指令的特点：

1）用户程序中可以使用的计数器数仅受 CPU 存储器容量限制。

2）计数器占用的存储器空间如下：对于 SInt 或 USInt 数据类型，计数器指令占用 3B；对于 Int 或 UInt 数据类型，计数器指令占用 6B；对于 DInt 或 UDInt 数据类型，计数器指令占用 12B。

3）S7–1200 的计数器属于函数块，调用时需要生成背景数据块，STEP7 会在插入指令时自动创建 DB，不需要再单独创建。

S7–1200 包含三种计数器，分别是：

- 加计数器（CTU）。
- 减计数器（CTD）。
- 加减计数器（CTUD）。

在博途组态软件中，提供了三种计数器指令，如图 4-29 所示，与 S7–200 下的使用类似。

基本指令 名称	描述	版本
▸ 常规		
▸ 位逻辑运算		V1.0
▸ 定时器操作		V1.0
▾ 计数器操作		V1.0
CTU	加计数	V1.0
CTD	减计数	V1.0
CTUD	加减计数	V1.0
▸ 比较操作		

图 4-29 博途软件中的计数器指令

尽管存在三种不同类型的计数器类型，但其指令功能块的引脚基本是一样的，不会给使用带来麻烦。计数器引脚说明见表 4-7。

表 4-7 计数器引脚说明

%DB1 "IEC_Counter_0_DB"
CTU Int: CU, Q; false—R, CV—0; <???>—PV

%DB2 "IEC_Counter_0_DB_1"
CTD Int: CD, Q; false—LD, CV—0; 0—PV

%DB3 "IEC_Counter_0_DB_2"
CTUD Int: CU, QU; false—CD, QD—false; false—R, CV—0; false—LD; <???>—PV

输入引脚			
引脚	说明	数据类型	备注
CU，CD	输入位	Bool	
R	复位	Bool	将计数值重置为零
PV	预设计数值	SInt，Int，DInt，USInt，UInt，UDInt	
LD	预设值的装载控制	Bool	
输出引脚			
引脚	说明	数据类型	备注
Q，QU	输出位	Bool	CV≥PV 时为真
QD	输出位	Bool	CV≤0 时为真
CV	当前计数值	SInt，Int，DInt，USInt，UInt，UDInt	

计数值的数值范围取决于所选的数据类型。如果计数值是无符号整数，则可以减计数到零或加计数到范围限值。如果计数值是有符号整数，则可以减计数到负整数限值或加计数到正整数限值。

每种计数器在具体功能和时序上都是不同的，需要有一个基本的了解。具体功能见表 4-8。

表 4-8 计数器功能说明

指令	说明	时序
CTU 加计数器 %DB1 "C1" 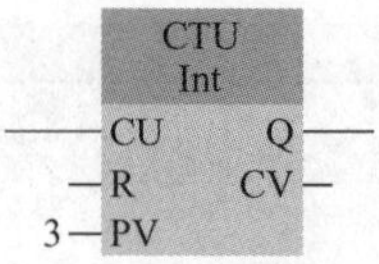 CTU Int CU Q R CV 3 — PV	当参数 CU 的值从 0 变为 1 时，CTU 计数器会使计数值加 1 CTU 时序图显示了计数值为无符号整数时的运行（其中 PV = 3） 如果参数 CV（当前计数值）的值大于或等于参数 PV（预设计数值）的值，则计数器输出参数 Q = 1 如果复位参数 R 的值从 0 变为 1，则当前计数值重置为 0	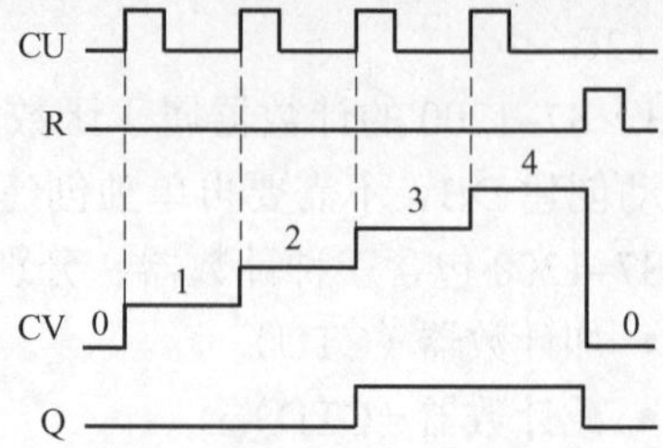 CU R CV 0 1 2 3 4 0 Q
CTD 减计数器 %DB2 "C2" 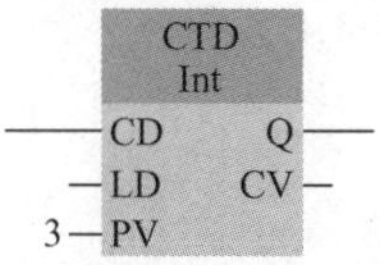 CTD Int CD Q LD CV 3 — PV	当参数 CD 的值从 0 变为 1 时，CTD 计数器会使计数值减 1 CTD 时序图显示了计数值为无符号整数时的运行（其中 PV = 3） 如果参数 CV（当前计数值）的值等于或小于 0，则计数器输出参数 Q = 1 如果参数 LD 的值从 0 变为 1，则参数 PV（预设值）的值将作为新的 CV（当前计数值）装载到计数器	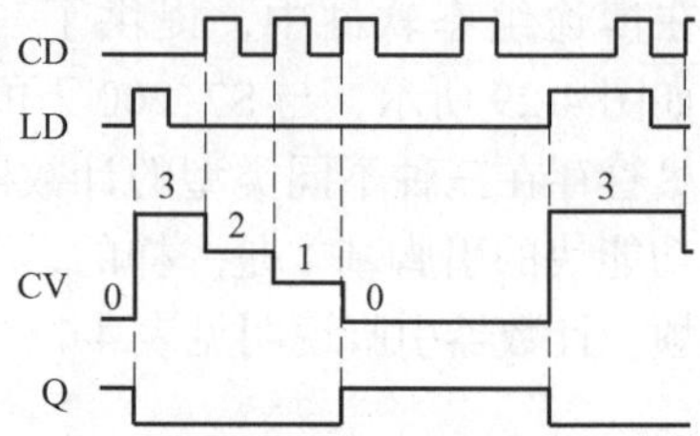 CD LD CV 0 3 2 1 0 3 Q
CTUD 加减计数器 %DB3 "C3" 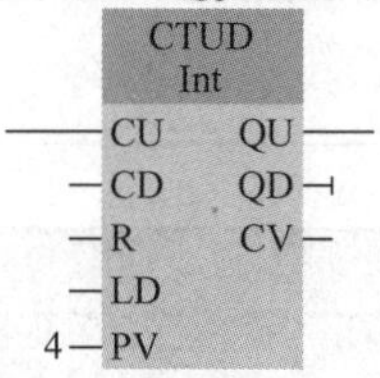 CTUD Int CU QU CD QD R CV LD 4 — PV	当加计数（CU）输入或减计数（CD）输入从 0 转换为 1 时，CTUD 计数器将加 1 或减 1 CTUD 时序图显示了计数值为无符号整数时的运行（其中 PV = 4） 如果参数 CV 的值大于等于参数 PV 的值，则计数器输出参数 QU = 1 如果参数 CV 的值小于或等于零，则计数器输出参数 QD = 1 如果参数 LD 的值从 0 变为 1，则参数 PV 的值将作为新的 CV 装载到计数器 如果复位参数 R 的值从 0 变为 1，则当前计数值重置为 0	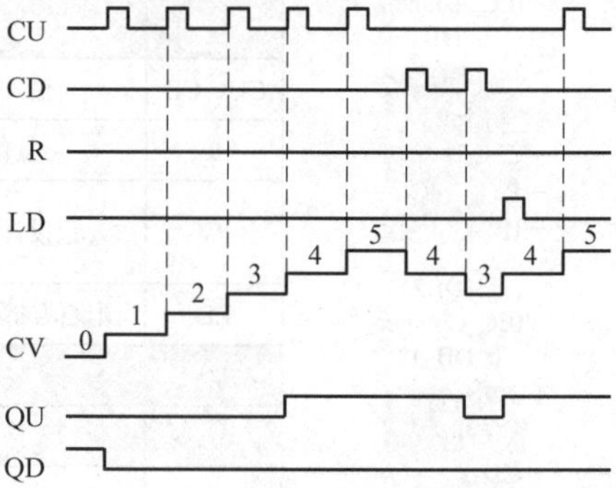 CU CD R LD CV 0 1 2 3 4 5 4 3 4 5 QU QD

2. S7-1200 计数器的使用

扫码学习如何直接调用计数器

（1）直接调用　直接调用是最基本的使用方法，可在任何场合下使用。

将功能框指令直接拖入梯形图程序段中，软件会提示创建所需的背景数据块，用户可以输入该背景数据块的名称，也可以切换到手动模式，定义数据块的块号，如图 4-30 所示，单击“确定”之后即可自动创建数据块，该数据库位于“系统块 > 程序资源”中。

扫码学习如何单独创建计数器背景数据块

（2）单独创建计数器背景数据块　创建数据块，并选择其类型为“IEC_COUNTER”。将计数器功能块拖入程序段中，在出现的提示对话框中单击“取消”按钮，如图 4-31 所示。之后将已经创建好的数据块拖放到此计数器指令块上即可，如图 4-32 所示。或者在出现的提示对话框中的“名称”中选择刚创建的数据块的名称，再单击“确定”按钮，如图 4-33 所示。

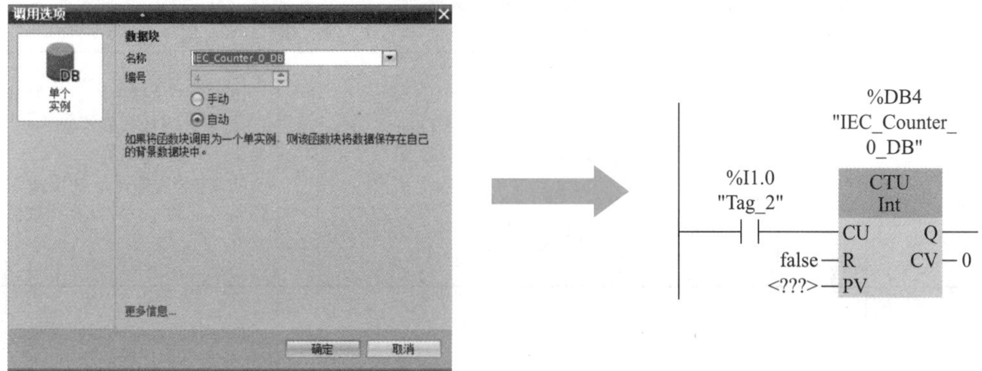

图 4-30 自动创建数据块

此方法适用于在计数器指令使用之前需要使用计数器状态来进行逻辑处理的场合。

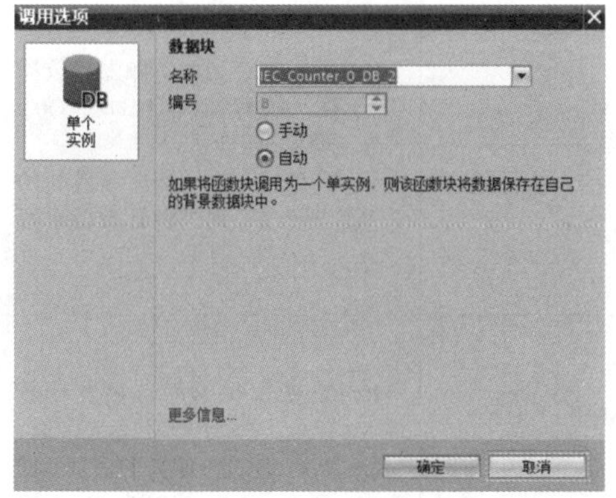

图 4-31 在对话框中单击“取消”按钮

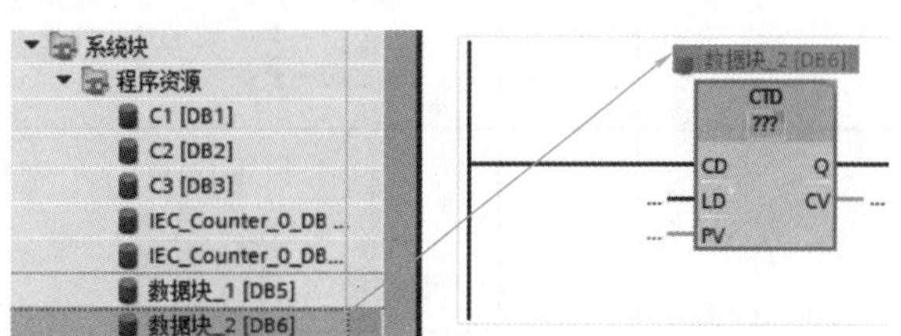

图 4-32 将数据块拖放到计数器指令块

图 4-33 在“名称”中选择数据块

3. 任务热身

1. 计数器指令应用举例：组合灯的点亮控制		
控制要求：按一下控制按钮 SB，第一组灯亮，按两下，第二组灯亮，按三下，第三组灯都亮，按四下，灯全灭。		
按下 SB 一次	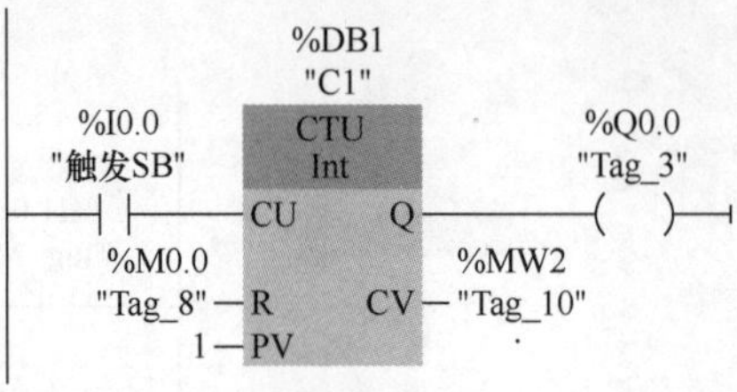 %DB1 "C1" CTU Int；%I0.0 "触发SB" — CU；Q — %Q0.0 "Tag_3" ( )；%M0.0 "Tag_8" — R；CV — %MW2 "Tag_10"；1 — PV	I0.0 第一次接通时，触发计数器 C1 计数，当计数值等于 1 时，Q0.0 为 1，即第一组灯亮 如果 M0.0 接通，复位参数 R 的值从 0 变为 1，则当前计数值重置为 0
按下 SB 两次	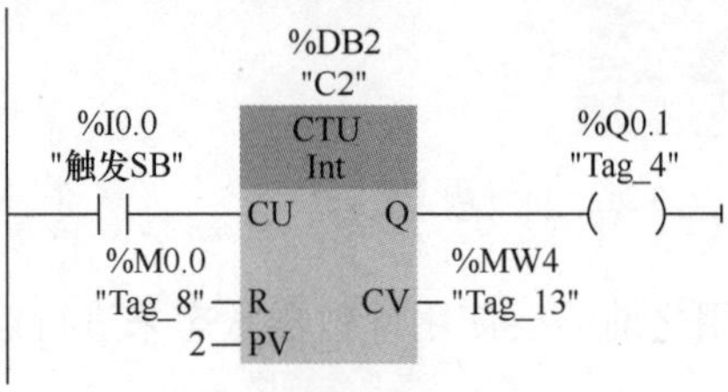 %DB2 "C2" CTU Int；%I0.0 "触发SB" — CU；Q — %Q0.1 "Tag_4" ( )；%M0.0 "Tag_8" — R；CV — %MW4 "Tag_13"；2 — PV	I0.0 第二次接通时，触发计数器 C2 计数，当计数值等于 2 时，Q0.1 为 1，即第二组灯亮 如果 M0.0 接通，复位参数 R 的值从 0 变为 1，则当前计数值重置为 0
按下 SB 三次	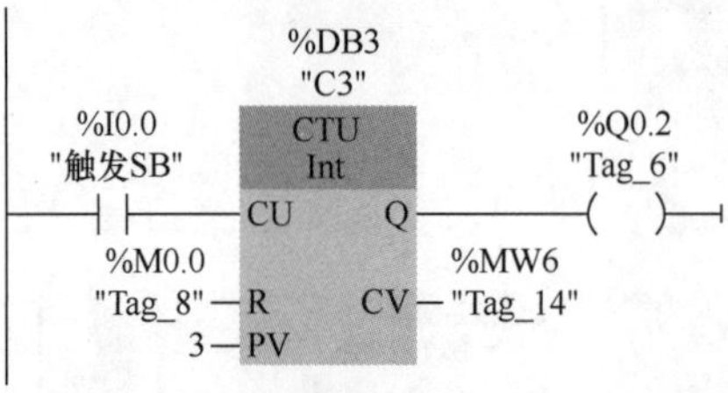 %DB3 "C3" CTU Int；%I0.0 "触发SB" — CU；Q — %Q0.2 "Tag_6" ( )；%M0.0 "Tag_8" — R；CV — %MW6 "Tag_14"；3 — PV	I0.0 第三次接通时，触发计数器 C3 计数，当计数值等于 3 时，Q0.2 为 1，即第三组灯亮 如果 M0.0 接通，复位参数 R 的值从 0 变为 1，则当前计数值重置为 0
按下 SB 四次	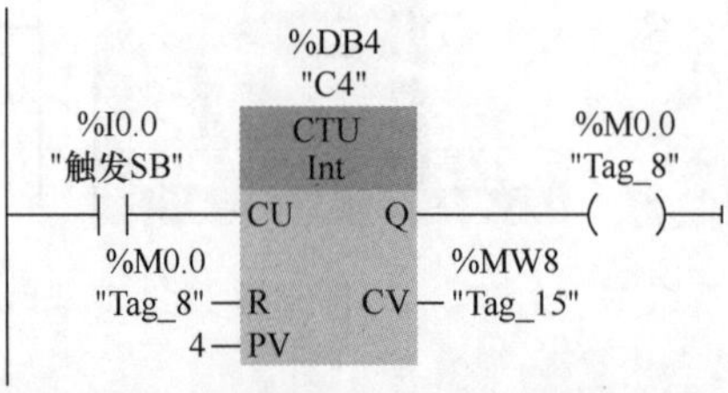 %DB4 "C4" CTU Int；%I0.0 "触发SB" — CU；Q — %M0.0 "Tag_8" ( )；%M0.0 "Tag_8" — R；CV — %MW8 "Tag_15"；4 — PV	I0.0 第四次接通时，触发计数器 C4 计数，当计数值等于 4 时，M0.0 为 1，复位参数 R 的值从 0 变为 1，则 C1 ～ C4 都置为 0，三组灯都熄灭

2. 博途仿真程序		
完成程序之后下载到 PLC 中，打开监控功能进行程序调试：		
按下 SB 一次	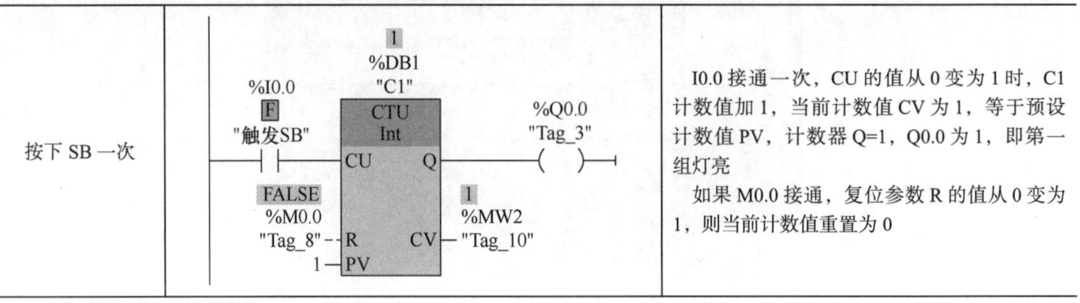	I0.0 接通一次，CU 的值从 0 变为 1 时，C1 计数值加 1，当前计数值 CV 为 1，等于预设计数值 PV，计数器 Q=1，Q0.0 为 1，即第一组灯亮 如果 M0.0 接通，复位参数 R 的值从 0 变为 1，则当前计数值重置为 0

（续）

2. 博途仿真程序		
按下 SB 两次	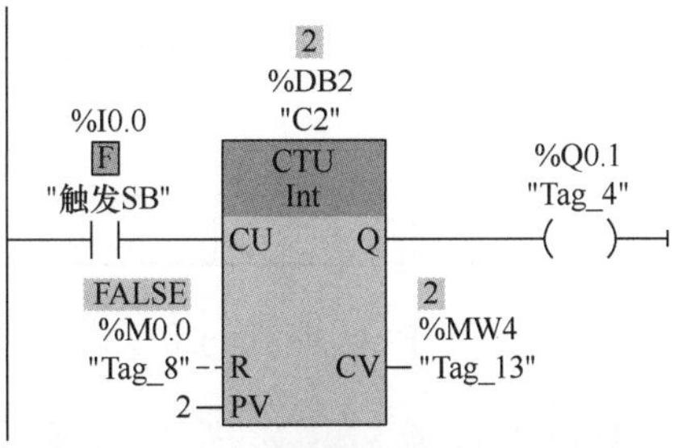 2 %DB2 "C2" %I0.0 F "触发SB" — CU CTU Int Q — %Q0.1 "Tag_4" ( ) FALSE %M0.0 "Tag_8" — R 2 — PV CV — 2 %MW4 "Tag_13"	I0.0 第二次接通，CU 的值第二次从 0 变为 1，C2 计数值再加 1，当前计数值 CV 为 2，等于预设计数值 PV，计数器 Q=1，Q0.1 为 1，即第二组灯亮 如果 M0.0 接通，复位参数 R 的值从 0 变为 1，则当前计数值重置为 0
按下 SB 三次	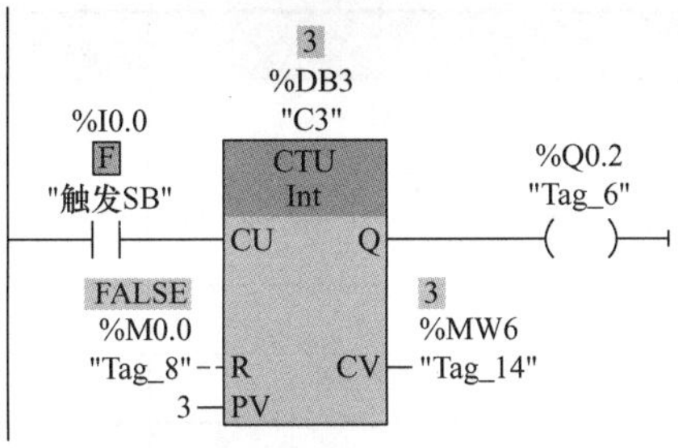 3 %DB3 "C3" %I0.0 F "触发SB" — CU CTU Int Q — %Q0.2 "Tag_6" ( ) FALSE %M0.0 "Tag_8" — R 3 — PV CV — 3 %MW6 "Tag_14"	I0.0 第三次接通，CU 的值第三次从 0 变为 1，C3 计数值再加 1，当前计数值 CV 为 3，等于预设计数值 PV，计数器 Q=1，Q0.2 为 1，即第三组灯亮 如果 M0.0 接通，复位参数 R 的值从 0 变为 1，则当前计数值重置为 0
按下 SB 四次	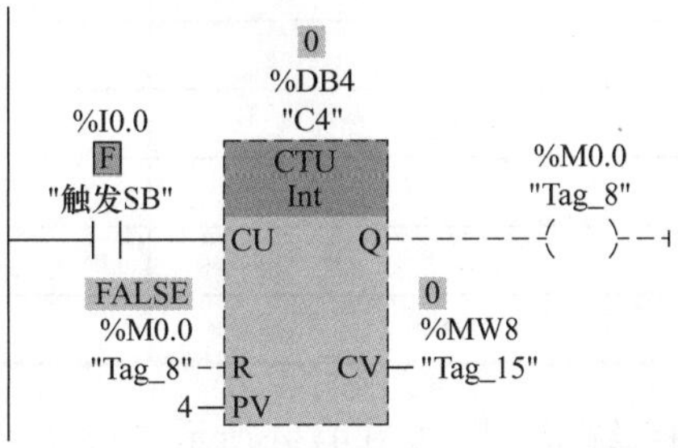 0 %DB4 "C4" %I0.0 F "触发SB" — CU CTU Int Q — %M0.0 "Tag_8" ( ) FALSE %M0.0 "Tag_8" — R 4 — PV CV — 0 %MW8 "Tag_15"	I0.0 第四次接通，CU 的值第四次从 0 变为 1，C4 计数值再加 1，当前计数值 CV 为 4，等于预设计数值 PV，计数器 Q=1，M0.0 为 1 复位参数 R 的值从 0 变为 1，则当前计数值重置为 0。C1 ～ C4 的 Q 为 0，三组灯都熄灭

三、在线学习及自评测试

四、任务实践

1. 控制要求描述

装置如图 4-4 所示，多模式灯光控制系统控制要求如下：

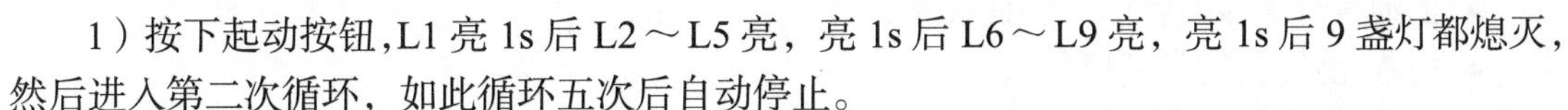

1）按下起动按钮，L1 亮 1s 后 L2～L5 亮，亮 1s 后 L6～L9 亮，亮 1s 后 9 盏灯都熄灭，然后进入第二次循环，如此循环五次后自动停止。

2）运行过程中按下停止按钮，所有灯熄灭。

2. 任务准备

（1）设备清单　本任务需要的设备清单详见表 4-9。

表 4-9　设备清单

序号	设备名称	型号	数量	备注
1	S7–1200 PLC	CPU 1215C	1 台	S7–1200 PLC 均可

（续）

序号	设备名称	型号	数量	备注
2	按钮		2个	起动 / 停止
3	信号灯	DC 24V	9个	
4	DC 24V 电源		1个	输出负载供电
5	导线		若干	

（2）I/O 设置　将归纳出的输入 / 输出设备进行 PLC 控制的 I/O 设置，见表 4-10。

表 4-10　I/O 设置

设备 / 信号类型	设备名称	信号地址
输入	起动按钮 SB1	I0.0
	停止按钮 SB2	I0.1
输出	L1	Q0.0
	L2	Q0.1
	L3	Q0.2
	L4	Q0.3
	L5	Q0.4
	L6	Q0.5
	L7	Q0.6
	L8	Q0.7
	L9	Q1.0

（3）系统接线图　多模式灯光控制系统接线图如图 4-34 所示。

（4）控制逻辑　运用移位指令实现灯的依次点亮控制，运用计数器实现循环次数的计数。为了有效控制彩灯的点亮时间，需要设置时钟存储器字节的地址。当计数次数到达指定次数时，要关断所有移位指令。

扫码观看多模式灯光控制系统接线微课

3. 任务实施

在系统设计中做到知行合一，在实践中不断总结创新点，深入学习，迎难而上。

◆ 正确看待个体与整体的辨证关系；

◆ 构造完整的逻辑控制程序；

◆ 在准的基础上求速。

1）按下起动按钮，I0.0 接通，M0.0 得电为 1，为移位做好准备，如图 4-35 所示。

2）在组态 CPU 的属性时，设置时钟存储器字节的地址为 MB101，M101.5 的频率为 1Hz，时钟存储器位 M101.5 每个上升沿到来时，MB0 左移一位。M4.0 保存的是计数器计数 5 次时输出为 1 的状态，计数次数到，M4.0 的常闭触点断开，SHL 停止移动，如图 4-36 所示。

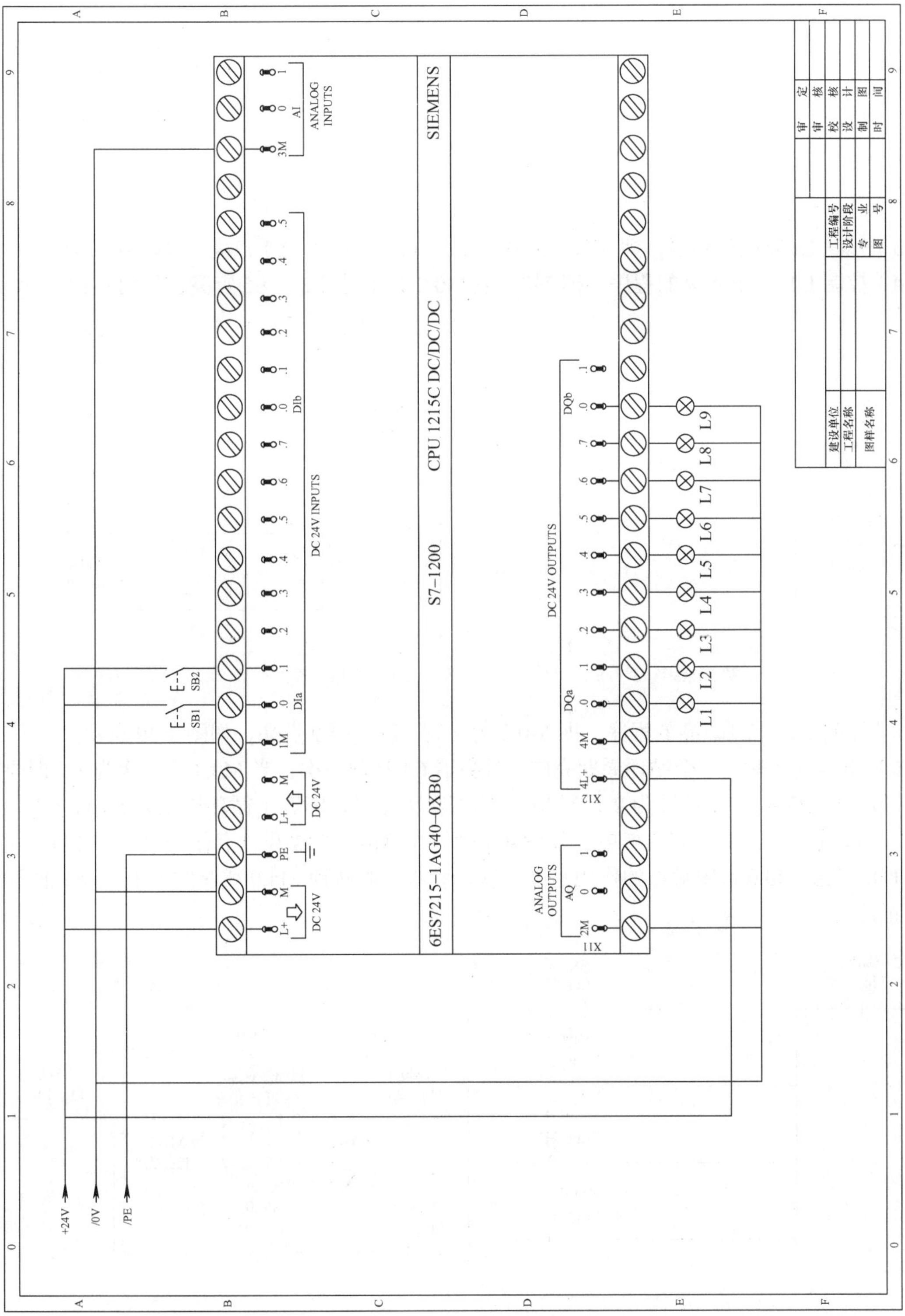

图 4-34 多模式灯光控制系统接线图

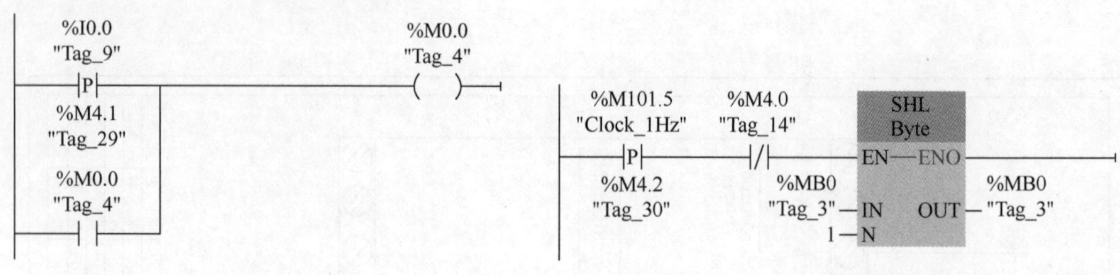

图 4-35　起动程序

图 4-36　计数次数到 SHL 停止移动

3）控制 L1 点亮的程序，即 M0.0 或 M0.1 或 M0.2 为 1 时。L1 点亮，如图 4-37 所示。

4）控制 L2～L5 点亮的程序，即 M0.1 或 M0.2 为 1 时,L2～L5 点亮，如图 4-38 所示。

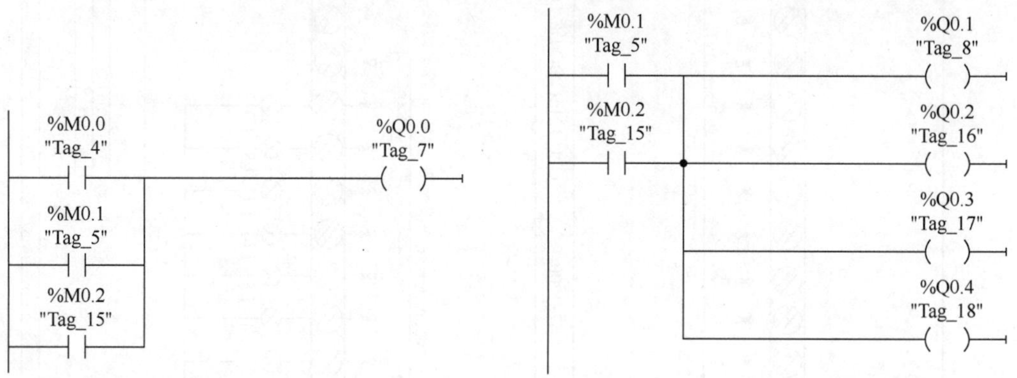

图 4-37　控制 L1 点亮的程序

图 4-38　控制 L2～L5 点亮的程序

5）控制 L6～L9 点亮的程序，即 M0.2 为 1 时，L6～L9 点亮，如图 4-39 所示。

6）M0.4 为 1 时，一个循环周期完成，计数器 C1 计数一次；当 M0.4 第二次为 1，即两个循环周期完成时，C1 计数为 2；当 M0.4 第五次为 1 时，即五个循环周期完成时，C1 计数为 5，Q 端输出为 1，M4.0 得电，如图 4-40 所示。M4.0 的常开触点作用是锁住 M4.0 线圈的得电状态，I0.0 常闭触点的作用是下一次启动程序时解锁 M4.0 线圈的得电状态，使程序能正常运行。

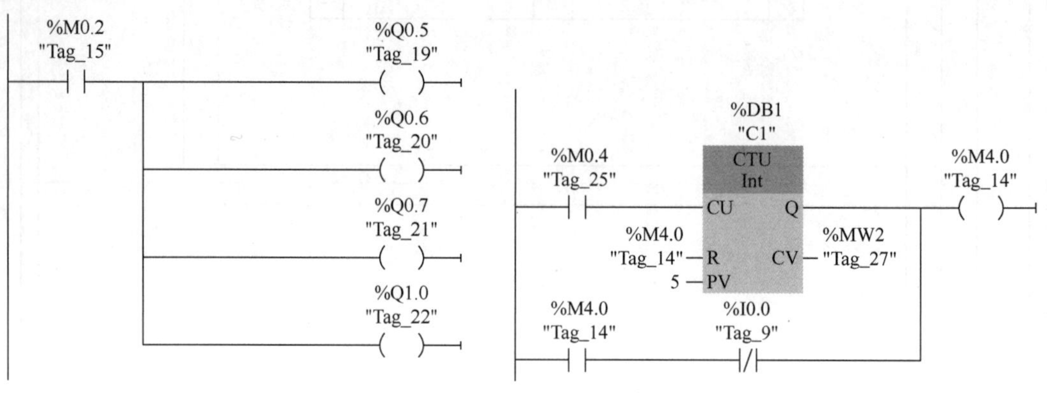

图 4-39　控制 L6～L9 点亮的程序

图 4-40　循环 5 次计数程序

7）5 次点亮循环没有完成时，每当 M0.4 的上升沿到来则表示一个循环结束，运用 SHR 指令使 MB0 右移 4 位，即把 M0.4 的 1 移位到 M0.0，为进入下一个点亮循环做好准备。5 次点亮循环完成时，M4.0 线圈得电，M4.0 的常闭触点断开，使 SHR 停止移动，如图 4-41 所示。

8）在循环过程中，按下停止按钮，I0.1 接通，SHL 指令把 0 赋值给 MB0，使 MB0 复位为 0，全部灯都熄灭，如图 4-42 所示。

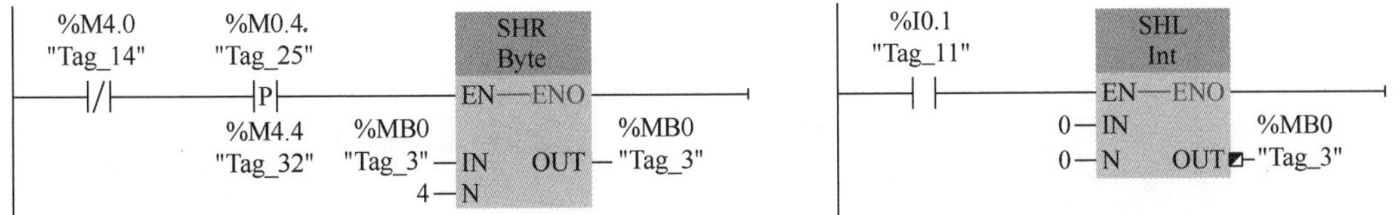

图 4-41　进入下一个点亮循环的程序　　　图 4-42　停止程序

在 Portal 软件中使用仿真测试控制效果。

任务实施过程中，及时填写任务工单。

扫码观看多模式灯光控制系统实际运行效果

五、应用考核

1. 要点回顾

本任务需要了解计数器的工作原理，理解 IEC_Timer 数据类型及各端口的意义和设定要求。能在程序中正确使用计数器指令完成基本计数功能。下面，通过一个简单控制系统检验计数器指令的掌握情况。

2. 考核任务

任务要求：完成传送带产品计数的控制程序，如图 4-43 所示。

一批工件在传送带上传送，经过右侧限制位时，要求每隔 5 个产品就取出一个工件，取出工件时传送带要停止，每取出一个工件耗时 2s。具体要求如下：

按下起动按钮 SB1，传送带电动机 KM1 开始运转，传送带向右运送工件；工件经过产品检测器 PT 时被检测，并触发计数器开始计数；计数器计数工件等于 5 时，触发机械手电磁铁 KM2 动作，吸取工件，吸取工作耗时 2s；取件结束后，计数值清零，重新开始下一轮计数。在全部过程中，按下 SB2，传送带停止运转。

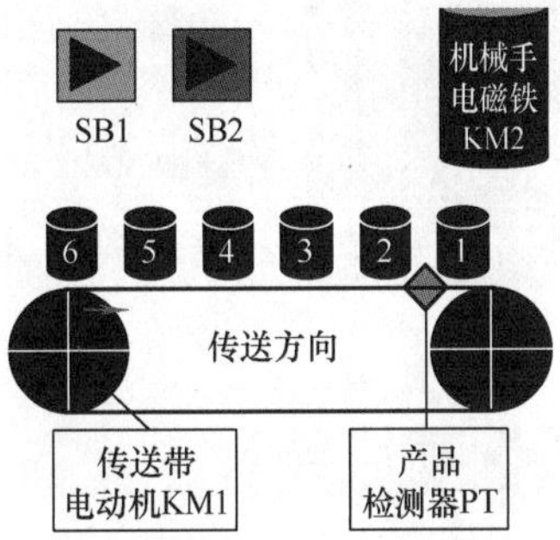

根据控制要求，完成系统接线图、程序设计及调试。

SB1　SB2　机械手电磁铁KM2　6 5 4 3 2 1　传送方向　传送带电动机KM1　产品检测器PT

图 4-43　传送带产品计数

六、任务拓展

生活中的灯光控制多种多样，比如循环点亮时记录循环次数，同时用数码显示当前记录的循环次数，要实现这些灯光控制，PLC 程序该如何调整？

另外，思考增加当前模式的数码显示的灯光控制系统还有哪些表现形式？

项目五

自动售货机控制

项目目标

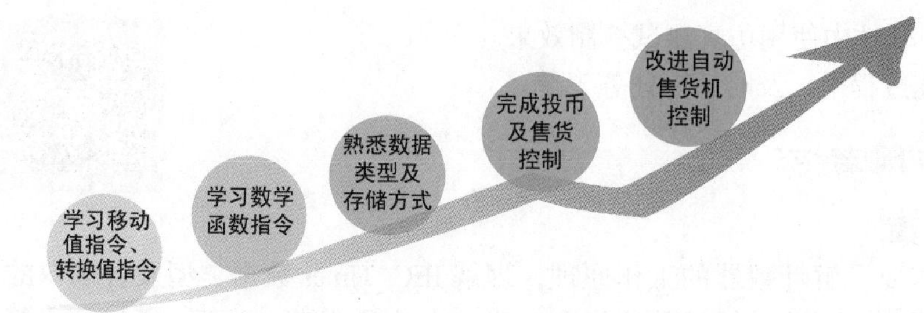

知识目标	1. 了解博途软件中的移动值指令、转换值指令和数学函数指令基本信息，能根据需求正确选择指令，分析数据类型和存储位置； 2. 掌握数学函数指令的运行原理，能在程序的不同对象里调用运算指令，并通过转换值指令正确显示运算结果，完成自动售货机控制程序的编制。
能力目标	能根据控制要求，完成自动售货机控制系统的设计和调试，并进行简单故障排查。
素质目标	培养实事求是、精益求精、锲而不舍的品质。

项目导入

1925 年，美国研制出香烟的自动售货机，此后又出现了出售邮票、车票的各种现代自动售货机。现代自动售货机的种类结构和功能因出售的物品而异，出售物品主要有食品、饮料、香烟、邮票、车票、日用品等。20 世纪 70 年代以后，随着微型计算机的广泛应用，各种新型自动售货机和利用信用卡代替钱币并与计算机连接的更大规模的无人售货系统也应运而生，如无人自选商场、车站的自动售检票系统、银行的现金支付自动支付机等。

进入 21 世纪，自动售货机（图 5-1）进一步向节能及高功能化的方向发展，无人售货机成为了日常生活中十分常见的机器。如果想用 PLC 来控制自动售货机，我们就必须先了解其工作原理。

图 5-1 自动售货机

自动售货机是机电一体化的自动化装置，在接收到货币已输入信号的前提下，通过触摸控制按钮，使控制器启动相关位置的机械装置完成规定动作，将货物输出。

1）用户将货币投入投币口，货币识别器对所投货币进行识别。

2）控制器根据金额将商品可售卖信息通过选货按键指示灯提供给用户，由用户自主选择欲购买的商品。

3）用户按下选择商品所对应的按键，控制器接收到按键所传递过来的信息，驱动相应部件，售出用户选择的商品到达取物口。

4）如果还有足够的余额，则可继续购买。超出一定时间，自动售货机将自动找出零币；或用户旋转退币旋钮，退出零币。

5）从退币口取出零币，完成此次交易。

一般的自动售货机由钱币装置、指示装置、储藏售货装置等组成。钱币装置是售货机的核心，其主要功能是确认投入纸币的真伪、分选钱币的种类、计算金额和找还零币。如果投入的金额达到购买物品的数值，即发出售货信号，并找出零币。指示装置用于指示顾客所选商品的种类；储藏售货装置保存商品，接收出售指示信号，把顾客选择的商品送至取物口。

根据自动售货机不同的功能要求，实现投币售货自动显示（任务 1）、单物品自动售货（任务 2）和全自动售货（任务 3）。

来听故事啦

说起自动售货机的历史，可一直追溯到两千多年前。据古籍记载，寺庙中有一种装置，只要将钱币投入该装置，水就会自动流出来。这就是自动售货机的起源，用来销售“神圣之水（圣水)”。

任务 1 投币售货自动显示控制系统设计与调试

一、应用场景

在商场、影院、地铁、火车站候车厅等人员密集的场所，经常会有销售饮料或小食品的自动售货机，您是否使用过自动售货机？请回忆在自动售货机上看到了哪些信息，如何选择所需货物，如何支付，又是如何拿到所购货物的。试想，自动售货机是如何实现这些功能的？

二、知识准备

扫码查看移动、转换指令微课

1. 移动值指令学习

S7–1200 PLC 的移动值指令 MOVE 用于对存储器进行赋值，或者把一个存储器的数据赋值到另外一个存储器中，还可以用于清零。应用 MOVE 指令进行移动赋值之后，源操作数的数据是不变的。MOVE 指令的操作数可以是基本的数据类型、复杂的数据类型，也可以是数组类型。

注意

在执行 MOVE 指令时，需要保证源操作数和目标操作数具有相同的数据类型。

博途组态软件提供的移动指令包括移动值指令（MOVE）、块移动指令（MOVE_BLK）、不可中断的存储区移动指令（UMOVE_BLK）、填充块指令（FILL_BLK）和交换指令（SWAP）等，如图 5-2 所示。

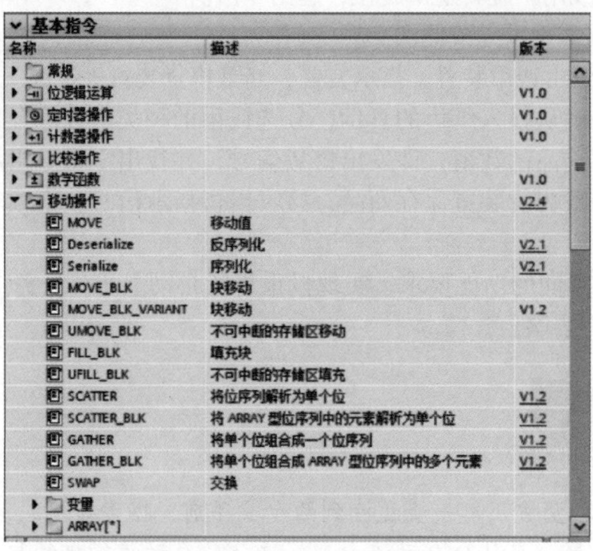

图 5-2 博途软件中的移动指令

MOVE 指令说明：当使能输入端 EN 的状态为“1”时，启动指令，将 IN 端的源地址数值传送至 OUT 端的目的地址中。MOVE 指令及参数说明见表 5-1。

表 5-1 MOVE 指令及参数说明

指令	参数	数据类型	存储区	说明
MOVE EN ENO IN OUT1	EN	Bool	I、Q、M、D、L	使能输入
	ENO	Bool	I、Q、M、D、L	使能输出
	IN	SInt，Int，DInt，USInt，UInt，UDInt，Real，LReal，Byte，Word，DWord，Char，WChar，Array，Struct，DTL，Time，Date，TOD	I、Q、M、D、L、常数	源地址
	OUT1		I、Q、M、D、L	目的地址

在初始状态，指令框中包含 1 个目的地址端（OUT1），可以单击图标扩展输出目的地址数目，并按升序排列所添加的输出端，在执行 MOVE 指令时，可将源地址中的数值传送至所有目的地址中。

在 MOVE 指令中，若 IN 端的源地址数值数据类型的位长度超出 OUT 端的目的地址数值数据类型的位长度，则在传送过程中，源值中多出来的有效位丢失。若 IN 端的源地址数值数据类型的位长度小于 OUT 端的目的地址数值数据类型的位长度，则用零填充传送过程中多出来的有效位。

MOVE 指令只有在使能输入端 EN 的信号状态为“1”时才能执行。在这种情况下，使能输出端 ENO 的信号状态也为“1”。若 EN 的信号状态为“0”，则将 ENO 的信号状态复位为“0”。

扫码查看 MOVE 指令输入视频

2. 转换值指令学习

S7–1200 PLC 中的转换指令用于将一种数据格式转换成另一种格式进行存储。例如，要让一个整数型数据和双整数型数据进行算术运算，一般要将整数型数据转换成双整型数据；要显示一个十进制整数数值，一般要将整数型数据转换成 BCD 码数据。

注意

在执行转换指令时，需要关注转换完成的数据所存放的存储区空间大小和具体存放位置。

博途组态软件提供的转换指令包括转换值指令（CONV）、取整指令（ROUND）、标准化指令（NORM_X）和缩放指令（SCALE_X）等，如图 5-3 所示。

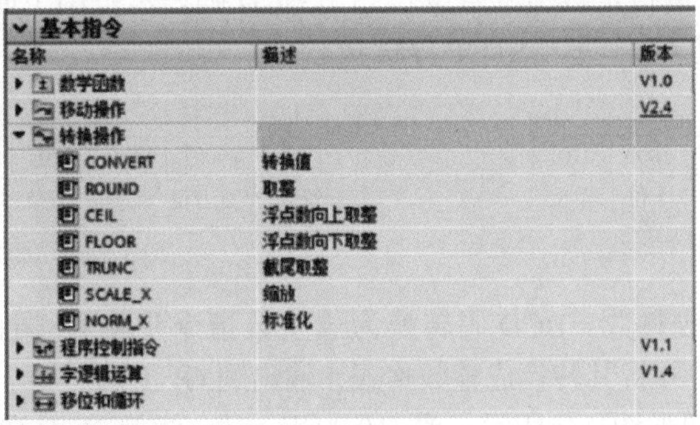

基本指令		
名称	描述	版本
▸ 数学函数		V1.0
▸ 移动操作		V2.4
▾ 转换操作		
CONVERT	转换值	
ROUND	取整	
CEIL	浮点数向上取整	
FLOOR	浮点数向下取整	
TRUNC	截尾取整	
SCALE_X	缩放	
NORM_X	标准化	
▸ 程序控制指令		V1.1
▸ 字逻辑运算		V1.4
▸ 移位和循环		

图 5-3 博途软件中的转换指令

CONV 指令说明：当使能输入端 EN 的状态为“1”时，根据指令框中选择的数据类型对 IN 端的源地址数值进行转换，转换值传送至 OUT 端的目的地址中。CONV 指令及参数说明见表 5-2。

表 5-2 CONV 指令及参数说明

指令	参数	数据类型	说明
 CONV ??? to ??? EN ENO IN OUT	EN	Bool	使能输入
	ENO	Bool	使能输出
	IN	SInt，USInt，Int，UInt，DInt，UDInt，Real，LReal，BCD16，BCD32，Char，WChar	输入值
	OUT		转换为新数据类型的输出值

在指令框中的“？？？”下拉列表中选择该指令的数据类型，如图 5-4 所示。

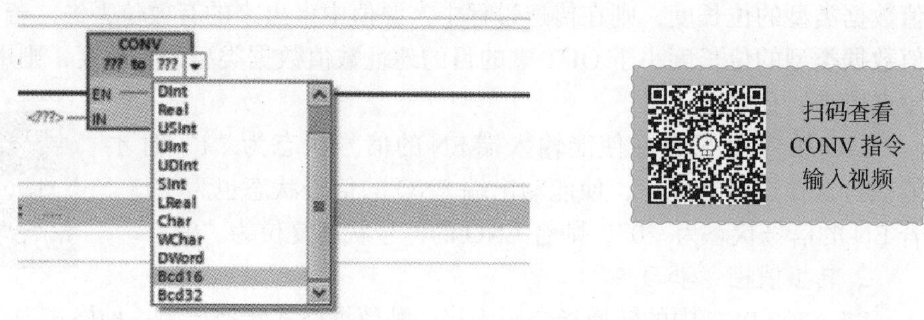

图 5-4　选择转换数据类型

BCD 码为二进制代码表示的十进制数，即由四位二进制码表示一位十进制数，有 BCD16 码和 BCD32 码两种格式。BCD16 码中的四位十进制数字中，三位为数值，一位为符号，即：二进制的 0 ～ 3 位是个位，4 ～ 7 位是十位，8 ～ 11 位是百位，12 ～ 15 位是符号位，如图 5-5 所示。BCD32 码中的八位十进制数字中，七位为数值，一位为符号，如图 5-6 所示。如果表示正数，则符号位为“0000”；如果表示负数，则符号位为“1111”。BCD16 码的最大表示范围为 –999 ～ 999。BCD32 码的最大表示范围为 –9999999 ～ 9999999。图 5-5 所显示数值为 –985，图 5-6 所显示数值 –1357985。整数转换成 BCD 码时，如果 IN 端指定的内容大于整数显示范围，则直接输出最大值到 OUT 端，PLC 不会停机；BCD 码转换成整数时，如果 IN 端指定数值的数据位超出 BCD 码表示范围（如 1010 ～ 1111），则执行指令将发生错误，使 CPU 进入 STOP 停机状态。

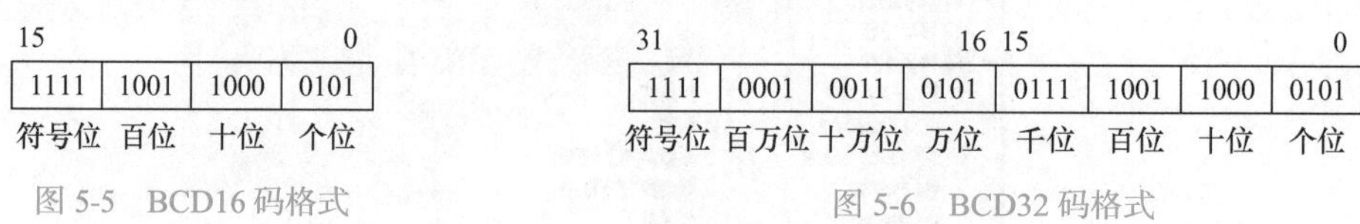

图 5-5　BCD16 码格式

图 5-6　BCD32 码格式

（1）BCD 码转换成整数　BCD 码转换为成整数指令是将 IN 端指定的内容以 BCD 码二 – 十进制格式读出，并将其转换成整数格式，输出到 OUT 端。

举例说明，梯形图如图 5-7 所示。当 I10.0 闭合时，激活 BCD 码转换成整数指令，IN 端输入的 BCD 码用十六进制表示为 16#24（就是十进制的 22），转换成整数并传送至 OUT 端的 MW20 中。

（2）整数转换成 BCD 码　整数转换成 BCD 码指令将 IN 端指定的内容以整数的格式读入，然后将其转换为 BCD 码格式输出到 OUT 端。

举例说明，梯形图如图 5-8 所示。当 I10.0 闭合时，激活整数转换成 BCD 码指令，IN 端输入的整数存储在 MW20 中，转换成 BCD 码并传送至 OUT 端的 MW30 中。

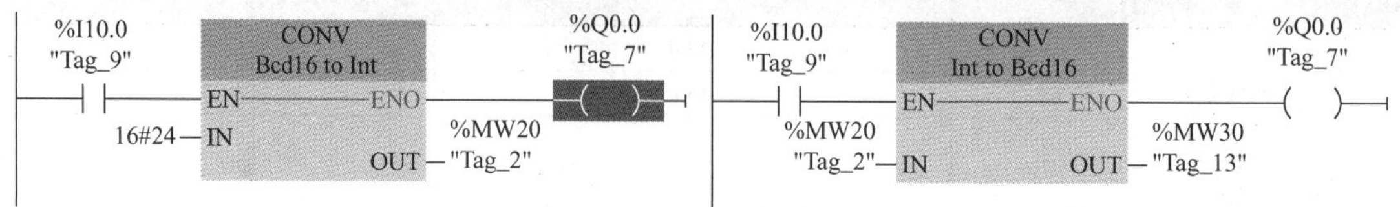

图 5-7　BCD 码转换成整数指令示例

图 5-8　整数转换成 BCD 码指令示例

（3）整数转换成双整数　整数转换成双整数指令是将 IN 端指定的内容以整数的格式读入，然后将其转换为双整数码格式输出到 OUT 端。

举例说明，梯形图如图 5-9 所示。当 I10.0 闭合时，激活整数转换成双整数指令，IN 端输入的整数存储在 MW10，转换成双整数并传送至 OUT 端的 MD10 中。

（4）双整数转换成实数　双整数转换成实数指令是将 IN 端指定的内容以双整数的格式读入，然后将其转换为实数码格式输出到 OUT 端。

举例说明，梯形图如图 5-10 所示。当 I0.0 闭合时，激活双整数转换成实数指令，存储在 MD10 中的双整数从 IN 端输入，转换成实数并传送至 OUT 端的 MD18 中。一个实数要用 4B 存储。

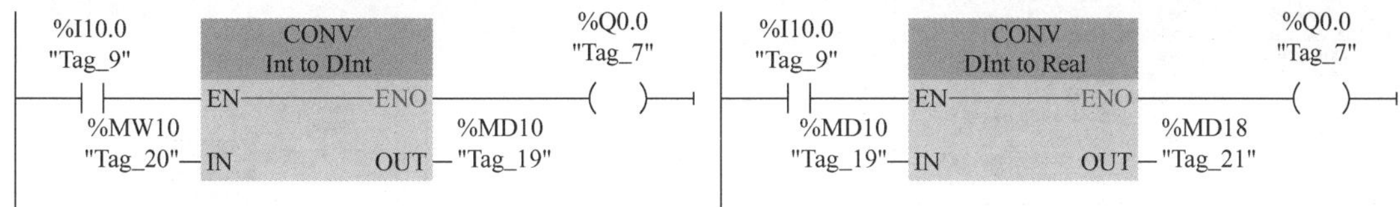

图 5-9　整数转换成双整数指令示例　　图 5-10　双整数转换成实数指令示例

3. 任务热身

MOVE 指令应用举例：两个按钮控制赋值与清零。

控制要求：如程序段 1 所示，按下按钮 1，为 MW20 和 QB0 赋值常数“0”，即完成清零。如程序段 2 所示，按下按钮 2，为 MW20 和 QB0 赋值常数“10”，即完成赋值。

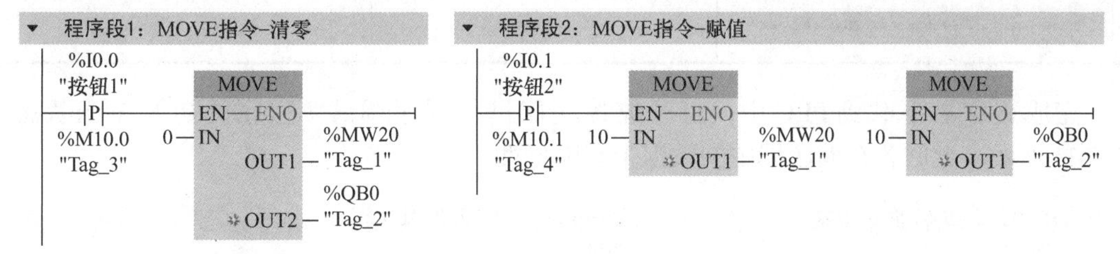

在为多个地址赋予相同数值时，在 MOVE 指令插入多个 OUT 端和应用多个 MOVE 指令效果相同。

在梯形图中输入 MOVE 指令有两种方法，分别是在指令树中选取和利用快捷键选取。

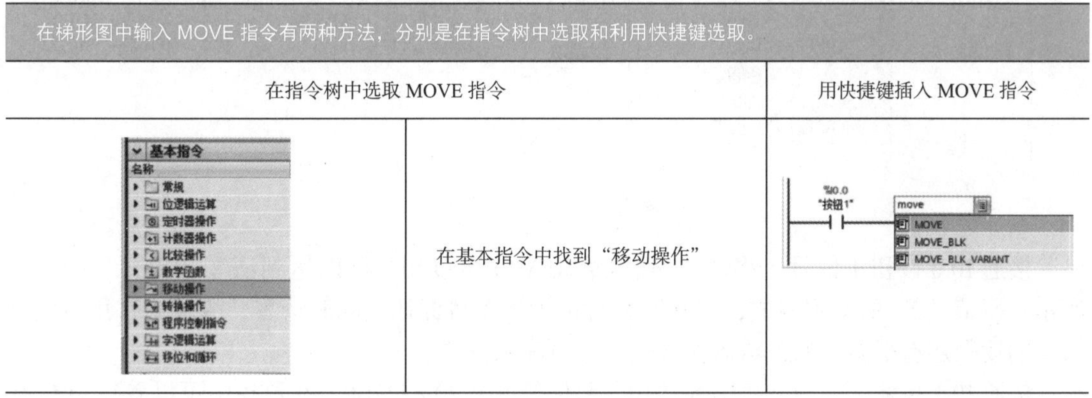

在指令树中选取 MOVE 指令		用快捷键插入 MOVE 指令
基本指令 名称 常规 位逻辑运算 定时器操作 计数器操作 比较操作 数学函数 移动操作 转换操作 程序控制指令 字逻辑运算 移位和循环	在基本指令中找到“移动操作”	%I0.0 "按钮1" move MOVE MOVE_BLK MOVE_BLK_VARIANT

（续）

<table>
<tr><th colspan="3">在梯形图中输入 MOVE 指令有两种方法，分别是在指令树中选取和利用快捷键选取。</th></tr>
<tr><th colspan="2">在指令树中选取 MOVE 指令</th><th>用快捷键插入 MOVE 指令</th></tr>
<tr><td> 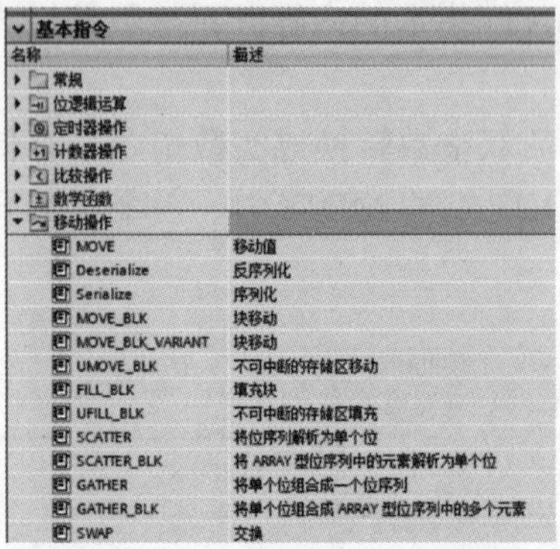基本指令
名称 描述
常规
位逻辑运算
定时器操作
计数器操作
比较操作
数学函数
移动操作
MOVE 移动值
Deserialize 反序列化
Serialize 序列化
MOVE_BLK 块移动
MOVE_BLK_VARIANT 块移动
UMOVE_BLK 不可中断的存储区移动
FILL_BLK 填充块
UFILL_BLK 不可中断的存储区填充
SCATTER 将位序列解析为单个位
SCATTER_BLK 将 ARRAY 型位序列中的元素解析为单个位
GATHER 将单个位组合成一个位序列
GATHER_BLK 将单个位组合成 ARRAY 型位序列中的多个元素
SWAP 交换</td><td>单击“移动操作”前的黑色倒三角展开指令树</td><td rowspan="2"> 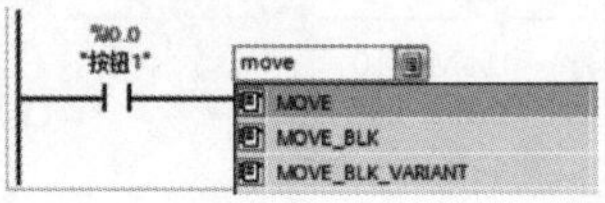%I0.0
"按钮1"
move
MOVE
MOVE_BLK
MOVE_BLK_VARIANT</td></tr>
<tr><td> 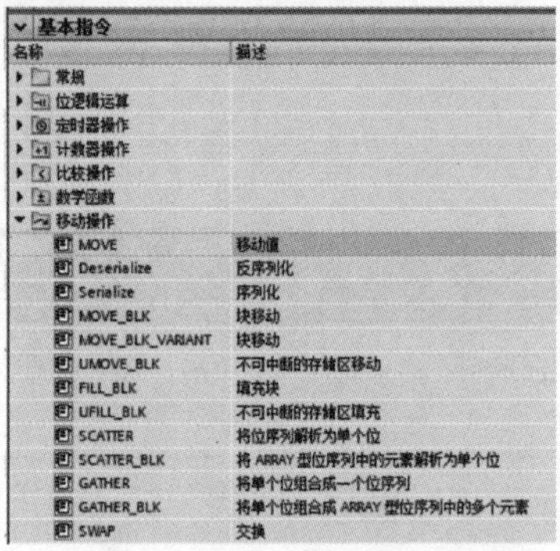基本指令
名称 描述
常规
位逻辑运算
定时器操作
计数器操作
比较操作
数学函数
移动操作
MOVE 移动值
Deserialize 反序列化
Serialize 序列化
MOVE_BLK 块移动
MOVE_BLK_VARIANT 块移动
UMOVE_BLK 不可中断的存储区移动
FILL_BLK 填充块
UFILL_BLK 不可中断的存储区填充
SCATTER 将位序列解析为单个位
SCATTER_BLK 将 ARRAY 型位序列中的元素解析为单个位
GATHER 将单个位组合成一个位序列
GATHER_BLK 将单个位组合成 ARRAY 型位序列中的多个元素
SWAP 交换</td><td>将指令拖拽至所需的位置。或先选择需要插入的程序块网络，然后双击指令，将 MOVE 指令插入其中</td></tr>
</table>

完成程序后下载到 PLC 中，打开监控功能进行程序调试。程序的初始在线状态如图 5-11 所示。此时各存储区域中的数据带有随机性。

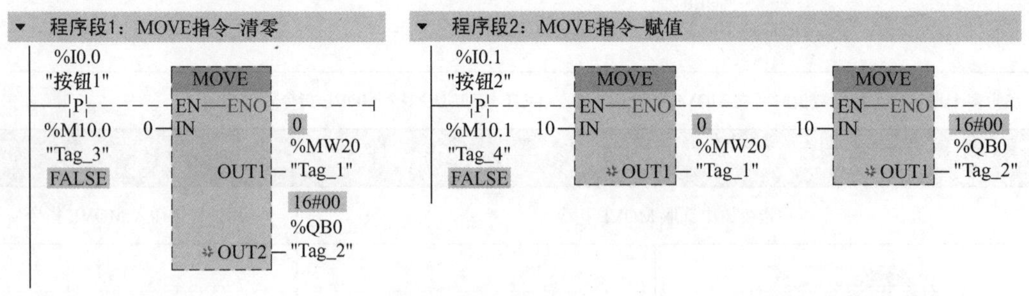

图 5-11　程序初始状态

接通 I0.0 按钮 1 信号，将“0”赋值给 MW20 和 QB0，可以达到清零效果，如图 5-12 所示。赋值“0”的清零方式，因其明显且可为多个目标地址同时清零，故较为常用。实现清零的途径还有很多，如逻辑运算方式，可更深入清零。

接通 I0.1 按钮 2 信号，将整数“10”赋值给 MW20 和 QB0，在监控中可以看到 QB0 显示为“0A”，是十六进制整数形式，如图 5-13 所示。

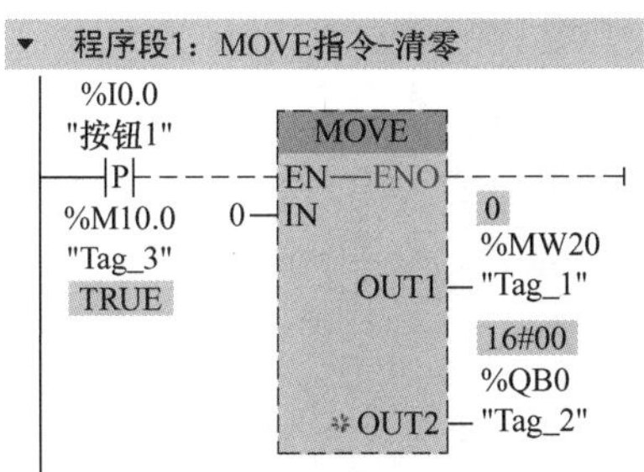

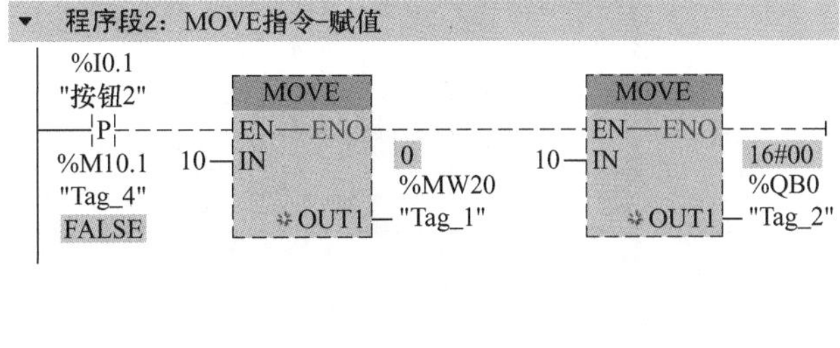

图 5-12 清零

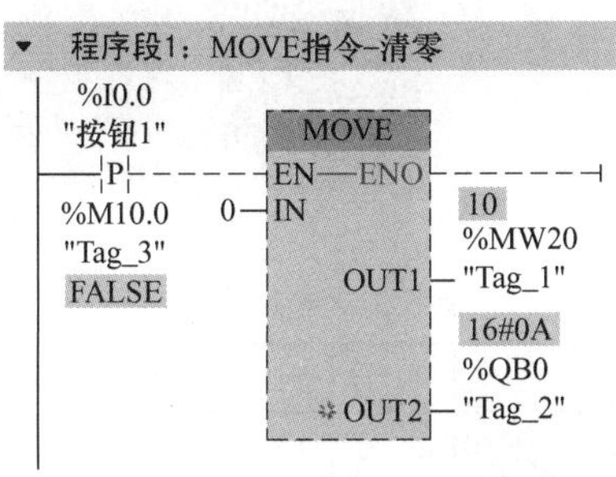

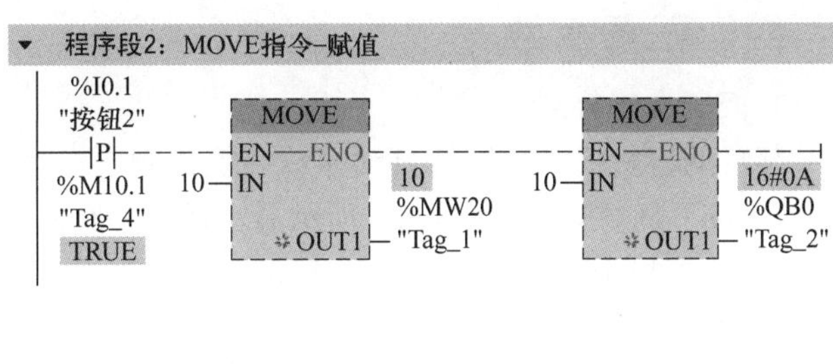

图 5-13 赋值

在程序段 2 中插入整数转换 BCD 码的 CONV 转换指令，则可实现赋值与转换功能，如图 5-14 所示。在对 MW20 赋值整数后，MW20 将其整数型的数据“10”转换为 4 位 BCD 码“0010”存入 MW22，即 MB22 存“00”，MB23 存“10”。之后 MB23 的数据再传送至 QB0，此时在监控中可以看出 QB0 显示为“10”，是十进制的 BCD 码形式，如图 5-15 所示。通过仿真的 SIM 表观察可更为清晰地显示各位数值的变化。

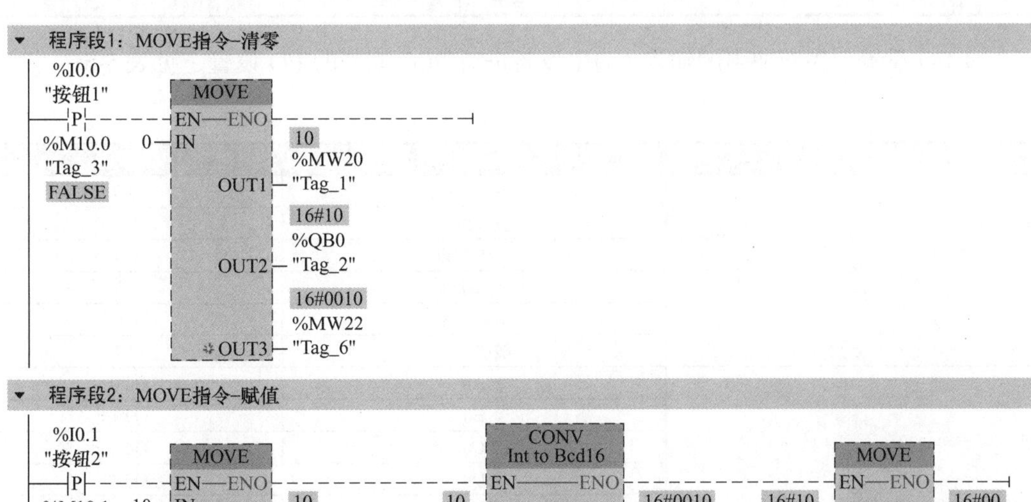

图 5-14 赋值与转换

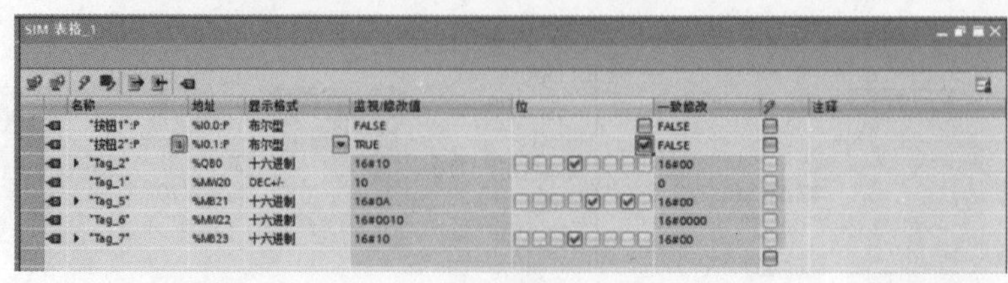

图 5-15　仿真软件的 SIM 表监控

三、在线学习及自评测试

扫码检测学习效果并查看参考答案

四、任务实践

1. 控制要求描述

某自动售货机投币售货自动显示系统控制要求：

1）按下货物按钮，按表 5-3 所示显示货物单价金额。

2）按下投币按钮，显示投币个数。

3）按下退币按钮，显示清零。

表 5-3　货物单价金额

货物名称	可乐	纯水	牛奶	酸奶
货物单价	2.5 元	1.5 元	3.0 元	3.5 元

2. 任务准备

（1）设备清单　设备清单见表 5-4。

表 5-4　设备清单

序号	设备名称	型号	数量	备注
1	S7–1200 PLC	CPU 1215C	1 台	S7–1200 PLC 均可
2	按钮		6 个	货物 4 个，投币 1 个，退币 1 个
3	数码显示		2 个	显示十位和个位
4	DC 24V 电源		1 个	输出负载供电
5	导线		若干	

（2）I/O 设置　将归纳出的输入 / 输出设备进行 PLC 控制的 I/O 设置，见表 5-5。

表 5-5　I/O 设置

设备 / 信号类型	设备名称	信号地址
输入	退币按钮	I0.0
	投币按钮	I0.1
	可乐按钮	I0.4
	纯水按钮	I0.5
	牛奶按钮	I0.6
	酸奶按钮	I0.7
输出	A0	Q0.0
	B0	Q0.1
	C0	Q0.2
	D0	Q0.3
	A1	Q0.4
	B1	Q0.5
	C1	Q0.6
	D1	Q0.7

（3）系统接线图　自动售货机投币售货自动显示控制系统接线图如图 5-16 所示。

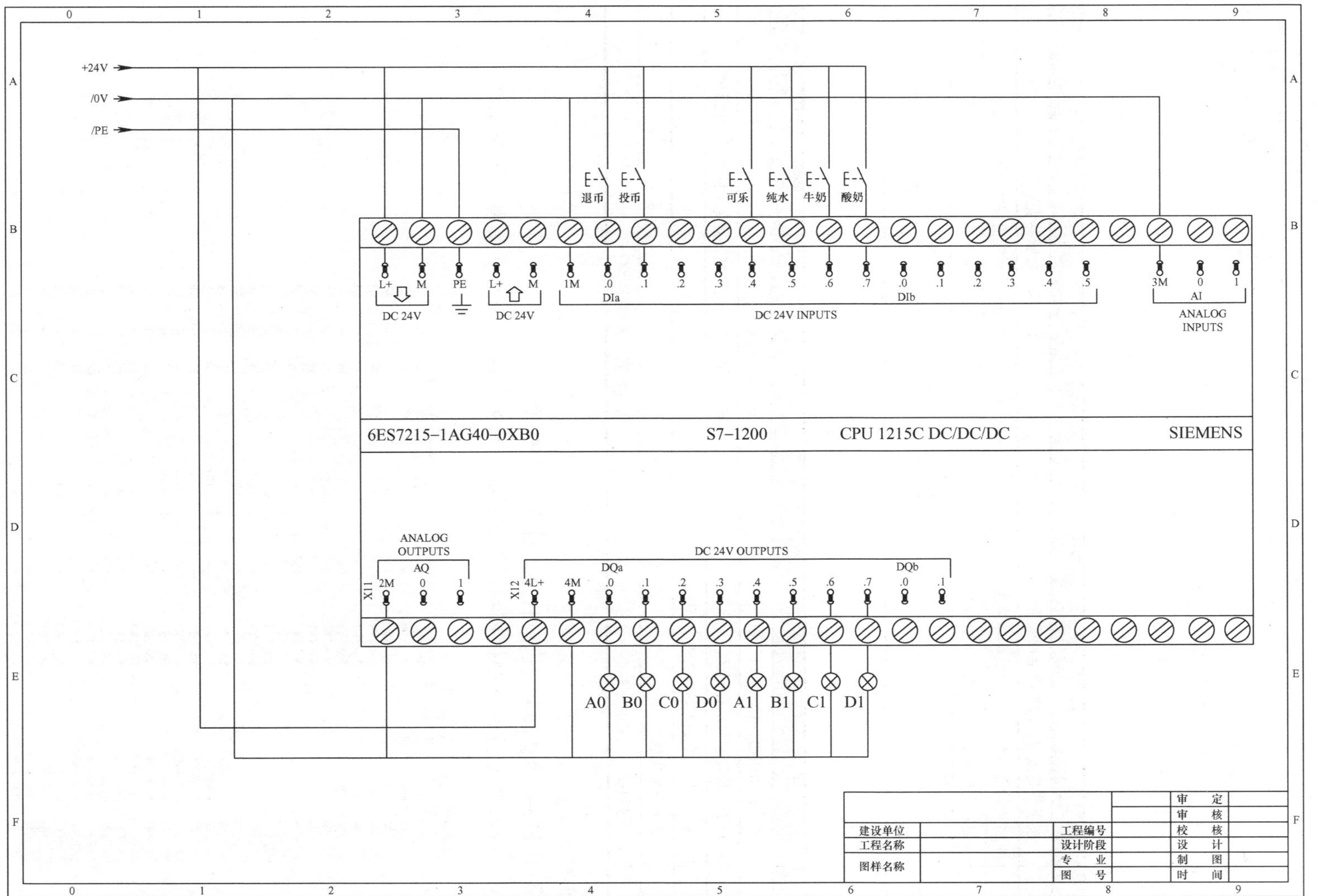

图 5-16 自动售货机投币售货自动显示控制系统接线图

（4）控制逻辑　按照控制要求，货物金额显示与投币显示内容不同。按下货物按钮，按表 5-3 货物单价金额显示对应货物金额；按下投币按钮，显示投币个数。所以本项目需要分为两个重点环节来完成。

扫码查看自动售货机投币售货显示系统控制接线微课

首先，完成货物金额显示的设计，再进行投币次数显示的设计。设计步骤见表 5-6 和表 5-7。

表 5-6　货物金额显示设计步骤

步骤	内容	注意事项
①	按下货物按钮，对货物金额赋值	按钮为一短脉冲信号
②	将货物金额数据传送至显示存储区	各按钮所赋数值按照表 5-3 要求
③	显示存储区中数据转换为 BCD 码	数据区域独立还是重叠复用
④	显示货物金额	选取对应数据显示（显示个位和十位）
⑤	按退币按钮，显示清零	所有数据区域都需清零

表 5-7　投币次数显示设计步骤

步骤	内容	注意事项
①	按下投币按钮，对其进行计数	按钮为一短脉冲信号
②	计数值传送至显示存储区	显示存储区为公用区域，避免不同数据相互干扰
③	显示存储区中数据转换为 BCD 码	
④	显示投币次数	
⑤	按退币按钮，显示清零	所有数据区域都需清零

3. 任务实施

在任务准备的基础上，进行程序设计和系统调试。

（1）输入 PLC 变量　根据控制要求和系统信号列表确定 PLC 变量表，如图 5-17 所示。

PLC 变量

	名称	变量表	数据类型	地址	保持	从 H...	从 H...	在 H...	注释
1	投币	默认变量表	Bool	%I0.1	☐	☑	☑	☑	
2	可乐	默认变量表	Bool	%I0.4	☐	☑	☑	☑	
3	纯水	默认变量表	Bool	%I0.5	☐	☑	☑	☑	
4	牛奶	默认变量表	Bool	%I0.6	☐	☑	☑	☑	
5	酸奶	默认变量表	Bool	%I0.7	☐	☑	☑	☑	
6	退币	默认变量表	Bool	%I0.0	☐	☑	☑	☑	
7	A0	默认变量表	Bool	%Q0.0	☐	☑	☑	☑	
8	B0	默认变量表	Bool	%Q0.1	☐	☑	☑	☑	
9	C0	默认变量表	Bool	%Q0.2	☐	☑	☑	☑	
10	D0	默认变量表	Bool	%Q0.3	☐	☑	☑	☑	
11	A1	默认变量表	Bool	%Q0.4	☐	☑	☑	☑	
12	B1	默认变量表	Bool	%Q0.5	☐	☑	☑	☑	
13	C1	默认变量表	Bool	%Q0.6	☐	☑	☑	☑	
14	D1	默认变量表	Bool	%Q0.7	☐	☑	☑	☑	
15	货物金额	默认变量表	Int	%MW20	☐	☑	☑	☑	
16	显示存储区	默认变量表	Int	%MW22	☐	☑	☑	☑	
17	BCD码存储区	默认变量表	Int	%MW24	☐	☑	☑	☑	
18	BCD码显示存储区	默认变量表	Byte	%MB25	☐	☑	☑	☑	
19	显示输出端口	默认变量表	Byte	%QB0	☐	☑	☑	☑	
20	System_Byte	默认变量表	Byte	%MB1	☐	☑	☑	☑	
21	FirstScan	默认变量表	Bool	%M1.0	☐	☑	☑	☑	
22	DiagStatusUpdate	默认变量表	Bool	%M1.1	☐	☑	☑	☑	
23	AlwaysTRUE	默认变量表	Bool	%M1.2	☐	☑	☑	☑	
24	AlwaysFALSE	默认变量表	Bool	%M1.3	☐	☑	☑	☑	
25	Clock_Byte	默认变量表	Byte	%MB0	☐	☑	☑	☑	
26	Clock_10Hz	默认变量表	Bool	%M0.0	☐	☑	☑	☑	
27	Clock_5Hz	默认变量表	Bool	%M0.1	☐	☑	☑	☑	
28	Clock_2.5Hz	默认变量表	Bool	%M0.2	☐	☑	☑	☑	

图 5-17　自动售货机投币售货自动显示控制系统程序变量表

（2）货物金额显示程序　货物金额显示程序包含了货物金额赋值、数据传送、BCD 码转换、输出和清零功能，如图 5-18 所示。

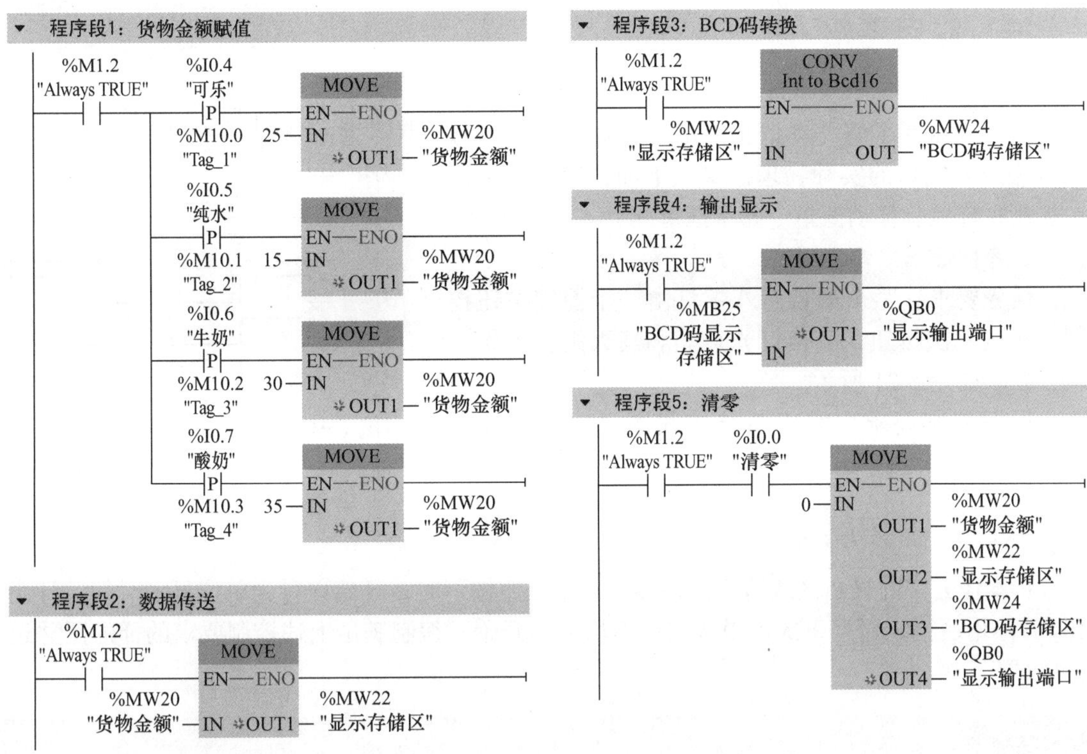

图 5-18　货物金额显示

（3）投币个数显示　投币个数显示可采用计数器指令，如图 5-19 所示。

显示存储区为公用区域，避免不同数据相互干扰，程序段 2 需改造，如图 5-20 所示。

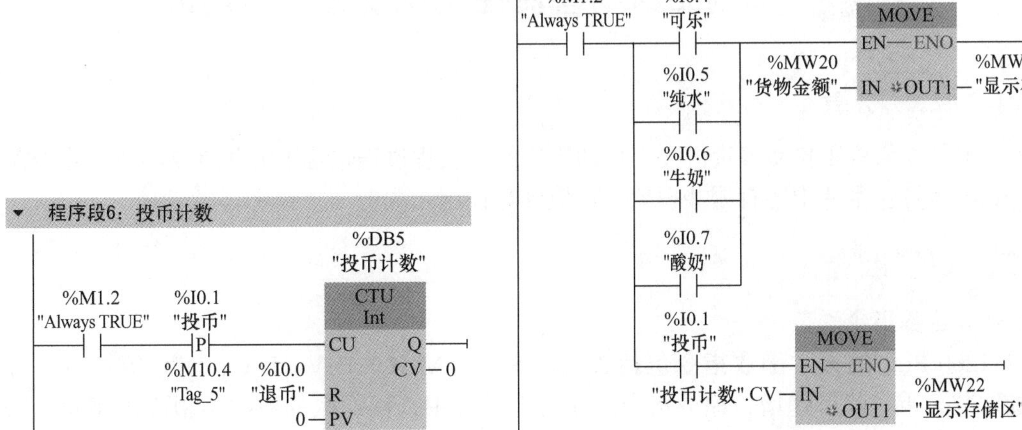

图 5-19　投币个数计数

图 5-20　货物金额和投币次数公用显示存储区

任务实施过程中，及时填写任务工单，记录调试步骤、故障现象及处理过程，客观评价学习结果。

扫码查看投币售货自动显示控制微课

五、应用考核

1. 要点回顾

本任务需要了解移动值指令的工作原理，理解数据类型及各端口的实际物理意义。下面，通过一个简单控制系统检验移动值指令的掌握情况。

2. 考核任务

任务要求：某个舞台有八盏灯由一个控制按钮控制，每按一次按钮，变换灯光点亮和熄灭组合场景一次，要求如图 5-21 所示。

根据控制要求，完成系统接线图、程序设计及调试。

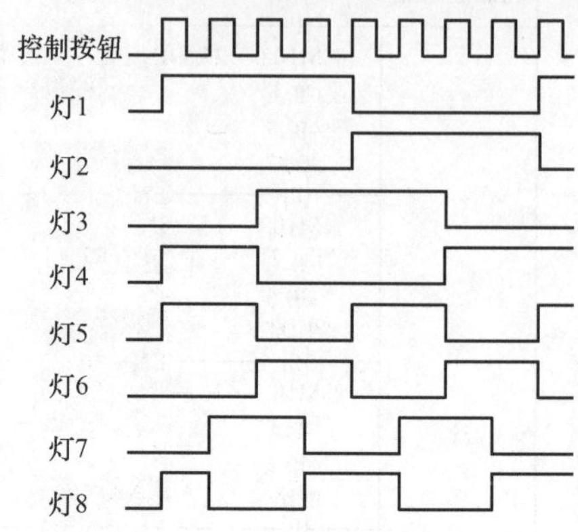

图 5-21　灯光控制逻辑

六、任务拓展

将本任务中的显示区改造为读秒器。投币按钮按下时，开始以秒为单位显示时间。计满 10s 后停止运行，而且每次投币按钮按下均从零开始。编制满足上述控制要求的梯形图并运行调试。

> **提示**
>
> 1）读秒器的时间显示：可以是递增方式，也可以是递减方式；
>
> 2）时间节拍控制：可以自行设计一个 1s 的定时器，也可使用内部时钟脉冲。

任务 2　单物品自动售货控制系统设计与调试

一、应用场景

生活中是如何使用自动售货机实现自动售货的？收货过程包含了哪些重要环节？是否需要进行数学运算？生活中还有哪些现象与数值计算控制相关？

二、知识准备

1. 数学函数指令学习

S7-1200 PLC 的数学函数指令包括 ADD、SUB、MUL、DIV、INC、DEC 等指令，分别是加、减、乘、除、递增、递减指令。在运算过程中，操作数的数据类型应该相同。操作数的数据类型可选 SInt、Int、Dint、USInt 及 Real。

注意

在执行数学函数指令时，需要关注参与运算的源操作数和运算结果的目标操作数的数据存储空间。

在博途组态软件中，数学函数指令可以通过右边指令窗口“基本指令”→“数学函数”中直接添加，如图 5-22 所示。常见数学函数指令及其参数说明见表 5-8。

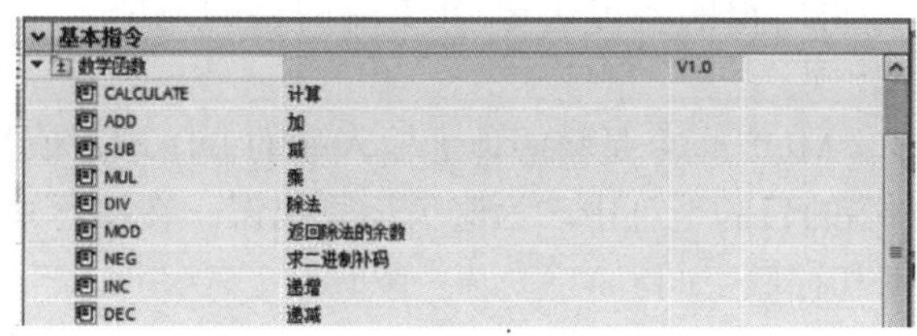

图 5-22 博途软件中的部分数学函数指令

表 5-8 数学函数指令及其参数说明

指令	功能	参数	数据类型	存储区	说明
ADD ??? EN ENO IN1 OUT IN2	OUT=IN1+IN2	EN	Bool	I、Q、M、D、L	使能输入
SUB Auto (???) EN—ENO IN1 OUT IN2	OUT=IN1–IN2	ENO	Bool	I、Q、M、D、L	使能输出
MUL Auto (???) EN—ENO IN1 OUT IN2	OUT=IN1 × IN2	IN1、IN2	SInt，Int，DInt，USInt，UInt，UDInt，Real，LReal，常数	I、Q、M、D、L、常数	源地址
DIV Auto (???) EN—ENO IN1 OUT IN2	OUT=IN1/IN2	OUT1	SInt，Int，DInt，USInt，UInt，UDInt，Real，LReal	I、Q、M、D、L	目的地址

（1）ADD（加法）指令　当使能输入端 EN 的状态为“1”时，启动指令，将源地址的 IN1 端数值与 IN2 端数值相加并传送至 OUT 端的目的地址中。通过 ADD 指令框中的“<？？？>”下拉列表，可选择该指令的数据类型，如图 5-23 所示。

在初始状态，指令框中包含 2 个源地址输入端（IN1 和 IN2），可以单击图标扩展输入源地址输入端数目，在功能框中按升序对插入的源地址输入端进行编号，在执行 ADD 指令时，将所有源地址输入端的数值相加，并将求得的和存储在输出端 OUT 的目的地址中。

根据参数说明，只有在使能输入端EN的信号状态为“1”时才能执行加法ADD指令，此时使能输出端ENO的信号状态也为“1”。有下列情况之一，则ENO的信号状态为“0”。

① 使能输入端EN的信号状态为“0”。

② 指令结果超出OUT指定数据类型的允许范围。

③ 浮点数具有无效数值。

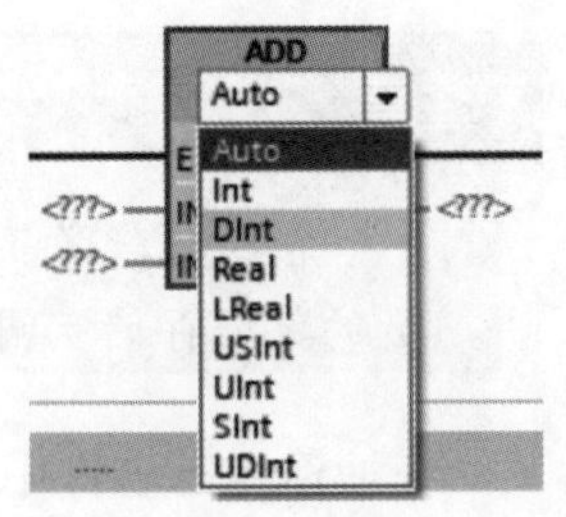

图5-23　选择数据类型

（2）SUB（减法）指令　SUB指令是将源地址输入端的IN1端数值与IN2端数值相减，并将所得的差传送至OUT端的目的地址中。相关参数与ADD指令相同。

（3）MUL（乘法）指令　MUL指令是将源地址输入端的IN1端数值与IN2端数值相乘，并将所得的积传送至OUT端的目的地址中。为避免运算错误，在执行乘法时需关注乘积数值是否超出数值的表示范围和存储空间。

（4）DIV（除法）指令和MOD（返回除法余数）指令　除法分为DIV（除法）指令和MOD（返回除法余数）指令，前者是将运算结果的商传送至OUT端的目的地址中，而后者是将运算结果的余数传送至OUT端的目的地址中。需要注意的是，MOD指令只有在整数相除时才能应用。

（5）INC（递增）指令　使用INC指令，将参数IN/OUT中的操作数的值加1，递增指令及参数说明见表5-9。

表5-9　INC指令及参数说明

LAD	参数	数据类型	说明
INC ??? EN—ENO IN/OUT	EN	Bool	允许输入
	ENO	Bool	允许输出
	IN/OUT	Int	要递增的值

（6）DEC（递减）指令　使用DEC指令，将参数IN/OUT中的操作数的值减1，递减指令及参数说明见表5-10。

表5-10　DEC指令及参数说明

LAD	参数	数据类型	说明
DEC ??? EN—ENO IN/OUT	EN	Bool	允许输入
	ENO	Bool	允许输出
	IN/OUT	Int	要递减的值

2. 任务热身

数学函数指令应用举例：8个小灯从一端向另一端依次亮1s，循环往复。
控制要求：初始状态为8个小灯全部熄灭。按下按钮1，I0.0闭合，第一个小灯亮起，1s后第一个小灯熄灭同时第二个小灯亮起，以此类推直至最后一个小灯亮起后熄灭，再从第一个小灯开始，循环往复。I0.0断开，恢复初始状态。

（续）

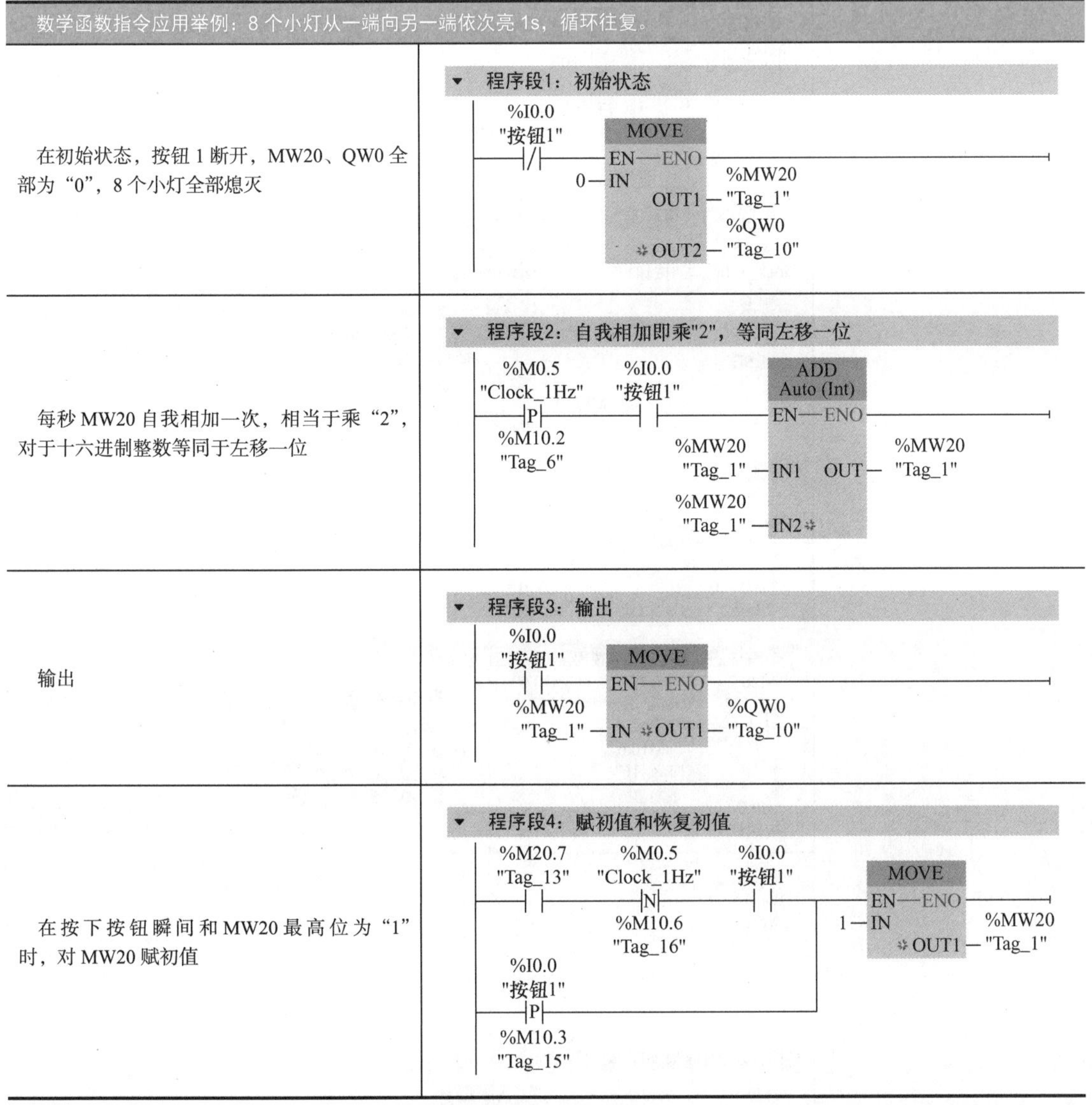

数学函数指令应用举例：8 个小灯从一端向另一端依次亮 1s，循环往复。	
在初始状态，按钮 1 断开，MW20、QW0 全部为“0”，8 个小灯全部熄灭	程序段1：初始状态
每秒 MW20 自我相加一次，相当于乘“2”，对于十六进制整数等同于左移一位	程序段2：自我相加即乘"2"，等同左移一位
输出	程序段3：输出
在按下按钮瞬间和 MW20 最高位为“1”时，对 MW20 赋初值	程序段4：赋初值和恢复初值

程序下载到 PLC 中，打开监控功能进行程序调试。程序的初始在线状态如图 5-24 所示。

按下按钮后，接通起动信号 I0.0，MW20 赋初值“1”，并输出至 QW0，第一个小灯亮起，每隔 1s MW20 自我相加一次，即 1→2→4→8→16→32→64→128→256，并传送至输出端，对应 Q0.0 至 Q1.7 依次输出“1”，实现小灯左移一位，如图 5-25 所示。仿真软件的 SIM 表监控状态如图 5-26 所示。

在按下按钮的时刻，也要对 MW20 赋初值启动系统。同样，当 MW20 最高位为“1”时，对 MW20 赋初值，实现循环，如图 5-27 所示。

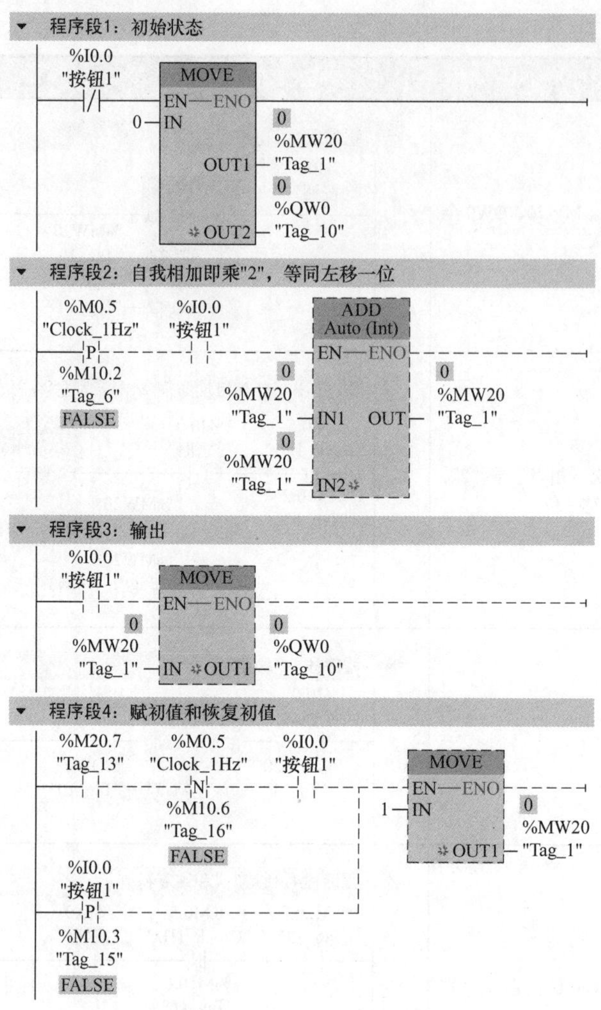

图 5-24　任务热身示例程序初始在线状态

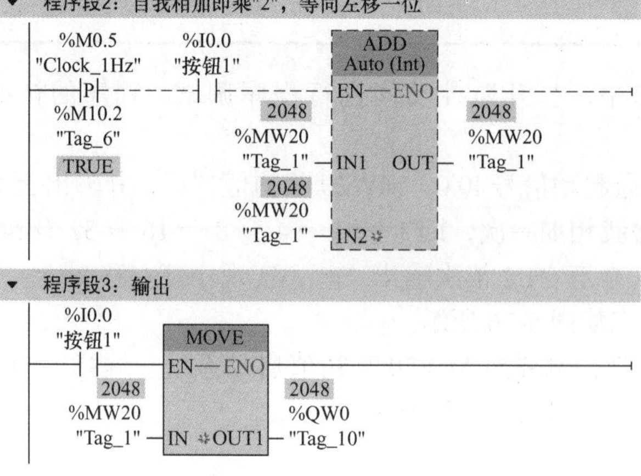

图 5-25　任务热身示例程序运行状态

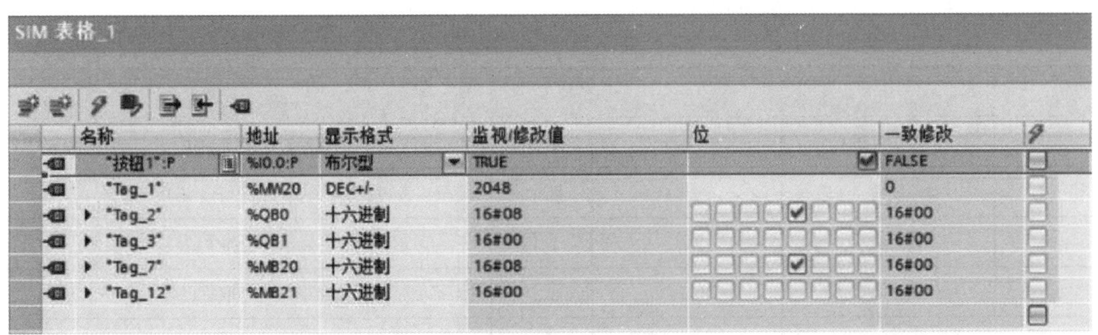

SIM 表格_1

名称	地址	显示格式	监视/修改值	位	一致修改
"按钮1":P	%I0.0:P	布尔型	TRUE	☑	FALSE
"Tag_1"	%MW20	DEC+/-	2048		0
"Tag_2"	%QB0	十六进制	16#08	□□□□☑□□□	16#00
"Tag_3"	%QB1	十六进制	16#00	□□□□□□□□	16#00
"Tag_7"	%MB20	十六进制	16#08	□□□□☑□□□	16#00
"Tag_12"	%MB21	十六进制	16#00	□□□□□□□□	16#00

图 5-26　仿真软件的 SIM 表监控

程序段4：赋初值和恢复初值

%M20.7 "Tag_13"　%M0.5 "Clock_1Hz" N %M10.6 "Tag_16" FALSE　%I0.0 "按钮1"　MOVE EN ENO 1 IN OUT1 %MW20 "Tag_1" 1

%I0.0 "按钮1" P %M10.3 "Tag_15" TRUE

图 5-27　任务热身示例程序运行赋初值

三、在线学习及自评测试

四、任务实践

1. 控制要求描述

某单物品自动售货控制系统要求如下：

1）按下投币按钮 1 角、5 角、1 元，数码显示投币金额为 01、05、10。

2）显示金额减去所买货物金额后，数码显示余额，可以一次多买，直到金额不足，灯 L1 以 1Hz 频率闪烁，持续 2s，提示当前余额不足。

3）当投币余额不足时，如果继续投币则可连续购买。

4）投币金额超过 10 元，数码显示低两位，但可以继续购物。

5）购物 4s 后，如果没有再操作，则取物口灯亮，10s 后取物口灯灭，有余额则退币口灯亮。

6）如不买货物，按退币按钮，则退出全部金额，数码显示为零，退币口灯亮，10s 后退币口灯灭。

2. 任务准备

（1）设备清单　设备清单见表 5-11。

表 5-11　设备清单

序号	设备名称	型号	数量	备注
1	S7-1200 PLC	CPU 1215C	1 台	S7-1200 PLC 均可
2	按钮		8 个	货物 4 个，投币 3 个，退币 1 个
3	数码显示		2 个	显示十位和个位
4	信号灯	DC 24V	3 个	L1 灯、退币口、取货口各 1 个
5	DC 24V 电源		1 个	输出负载供电
6	导线		若干	

（2）I/O 设置　将归纳出的输入 / 输出设备进行 PLC 控制的 I/O 设置，见表 5-12。

表 5-12　I/O 设置

设备 / 信号类型	设备名称	信号地址
输入	退币按钮	I0.0
	投币按钮（1 角）	I0.1
	投币按钮（5 角）	I0.2
	投币按钮（1 元）	I0.3
	购货按钮（可乐）	I0.4
	购货按钮（纯水）	I0.5
	购货按钮（牛奶）	I0.6
	购货按钮（酸奶）	I0.7
输出	信号灯 L1	Q2.0
	退币口	Q2.1
	取物口	Q2.2
	A0	Q0.0
	B0	Q0.1
	C0	Q0.2
	D0	Q0.3
	A1	Q0.4
	B1	Q0.5
	C1	Q0.6
	D1	Q0.7

（3）系统接线图　单物品自动售货控制系统接线图如图 5-28 所示。

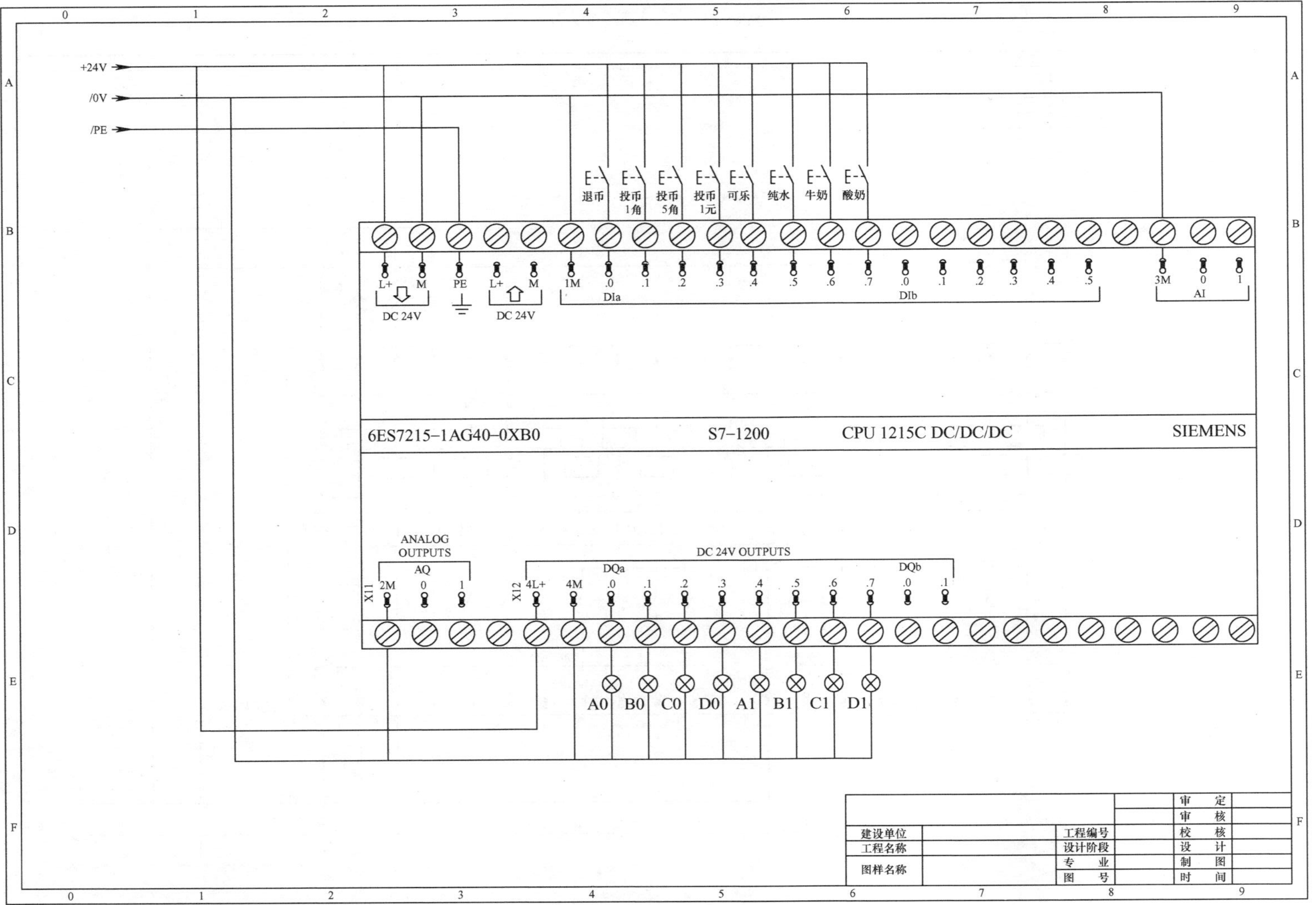

图 5-28 单物品自动售货控制系统接线图

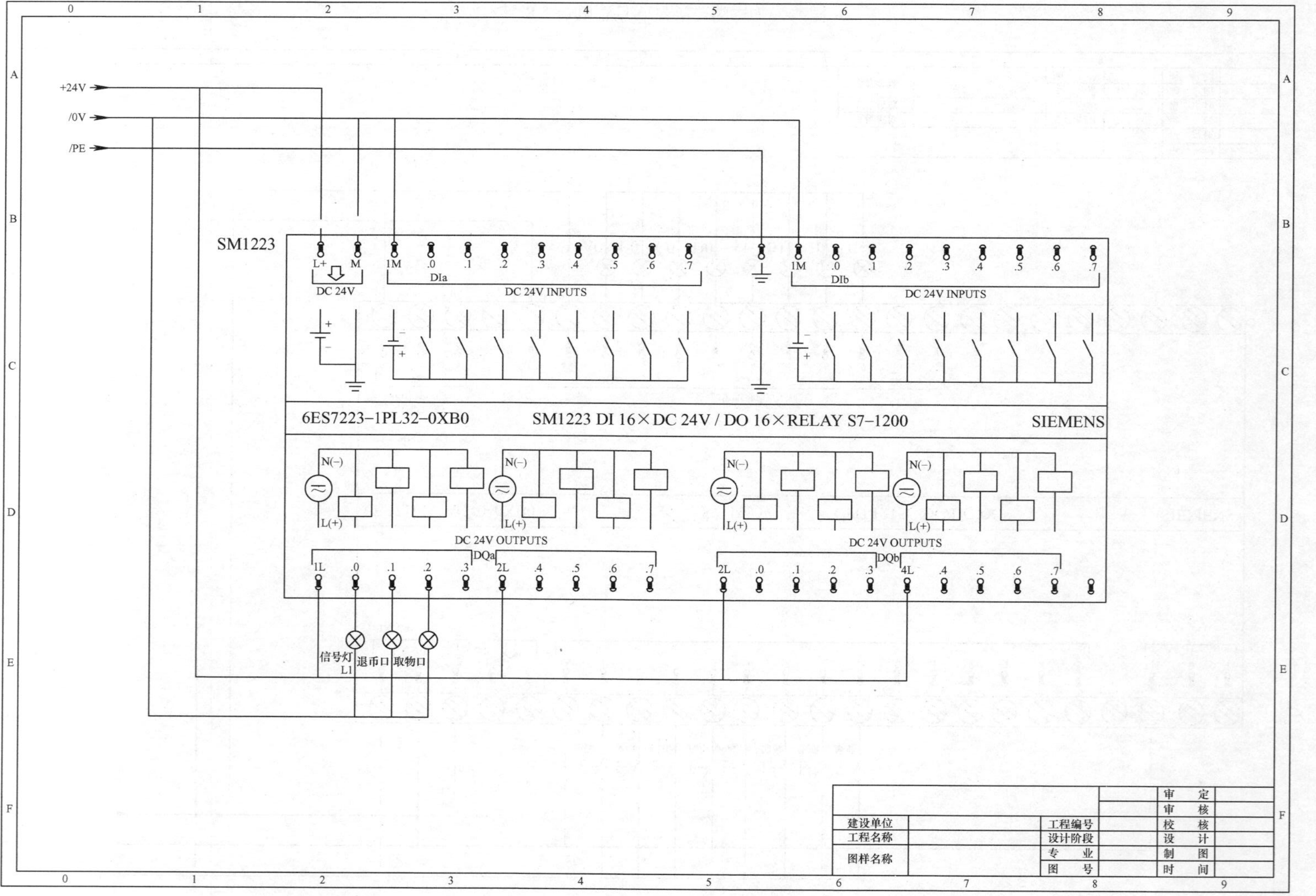

图 5-28　单物品自动售货控制系统接线图（续）

（4）控制逻辑　上一个任务中，已经可以通过按钮实现货物金额和投币次数的显示。在自动售货机的控制过程中，还需完成不同币值货币的投入金额与货物金额的计算、货物售出、剩余钱币退还和信号灯提示。其中控制要点包括如下几个方面：

扫码查看单物品自动售货控制系统接线微课

1）每投一枚钱币，按其币值对已投币金额进行累加。

2）每选购一货物，如果已投币金额大于等于选购货物单价，则在已投币金额中减去货物金额，并售出货物；如果已投币金额小于选购货物单价，则灯 L1 闪烁指示投币不足，2s 内可再投币继续购物。

3）购物 4s 后，如果没有再操作，则取物口灯亮，若有余额则退币口灯亮。取物口打开后 10s 取物口关闭。

4）如不买货物，按退币按钮，则退出全部金额，数码显示为零，退币口打开，10s 后退币口关闭。

3. 任务实施

（1）输入 PLC 变量　根据控制要求和系统信号列表确定 PLC 变量表，如图 5-29 所示。

PLC 变量

	名称	变量表	数据类型	地址	保持	从 H...	从 H...	在 H...	注释
1	1角	默认变量表	Bool	%I0.1	☐	☑	☑	☑	
2	5角	默认变量表	Bool	%I0.2	☐	☑	☑	☑	
3	1元	默认变量表	Bool	%I0.3	☐	☑	☑	☑	
4	可乐	默认变量表	Bool	%I0.4	☐	☑	☑	☑	
5	纯水	默认变量表	Bool	%I0.5	☐	☑	☑	☑	
6	牛奶	默认变量表	Bool	%I0.6	☐	☑	☑	☑	
7	酸奶	默认变量表	Bool	%I0.7	☐	☑	☑	☑	
8	退币	默认变量表	Bool	%I0.0	☐	☑	☑	☑	
9	L1	默认变量表	Bool	%Q2.0	☐	☑	☑	☑	
10	退币口	默认变量表	Bool	%Q2.1	☐	☑	☑	☑	
11	取物口	默认变量表	Bool	%Q2.2	☐	☑	☑	☑	
12	A0	默认变量表	Bool	%Q0.0	☐	☑	☑	☑	
13	B0	默认变量表	Bool	%Q0.1	☐	☑	☑	☑	
14	C0	默认变量表	Bool	%Q0.2	☐	☑	☑	☑	
15	D0	默认变量表	Bool	%Q0.3	☐	☑	☑	☑	
16	A1	默认变量表	Bool	%Q0.4	☐	☑	☑	☑	
17	B1	默认变量表	Bool	%Q0.5	☐	☑	☑	☑	
18	C1	默认变量表	Bool	%Q0.6	☐	☑	☑	☑	
19	D1	默认变量表	Bool	%Q0.7	☐	☑	☑	☑	
20	投币不足	默认变量表	Bool	%M2.0	☐	☑	☑	☑	
21	有取物	默认变量表	Bool	%M2.1	☐	☑	☑	☑	
22	已投币金额	默认变量表	Int	%MW20	☐	☑	☑	☑	

图 5-29　单物品自动售货控制系统程序变量表

（2）投币金额累加计算　在已投币金额存储区中累加所投币金额，如图 5-30 所示。

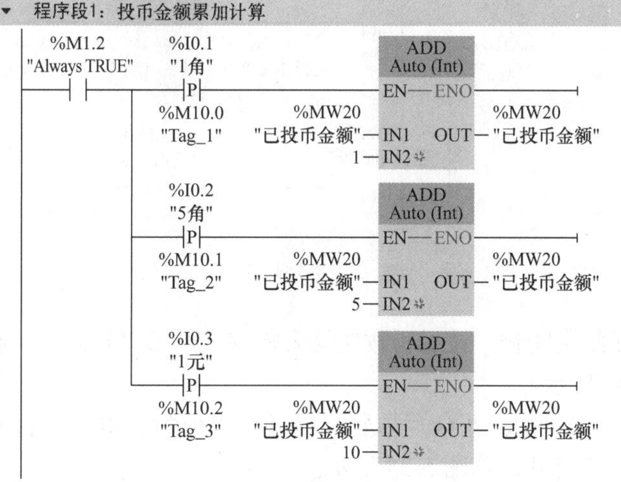

图 5-30　投币金额累加计算控制程序

（3）选购货物金额扣除计算　按下所选货物按钮，当前投币金额大于等于所选货物金额时，在已投币金额中减去所选货币金额并对有货物信号置位，否则对投币不足信号置位，如图 5-31 所示。

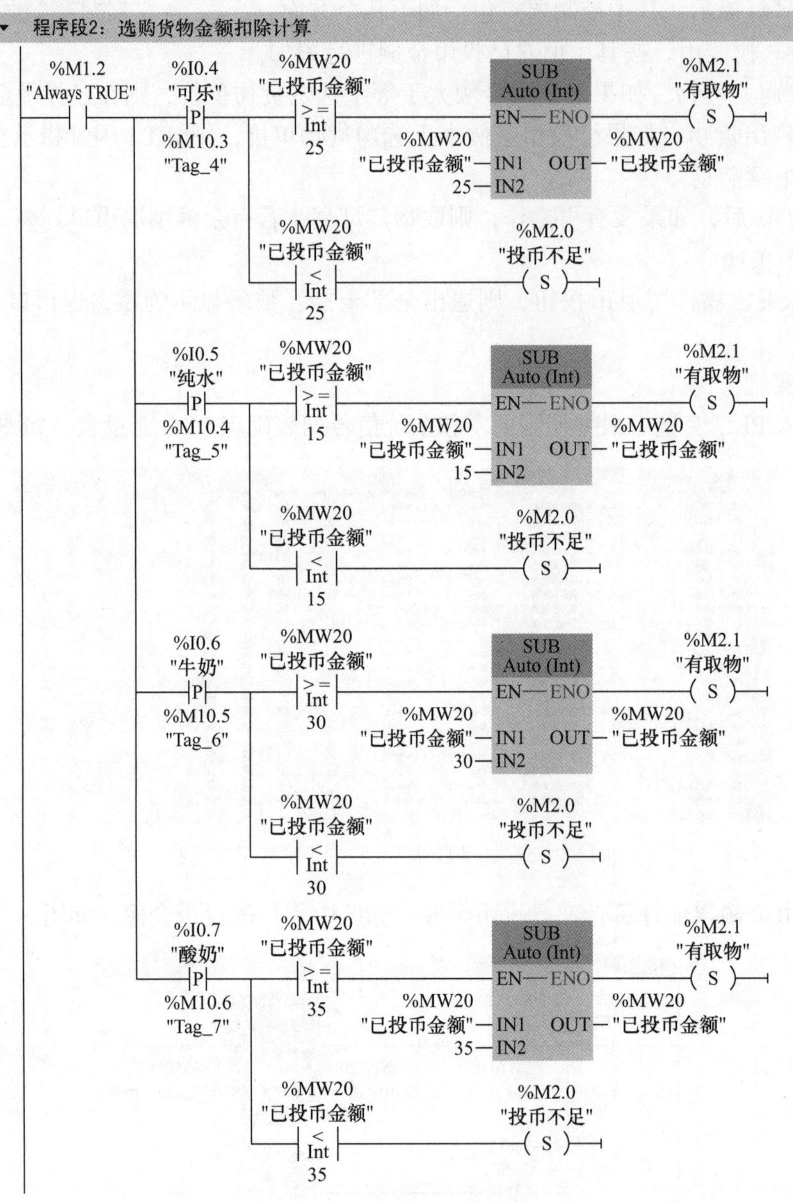

图 5-31　选购货物金额扣除计算控制程序

（4）按退币按钮结束购物　按退币按钮结束购物，退币口打开，取物口关闭，投币金额显示清零，如图 5-32 所示。

（5）取货和退币　购物成功 4s 后取物口打开可以取货；退币口打开可以退还余额，如果余额为零，退币口不打开，如图 5-33 所示。

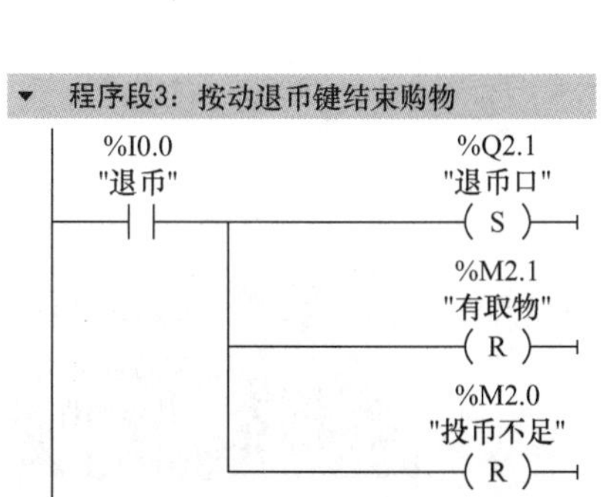

图 5-32 按退币按钮结束购物控制程序

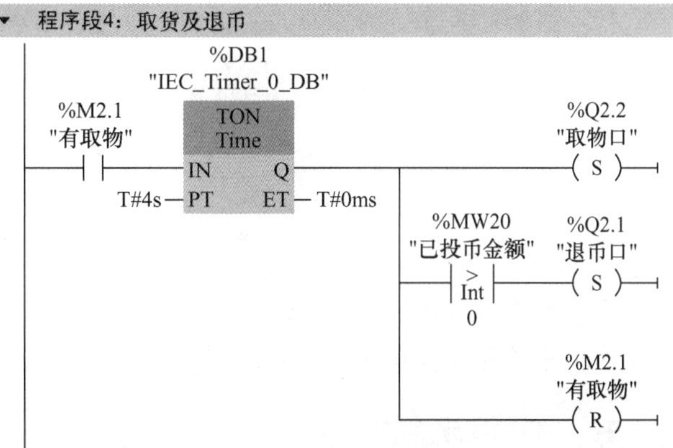

图 5-33 取货和退币控制程序

（6）投币金额不足 投币金额不足时，信号灯闪烁指示 2s，如图 5-34 所示。

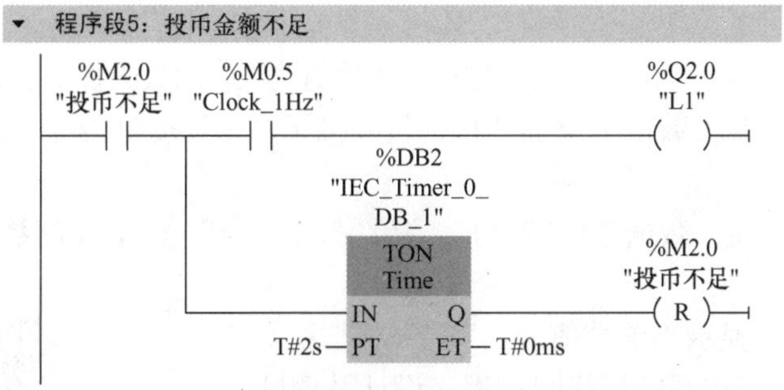

图 5-34 投币金额不足控制程序变量表

（7）退币口、取货口定时关闭 退币口打开 10s 后关闭，取货口打开 10s 后关闭，如图 5-35 所示。

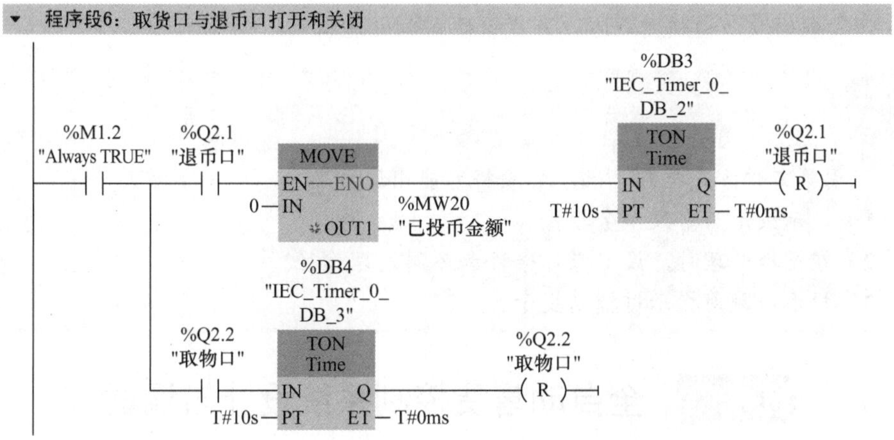

图 5-35 退币口、取货口定时关闭控制程序

（8）显示当前金额 将当前投币金额变换为 BCD 码传送至显示区输出，如图 5-36 所示。

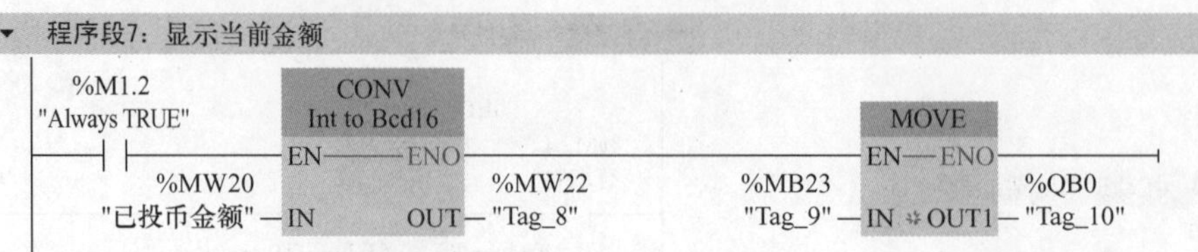

图 5-36　显示当前金额控制程序

任务实施过程中，及时填写任务工单，记录调试步骤、故障现象及处理过程，客观评价学习结果。

五、应用考核

1. 要点回顾

本任务需要详细了解数学函数指令的工作原理，对运算的功能、引脚说明、数据类型等均要熟记于心。对于之前所学指令也要能够灵活综合应用。

2. 考核任务

任务要求：现场有“+”和“-”两个按钮用于数值输入，两数码管用于显示，控制逻辑如下：

1）按下“+”按钮，数值个位加“1”，持续按下“+”按钮 3s 后数值十位每秒加“1”，直至“99”止。

2）按下“-”按钮，数值个位减“1”，持续按下“-”按钮 3s 后数值十位每秒减“1”，直至“0”止。

3）没有操作时，显示当前数值。

根据控制要求，完成系统接线图、程序设计及调试。

扫码查看数值输入和显示控制仿真微课

六、任务拓展

实际的自动售货机控制除了先投币后挑选货物、再取货退币的方式，还有先挑选货物后投币、再取货退币的方式。如果采用第二种方式控制，PLC 程序该如何调整？

将货物金额和投币金额加减运算方式直接对调处理就可以吗？

提示

采用第二种方式控制，投币余额将可能出现负数。

1）显示设定为需投币金额。

2）在投币处理时，设定操作条件和不同处理途径。

3）投币余额用指示灯辅助提示。

任务 3　全自动售货控制系统设计与调试

一、应用场景

用币值相对较小的硬币在自动售货机上选购价值较高的物品，需要多次投币才能完成，操作起来会很不方便，如果能应用面值相对较大的纸币就会方便多了。为此，之后出现的自动售货机通常可以接受面值相对较大的纸币。纸币的币值种类较多，纸币存储、出入库和鉴定真伪都需要专门设备，增加了控制难度。对于自动售货机，在电子收费方式出现之前，使用纸币是主导支付方式。

二、知识准备

1. 数学函数指令学习

S7-1200 PLC 的数学函数指令除包含 ADD、SUB、MUL、DIV 等指令外，还包括计算（CALCULATE）、二次方（SQR）、二次方根（SQRT）等复杂的运算指令，在运算过程中，操作数的数据类型均为浮点数。博途组态软件支持的数学函数指令如图 5-37 所示。

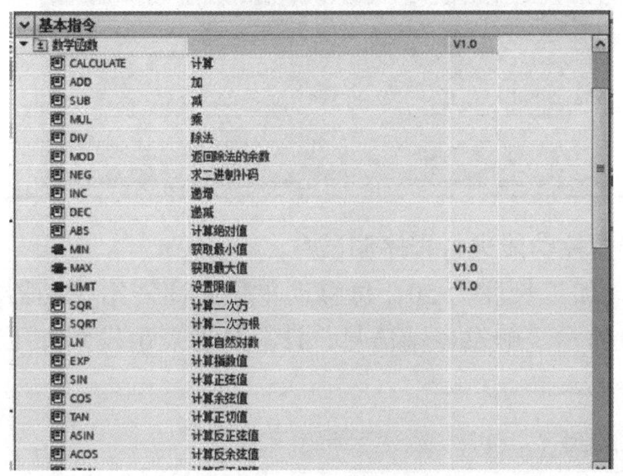

图 5-37 博途软件中的数学函数指令

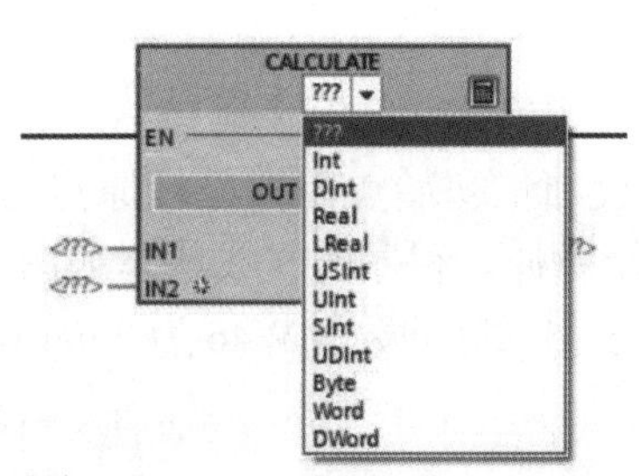

图 5-38 CALCULATE 指令

CALCULATE 指令可以执行用户自定义函数表达式。指令可以从博途组态软件右边指令窗口“基本指令”→“数学函数”中直接添加，双击 CALCULATE 指令即可。未组态的 CALCULATE 指令提供了两个输入参数和一个输出参数。单击图标可扩展输入参数数目，在指令框中的“???”下拉列表中选择该指令的数据类型，如图 5-38 所示。

单击图标弹出编辑计算对话框，编辑函数表达式，如图 5-39 所示。函数表达式可以是算数运算也可以是复杂运算，还可以是逻辑运算，但不能出现常数。输入、输出数据类型应保持一致。

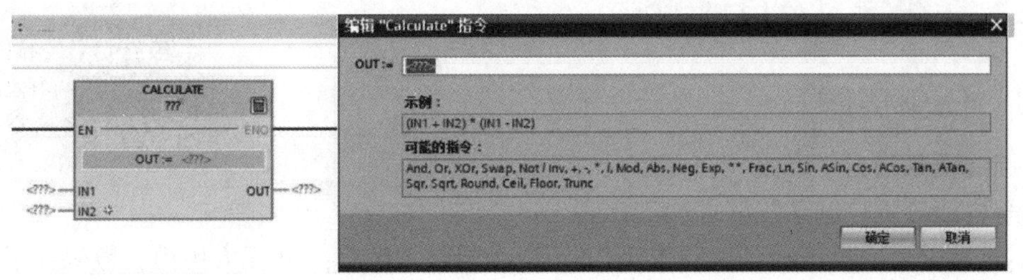

图 5-39 编辑函数表达式

2. 任务热身

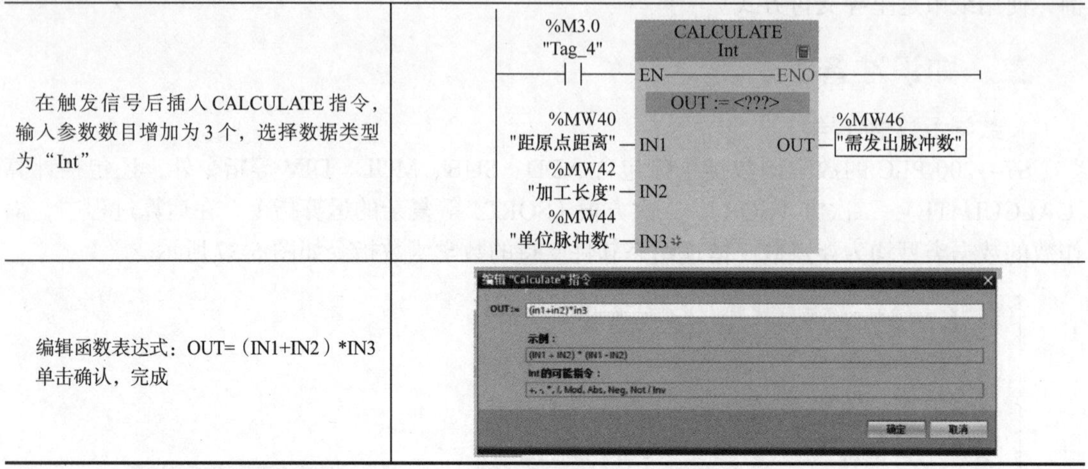

CALCULATE 指令应用举例：计算移动脉冲数。	
控制要求：设加工初始点与坐标原点的距离为 X，加工长度为 Y，每移动单位距离需给驱动器发出 C 个脉冲。计算从原点出发到加工末端需要发出的脉冲数。	
在触发信号后插入 CALCULATE 指令，输入参数数目增加为 3 个，选择数据类型为“Int”	%M3.0 "Tag_4" CALCULATE Int EN ENO OUT := <???> %MW40 "距原点距离" IN1 %MW42 "加工长度" IN2 %MW44 "单位脉冲数" IN3 OUT %MW46 "需发出脉冲数"
编辑函数表达式：OUT=（IN1+IN2）*IN3 单击确认，完成	编辑 "Calculate" 指令 OUT := (in1+in2)*in3 示例：(IN1 + IN2) * (IN1 - IN2) Int 的可能指令：+, -, *, /, Mod, Abs, Neg, Not / Inv 确定 取消

完成程序之后下载到 PLC 中，打开监控功能进行程序调试。

设加工初始点距离坐标原点为 40，加工长度为 50，每移动单位距离需给驱动器发出 256 个脉冲。程序的在线状态如图 5-40 所示。触发启动信号，计算从原点出发到加工末端需要发出的脉冲数 MW46 为 23040。

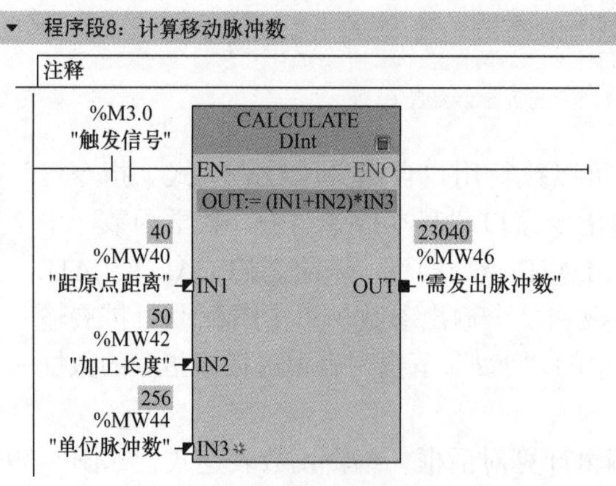

图 5-40　计算移动脉冲数程序监控状态

三、在线学习及自评测试

扫码检测学习效果并查看参考答案

四、任务实践

1. 控制要求描述

某全自动售货控制系统要求如下：

1）通过投币口投币，可识别 1 元、5 元、10 元、20 元、50 元人民币，数码显示投币金额为 01、05、10、20、50，投币金额最多为 99 元。

2）钱币输入采用按钮复用的方式，需要投币按钮与“+”“-”三个按钮配合使用。“+”或“-”按钮选择币值，投币按钮确认投币。按钮复用输入方式在手持设备的操作经常被采用，如变频器的控制面板。

3）所售货物名称及货物单价金额见表5-13。购买货物后显示金额减去所买货物金额，数码显示余额，可以一次多买，直到金额不足，灯L1闪烁2s提示当前余额不足。

表5-13 所售货物名称及货物单价金额

货物名称	薯片	饼干	巧克力	干果
货物单价金额	8元	10元	12元	15元

4）当投币余额不足时，如果继续投币，则可连续购买。

5）购物4s后，如果没有再操作，则取物口灯亮，10s后取物口灯灭，有余额则退币口灯亮。

6）不再购买货物后，按退币按钮，则可以退出全部余额。退回金额从大面值货币开始清退，逐一递减。每0.5s退还一张钱币，退币口灯以5Hz频率闪烁作为提示，直至余额到零为止。

2. 任务准备

（1）设备清单 设备清单见表5-14。

表5-14 设备清单

序号	设备名称	型号	数量	备注
1	S7-1200 PLC	CPU 1215C	1台	S7-1200 PLC均可
2	按钮		8个	货物4个，投币3个，退币1个
3	数码显示		2个	显示十位和个位
4	信号灯	DC 24V	3个	L1灯、退币口、取货口各1个
5	DC 24V电源		1个	输出负载供电
6	导线		若干	

（2）I/O设置 将归纳出的输入/输出设备进行PLC控制的I/O设置，见表5-15。

表5-15 I/O设置

设备/信号类型	设备名称	信号地址
输入	退币按钮	I0.0
	“+”按钮	I0.1
	“-”按钮	I0.2
	投币按钮	I0.3
	购货按钮（薯片）	I0.4
	购货按钮（饼干）	I0.5
	购货按钮（巧克力）	I0.6
	购货按钮（干果）	I0.7
输出	信号灯L1	Q2.0
	退币口	Q2.1
	取物口	Q2.2
	A0	Q0.0
	B0	Q0.1
	C0	Q0.2
	D0	Q0.3
	A1	Q0.4
	B1	Q0.5
	C1	Q0.6
	D1	Q0.7

（3）系统接线图 全自动售货控制系统接线图如图5-41所示。

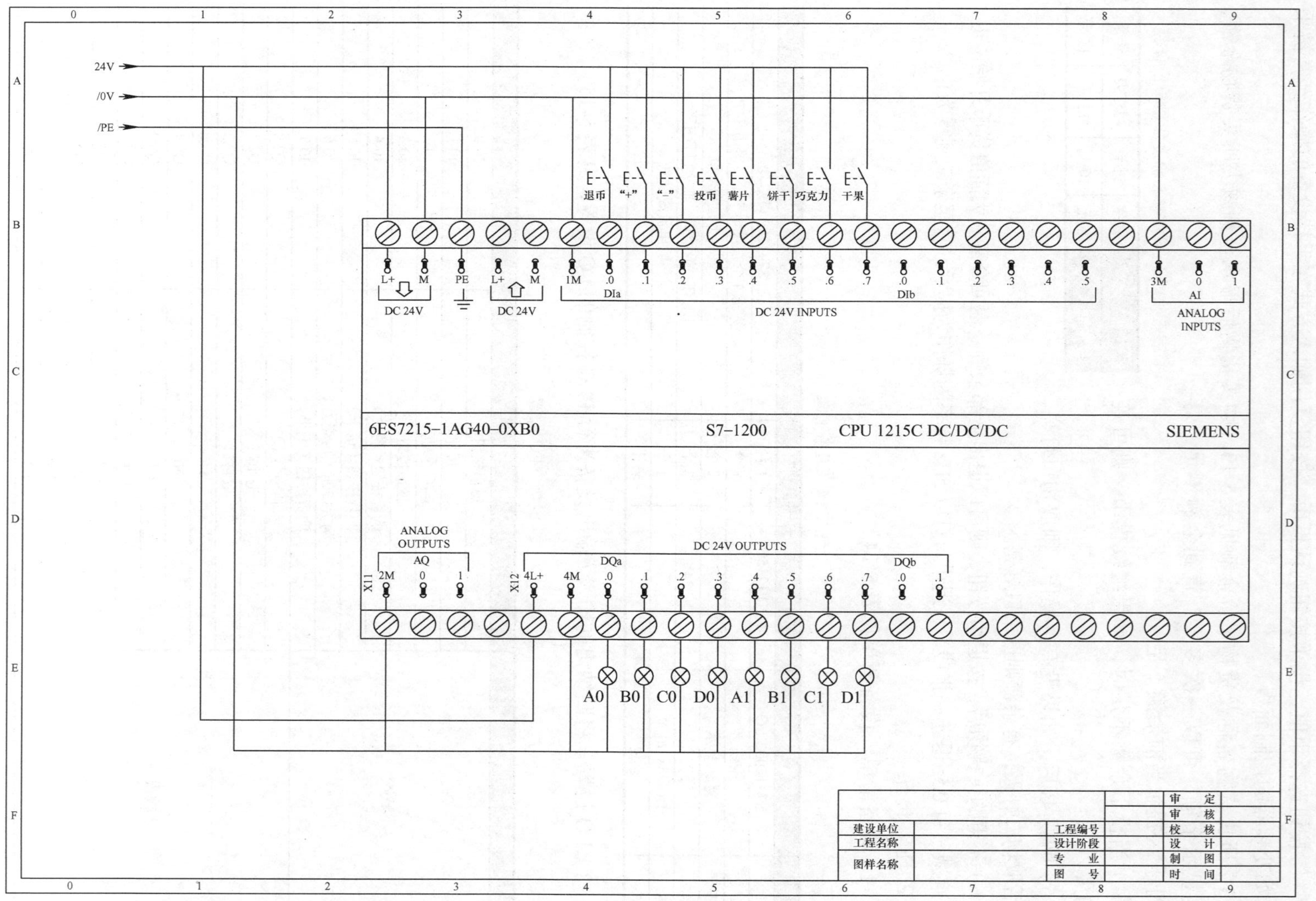

图 5-41　全自动售货控制系统接线图

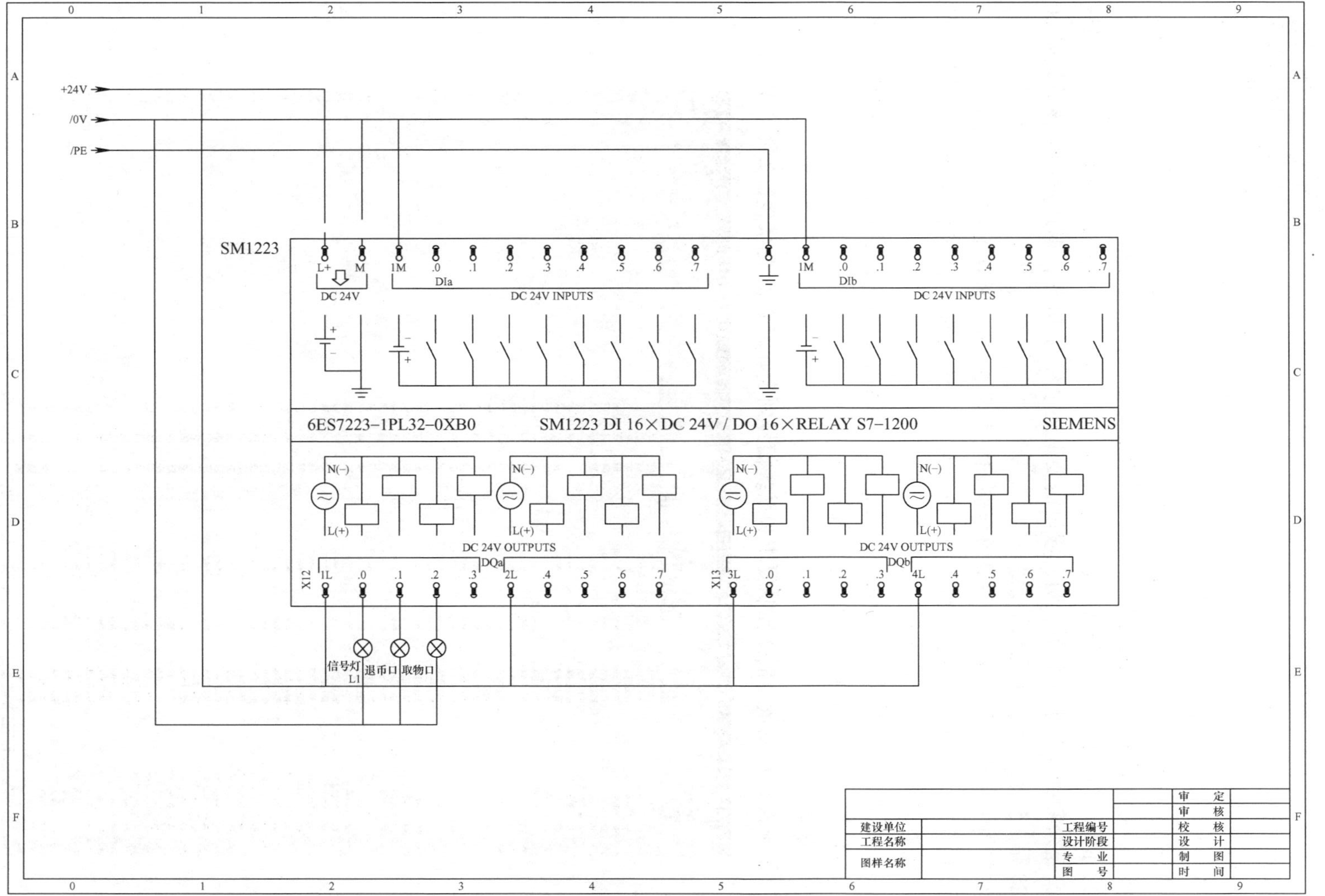

图 5-41 全自动售货控制系统接线图（续）

（4）控制逻辑　本任务的控制要点包括如下几个方面：

扫码查看全自动售货控制系统接线微课

1）模拟钱币投入采用按钮复用的方式。具体的操作是，按下投币按钮并保持，同时按动“+”键或“-”键更换投入钱币币值，待选定所投金额后，抬起投币按钮，即视为投入该货币。投币过程中数码管用于显示投币币值。投币结束后数码管则显示已投钱币金额。增设指示投币币值指针，每一次按动“+”或“-”键，指针递增或递减。由指针数值指示待投币币值，再由投币按钮的边沿采集投币金额计入已投币金额。

2）退币控制要求。退回金额从大面值货币开始清退，逐一递减。每0.5s退还一张钱币，直至余额到零为止。举例说明，假设需要退还金额为48元，退还货币应该分别是20元、20元、5元、1元、1元和1元。

在控制中，按下退币按钮后，退币金额如果大于50元，则退还50元，退币金额减去50元；而20元币值只有在退币金额大于20元且小于50元时，才进行退币核减；其他币值控制以此类推，直至减到零为止。

3）显示通道需要修改为多条件控制的方式。即投币时显示待投币金额，购物和退币时显示当前已投币金额（退币时会随退币递减）。

3. 任务实施

（1）输入PLC变量　根据控制要求和系统信号列表确定PLC变量表，如图5-42所示。

自动售货机任务3自动售货2 ▸ PLC_1 [CPU 1215C DC/DC/DC] ▸ PLC变量

变量 | 用户常量 | 系统常量

PLC变量

	名称	变量表	数据类型	地址	保持	从H…	从H…	在H…	注释
1	"+"	默认变量表	Bool	%I0.1	☐	☑	☑	☑	
2	"-"	默认变量表	Bool	%I0.2	☐	☑	☑	☑	
3	投币	默认变量表	Bool	%I0.3	☐	☑	☑	☑	
4	薯片	默认变量表	Bool	%I0.4	☐	☑	☑	☑	
5	饼干	默认变量表	Bool	%I0.5	☐	☑	☑	☑	
6	巧克力	默认变量表	Bool	%I0.6	☐	☑	☑	☑	
7	干果	默认变量表	Bool	%I0.7	☐	☑	☑	☑	
8	退币	默认变量表	Bool	%I0.0	☐	☑	☑	☑	
9	L1	默认变量表	Bool	%Q2.0	☐	☑	☑	☑	
10	退币口	默认变量表	Bool	%Q2.1	☐	☑	☑	☑	
11	取物口	默认变量表	Bool	%Q2.2	☐	☑	☑	☑	
12	A0	默认变量表	Bool	%Q0.0	☐	☑	☑	☑	
13	B0	默认变量表	Bool	%Q0.1	☐	☑	☑	☑	
14	C0	默认变量表	Bool	%Q0.2	☐	☑	☑	☑	
15	D0	默认变量表	Bool	%Q0.3	☐	☑	☑	☑	
16	A1	默认变量表	Bool	%Q0.4	☐	☑	☑	☑	
17	B1	默认变量表	Bool	%Q0.5	☐	☑	☑	☑	
18	C1	默认变量表	Bool	%Q0.6	☐	☑	☑	☑	
19	D1	默认变量表	Bool	%Q0.7	☐	☑	☑	☑	
20	投币不足	默认变量表	Bool	%M2.0	☐	☑	☑	☑	
21	有取物	默认变量表	Bool	%M2.1	☐	☑	☑	☑	
22	有退币	默认变量表	Bool	%M2.2	☐	☑	☑	☑	
23	退币信号	默认变量表	Bool	%M2.3	☐	☑	☑	☑	
24	投币不足信号	默认变量表	Bool	%M2.4	☐	☑	☑	☑	
25	已投币金额	默认变量表	Int	%MW20	☐	☑	☑	☑	
26	显示存储区	默认变量表	Int	%MW22	☐	☑	☑	☑	
27	BCD码	默认变量表	Int	%MW24	☐	☑	☑	☑	
28	BCD码显示	默认变量表	Byte	%MB25	☐	☑	☑	☑	
29	输出显示	默认变量表	Byte	%QB0	☐	☑	☑	☑	
30	待投币金额	默认变量表	Int	%MW40	☐	☑	☑	☑	
31	投币指示	默认变量表	Int	%MW42	☐	☑	☑	☑	
32	System_Byte	默认变量表	Byte	%MB1	☐	☑	☑	☑	
33	FirstScan	默认变量表	Bool	%M1.0	☐	☑	☑	☑	
34	DiagStatusUpdate	默认变量表	Bool	%M1.1	☐	☑	☑	☑	
35	AlwaysTRUE	默认变量表	Bool	%M1.2	☐	☑	☑	☑	
36	AlwaysFALSE	默认变量表	Bool	%M1.3	☐	☑	☑	☑	
37	Clock_Byte	默认变量表	Byte	%MB0	☐	☑	☑	☑	
38	Clock_10Hz	默认变量表	Bool	%M0.0	☐	☑	☑	☑	
39	Clock_5Hz	默认变量表	Bool	%M0.1	☐	☑	☑	☑	
40	Clock_2.5Hz	默认变量表	Bool	%M0.2	☐	☑	☑	☑	
41	Clock_2Hz	默认变量表	Bool	%M0.3	☐	☑	☑	☑	
42	Clock_1.25Hz	默认变量表	Bool	%M0.4	☐	☑	☑	☑	
43	Clock_1Hz	默认变量表	Bool	%M0.5	☐	☑	☑	☑	
44	Clock_0.625Hz	默认变量表	Bool	%M0.6	☐	☑	☑	☑	
45	Clock_0.5Hz	默认变量表	Bool	%M0.7	☐	☑	☑	☑	
46	Tag_1	默认变量表	Bool	%M10.1	☐	☑	☑	☑	
47	Tag_2	默认变量表	Bool	%M10.2	☐	☑	☑	☑	
48	Tag_3	默认变量表	Bool	%M10.3	☐	☑	☑	☑	
49	Tag_4	默认变量表	Bool	%M10.4	☐	☑	☑	☑	
50	Tag_5	默认变量表	Bool	%M10.5	☐	☑	☑	☑	
51	Tag_6	默认变量表	Bool	%M10.6	☐	☑	☑	☑	
52	Tag_7	默认变量表	Bool	%M10.7	☐	☑	☑	☑	
53	Tag_8	默认变量表	Bool	%M11.0	☐	☑	☑	☑	
54	Tag_9	默认变量表	Bool	%M11.1	☐	☑	☑	☑	
55	Tag_10	默认变量表	Bool	%M11.2	☐	☑	☑	☑	
56	<新增>				☐	☑	☑	☑	

图5-42　PLC变量表

（2）投币指示清零　按下投币按钮，对投币指示和待投币金额清零，如图 5-43 所示。

（3）投币选择指示　按动“+”或“-”，对投币指示做递增或递减运算，如图 5-44 所示。

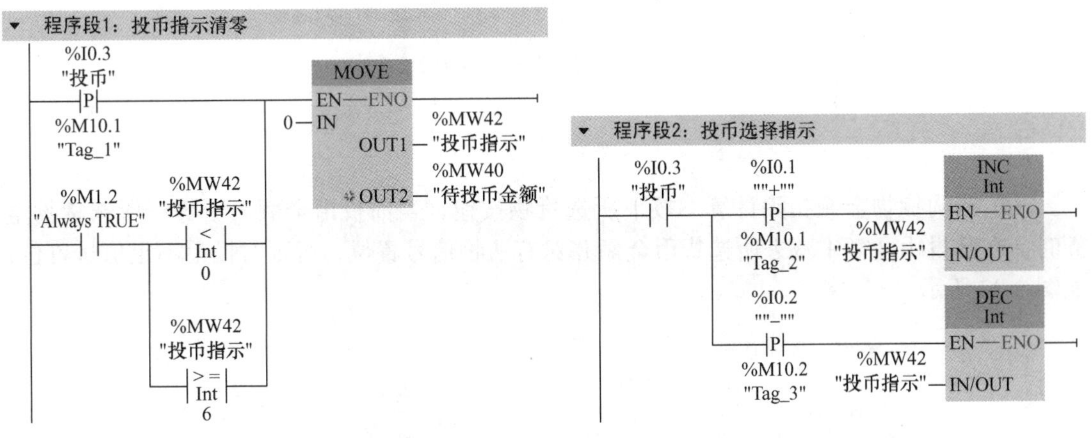

图 5-43　投币指示清零

图 5-44　投币选择指示

（4）待投币金额选择　根据投币指示数值对待投币金额赋予不同数值，如图 5-45 所示。

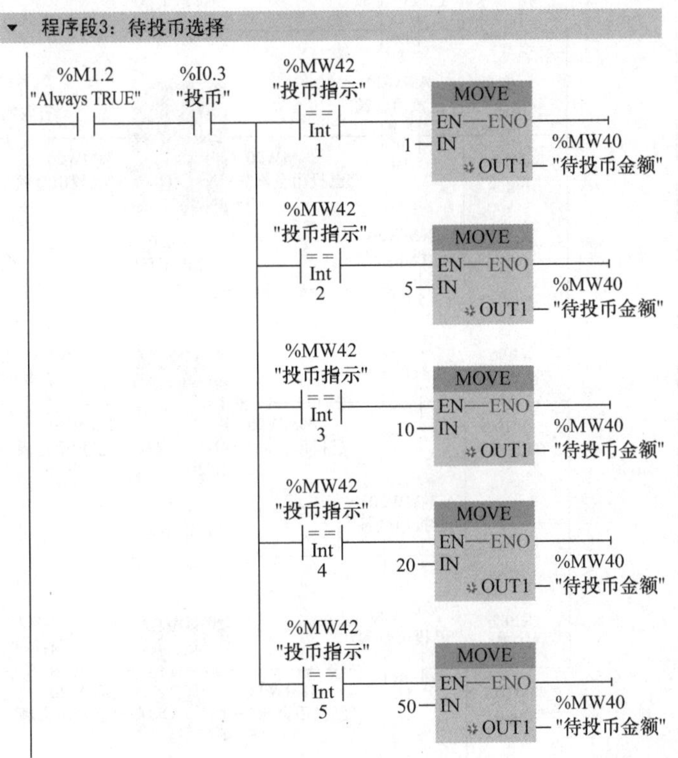

图 5-45　待投币金额选择

（5）投币确认　抬起投币按钮，将当前待投币金额作为所投币币值进行累加，计入已投币金额，如图 5-46 所示。

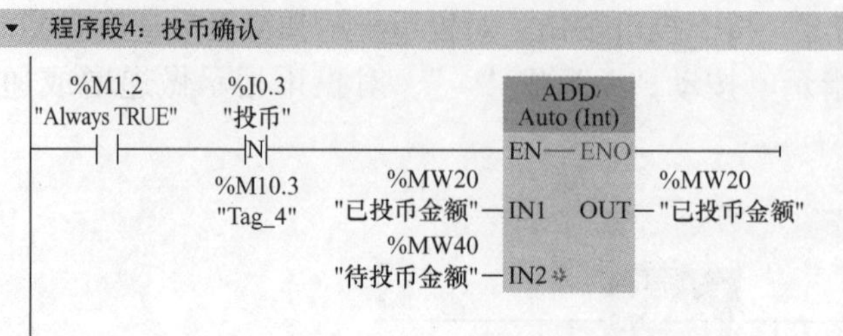

图 5-46 投币确认

（6）选购货物金额扣除计算 按下所选货物按钮，当前投币金额大于等于所选货物金额时，在已投币金额中减去所选货币金额并对有取物信号置位，否则对投币不足信号置位，如图 5-47 所示。

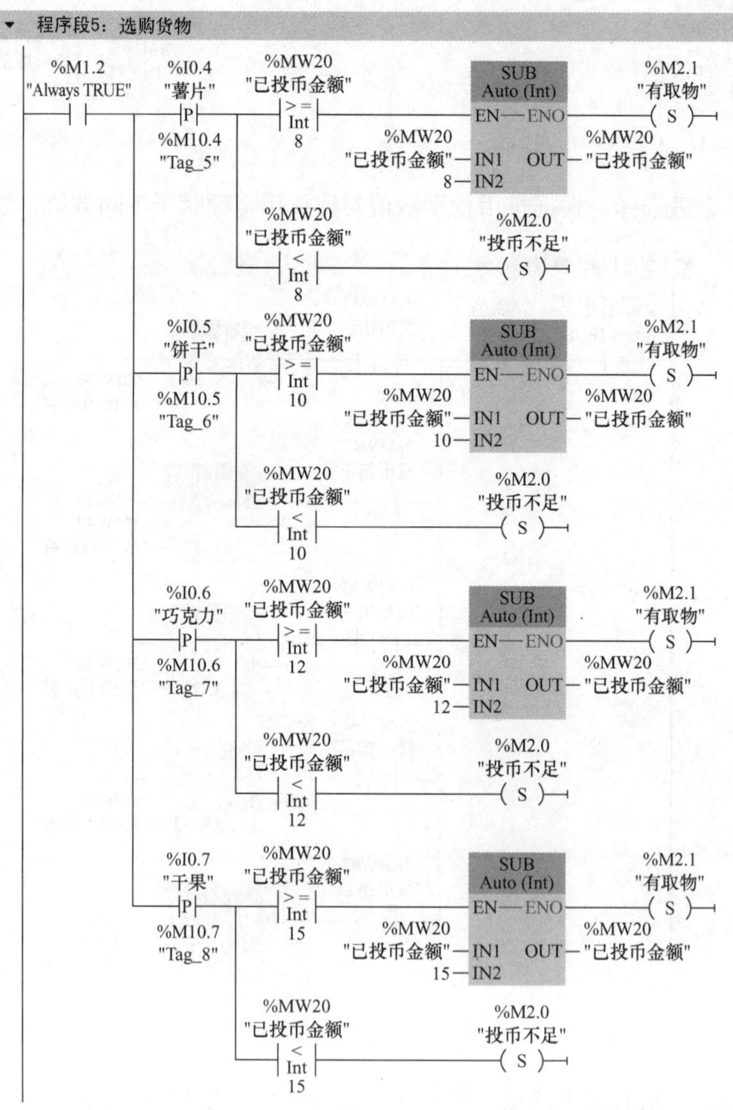

图 5-47 选购货物金额扣除计算

（7）退币信号　按下退币按钮，发出退币信号，同时打开退币口，对有取物和投币不足中间信号复位。在已投币金额归零后退币信号关闭，如图 5-48 所示。

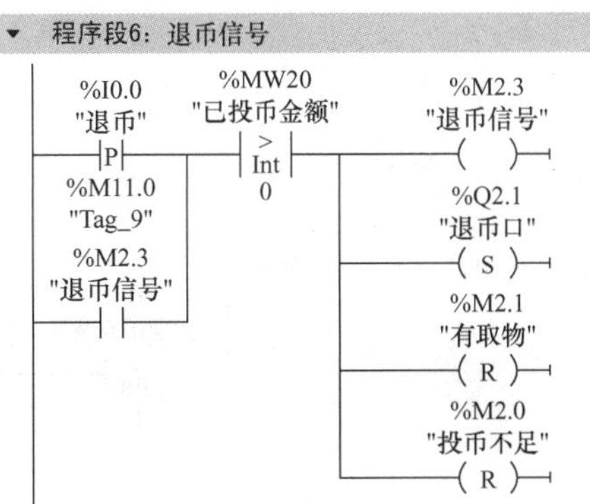

图 5-48　设置退币信号

（8）退币金额计算　在已投币金额小于上一档币值且大于等于本档币值时，在已投货币金额中减去本档币值，发出有退币信号，实现该档钱币退还。退币节拍由系统时钟脉冲（Clock 2Hz）控制，如图 5-49 所示。

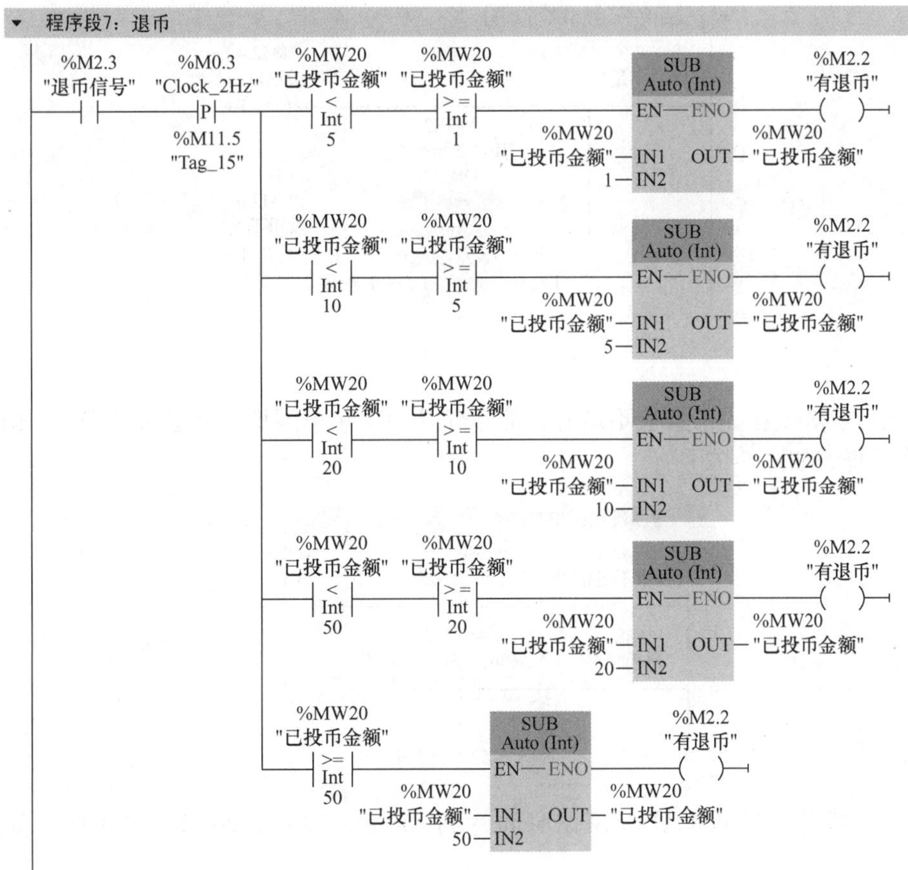

图 5-49　退币金额计算

（9）取物口开启和关闭　购物成功，4s后取物口打开可以去取货，退币口打开可以退还余额；如果余额为零退币口不打开，如图5-50所示。

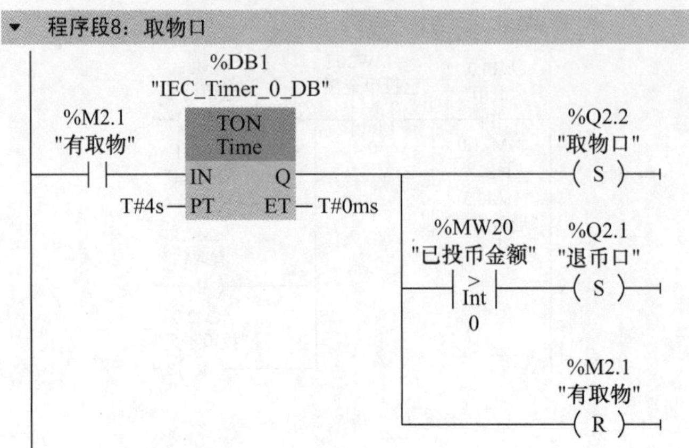

图5-50　取物口开启和关闭

（10）投币不足信号　投币金额不足时，发出投币不足信号，2s后关闭，如图5-51所示。

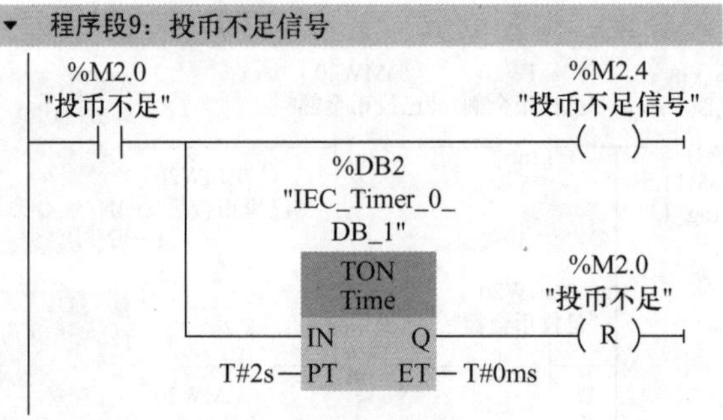

图5-51　投币不足信号

（11）指示灯　在投币金额不足时，信号灯以1Hz频率闪烁。在退币过程中，信号灯以5Hz频率闪烁，如图5-52所示。

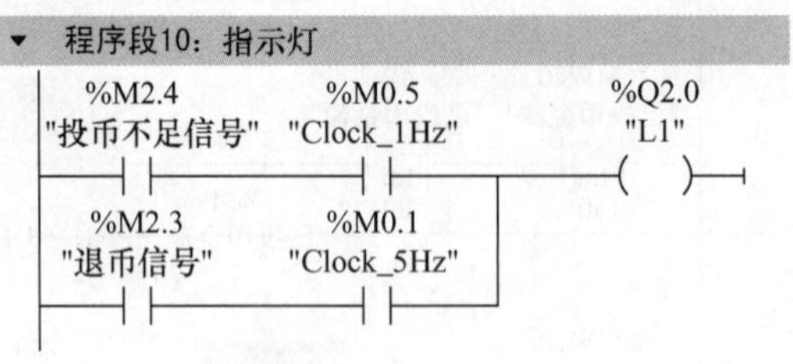

图5-52　指示灯

（12）无操作　结束购物无操作时间达到10s后，取货口和退币口关闭，如图5-53所示。

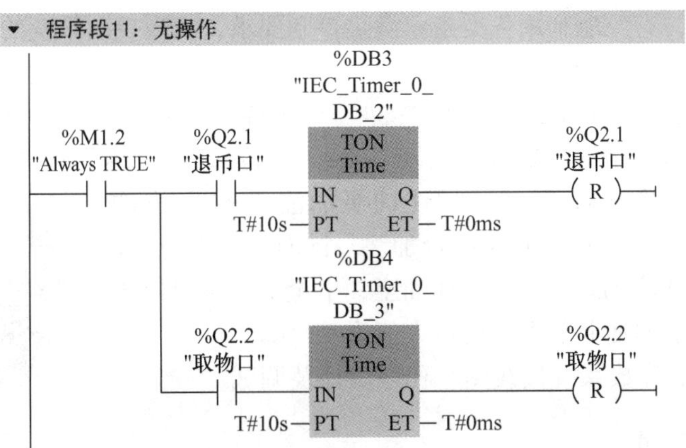

图 5-53 无操作关闭取货口和退币口

（13）显示区域共享 在有投币操作时，将待投币金额送入显示存储区，否则将已投币金额送入显示存储区，如图 5-54 所示。

图 5-54 显示区域共享

（14）显示 将显示存储区内容进行 BCD 码变换再输出显示，如图 5-55 所示。

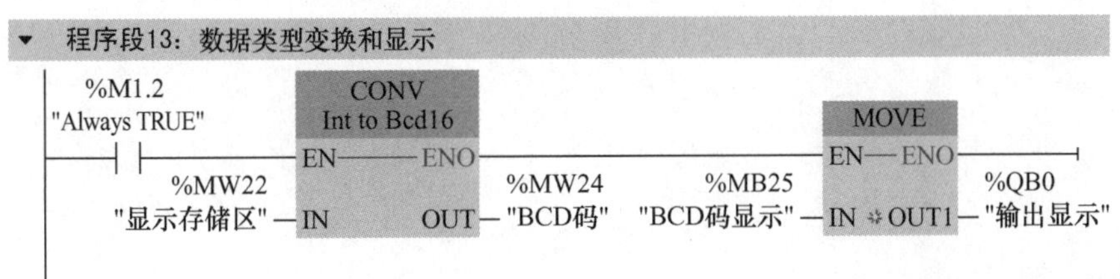

图 5-55 显示

任务实施过程中，及时填写任务工单，记录调试步骤、故障现象及处理过程，客观评价学习结果。

五、应用考核

1. 要点回顾

本任务需要详细了解数学函数运算指令的工作原理，对运算的功能、参数定义、数据类型等均要熟记于心，有效地利用各类指令满足控制要求，实现控制系统的各项功能。

2. 考核任务

任务要求：现场有加油机，可以加“92#”和“95#”两种汽油，单价分别设定为 7 元 /L 和 8 元 /L。加油金额由加油卡输入。插入“92#”油枪开启“92#”加注油泵加注“92#”汽油，插入“95#”油枪开启“95#”加注油泵加注“95#”汽油。两种汽油只能单独加注，不可同时混合加注。同时按照对应油品单价扣款，设每秒加注 1L 油，一次加油至油卡金额为零时停止。数码管用于显示当前的油卡金额，设最大值为 99 元。

扫码查看加油机控制仿真微课

根据控制要求，完成系统接线图、程序设计及调试。

六、任务拓展

实际应用中，自动售货机储存货物数量是有一定限制的。当某种货物售罄时，再选购该种货物将被视为无效操作，只有补充货物后才可再次售出。可否完善 PLC 控制程序实现该功能？自动售货机是否应有一个管理员带锁开关，以便打开售货机补充货物和对其维护管理？

提示

1）每种货物应设置一个专用计数器，在计算当前投币金额计算的同时，还要对计数器消减货物数量。

2）计数器中数值若为“0”，要约束该货物售出。

3）货物补充和计数器复位须由管理员通过带锁开关打开售货机完成（通常会有专用机械锁和专用按钮完成，也可由按键密码操作和按键复用方式实现）。

项目六

自动流水线控制

项目目标

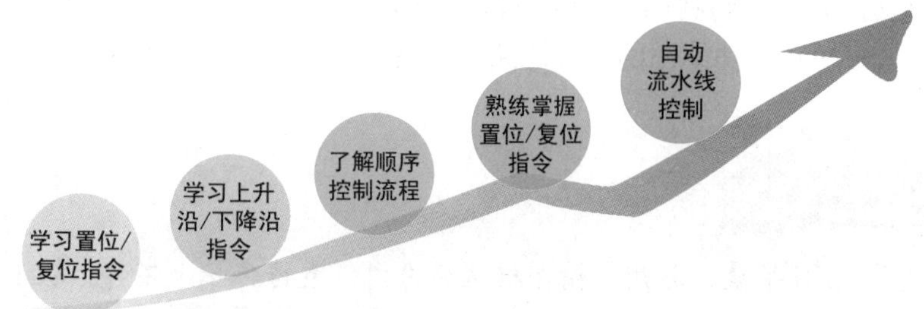

知识目标	1. 理解并掌握博途软件中的置位 / 复位指令基本功能及使用方法； 2. 掌握上升沿 / 下降沿指令运行原理，理解其基本功能及使用方法； 3. 能在程序的不同对象里调用置位 / 复位、上升沿 / 下降沿指令，完成自动流水线控制系统程序编制。
能力目标	能根据控制要求，完成自动流水线控制系统的设计和调试，并进行简单故障排查。
素质目标	1. 培养讲纪律、守规矩的良好学习习惯； 2. 培养勇于担当、甘于奉献的技术技能。

项目导入

20 世纪 20 年代之前，在汽车工业中出现了流水生产线和半自动生产线，随着汽车、滚动轴承、小型电动机和缝纫机等工业发展，机械制造领域开始出现自动生产线，最早出现的是组合机床自动生产线。第二次世界大战后，在工业发达国家的机械制造业中，自动生产线的数目急剧增加。

数字控制机床、电子计算机和工业机器人等技术的发展以及成组技术的应用，使自动生产线（图 6-1）的灵活性更大，可实现多品种、中小批量生产的自动化。多品种可调自动生产线在机械制造业中的应用越来越广泛，并向更高度自动化的柔性制造系统发展。

什么是自动生产线?

自动生产线是指由自动化机器体系实现产品工艺过程的一种生产组织形式。它是在连续流水线的基础上进一步发展形成的。其特点是：加工对象自动地由一台机床传送到另一台机床，并由机床自动地进行加工、装卸、检验等；工人的任务仅是调整、监督和管理自动线，不参加直接操作；所有的机器设备都按统一的节拍运转，生产过程是高度连续的。这些看似复杂的要求，在PLC中是如何轻松实现的呢?

图 6-1　自动生产线现场图

针对不同的生产或者生活的要求，各行各业都会涉及自动生产线的控制运行方式。例如，洗衣机自动控制，我们利用相应的逻辑指令实现其运行（任务 1）；我们熟悉电镀流水线的控制方式，采用顺序功能图的设计思路，实现其电镀工件的操作（任务 2）。

来听故事啦

2020 年 2 月 12 日早晨，苏州一精密机械公司内，袁传伟忙个不停。从 1 月 27 日开始，他已连续工作 16 天。原本需要 5 名员工协同完成的生产线，他咬牙一个人扛了下来，将生产的消毒器零件送到组装工厂，在最短时间内，发往火神山医院。

袁传伟用自己的方式，支援着疫情一线的医护人员。平凡的人，做着伟大的事。袁传伟一个人做完了编程、刀具、调试、加工等整条生产线的工作，累了就直接躺在椅子上睡一会，一个人就这样 24 小时连续工作了 16 天。在这条孤单的生产线上，让我们看到一个技艺精湛的老师傅，还让我们感受到袁传伟的社会责任和担当。他本来可以让自己轻松一点，毕竟，他的工厂还没有开工。但是，袁传伟在没有其他员工帮助的情况下，选择自己来做完这些疫情一线医护人员急需的消毒器零件，为了尽快完成这些订单，这 16 天里袁传伟的吃和住都在厂子里。袁传伟竭尽全力支援疫情一线医护人员的行为，值得我们每个人学习和尊敬。

任务 1　洗衣机自动控制系统设计与调试

一、应用场景

目前家庭使用的洗衣机多为全自动洗衣机，为人们节省了浣洗衣物的时间。试想，洗衣机的自动控制如何实现？现实生活中，还有哪些现象与置位 / 复位控制相关?

二、知识准备

1. 置位 / 复位指令回顾

（1）置位 / 复位指令功能　S（Set）：置位（置 1）指令。

R（Reset）：复位（置 0）指令。

（2）程序举例　图 6-2 为置位 / 复位指令示例，图中当 I0.0 为 1 时，Q0.0 置位为 1，即使 I0.0 变为 0，Q0.0 仍保持为 1，直到 I0.1 为 1，Q0.0 复位为 0。

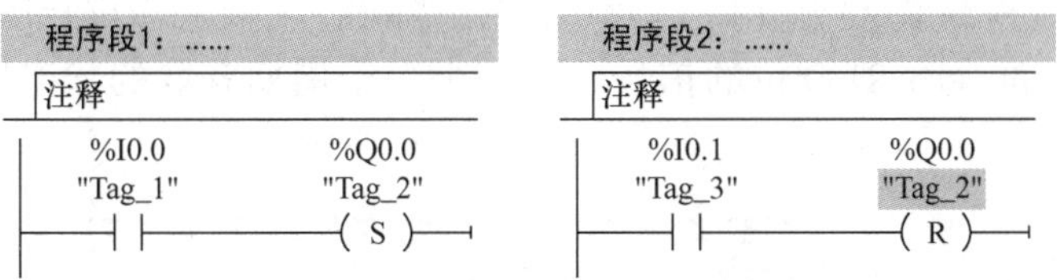

图 6-2　置位 / 复位指令示例

注意

置位 / 复位指令不一定要成对出现使用。

在博途组态软件中，位逻辑运算提供了多种指令，与 S7–200 下的使用类似。其中置位 / 复位指令（S/R）的位置如图 6-3 所示。

名称	描述
基本指令	
常规	
位逻辑运算	
-| |-	常开触点 [Shift+F2]
-|/|-	常闭触点 [Shift+F3]
-|NOT|-	取反 RLO
-( )-	赋值 [Shift+F7]
-(/)-	赋值取反
-(R)	复位输出
-(S)	置位输出

图 6-3　博途组态软件中的置位 / 复位指令

置位 / 复位指令及参数说明见表 6-1 及表 6-2。

表 6-1　置位 / 复位指令

LAD	FBD	SCL	说明
"OUT" —(S)—	"OUT" S "IN"	不提供	S（置位）激活时，OUT 地址处的数据值设置为 1。S 未激活时，OUT 不变
"OUT" —(R)—	"OUT" R "IN"	不提供	R（复位）激活时，OUT 地址处的数据值设置为 0。R 未激活时，OUT 不变

表 6-2　置位 / 复位指令参数说明

参数	数据类型	说明
IN（或连接到触点 / 门逻辑）	Bool	要监视位置的位变量
OUT	Bool	要置位或复位位置的位变量

其中，输入位引脚“IN”是启动置位/复位的信号输入端，输出位引脚“OUT”是需要置位/复位的变量。

2. 上升沿/下降沿指令学习

1）下降沿指令检测RLO从1跳变为0时的下降沿，并保持RLO=1一个扫描周期。每个扫描周期期间，都会将RLO位的信号状态与上一个周期获取的状态比较，并判断是否改变。

注意

下降沿示例如图6-4所示，当按钮I0.0按下后弹起时，产生一个下降沿，输出Q0.0得电一个扫描周期，通常扫描周期为毫秒级，输出高电平的时间很短。

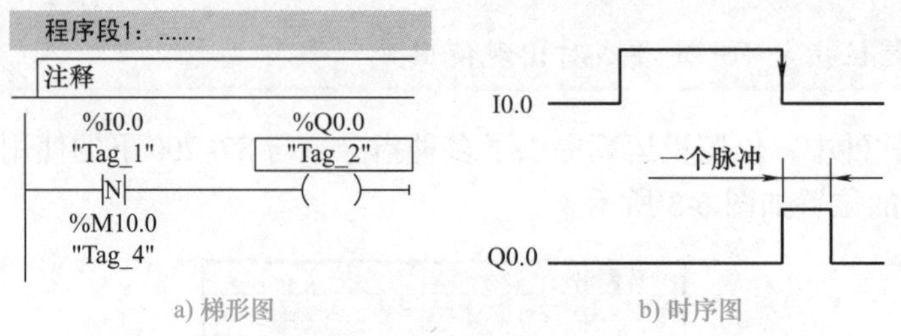

a) 梯形图　　b) 时序图

图6-4　下降沿指令示例

2）上升沿指令检测RLO从0跳变为1时的上升沿，并保持RLO=1一个扫描周期。同时，指令使用独立的存储位保存上一周期的信号值（如M10.0）。每个扫描周期期间，都会将当前信号与上一周期的状态比较，以判断是否改变。上升沿指令示例如图6-5所示。

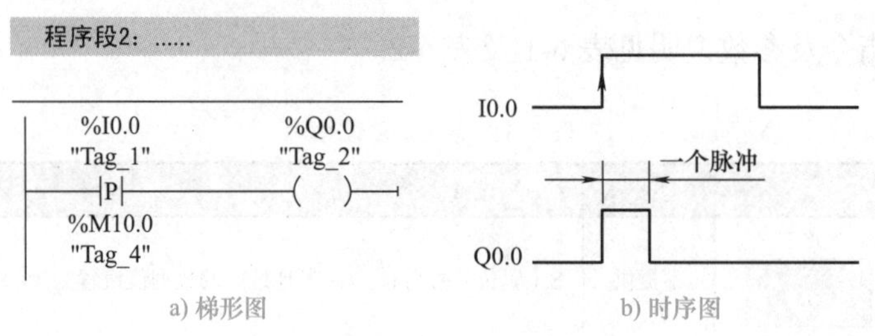

a) 梯形图　　b) 时序图

图6-5　上升沿指令示例

3. 任务热身

（1）置位/复位指令

置位/复位指令应用举例：控制电动机“正转–停–反转”

控制要求：用置位/复位指令编写电动机“正转–停–反转”控制的梯形图，其中I0.0代表正转按钮，I0.1代表反转按钮，I0.2代表停止按钮，Q0.0代表正转输出继电器，Q0.1代表反转输出继电器，如程序段A～C所示。

（续）

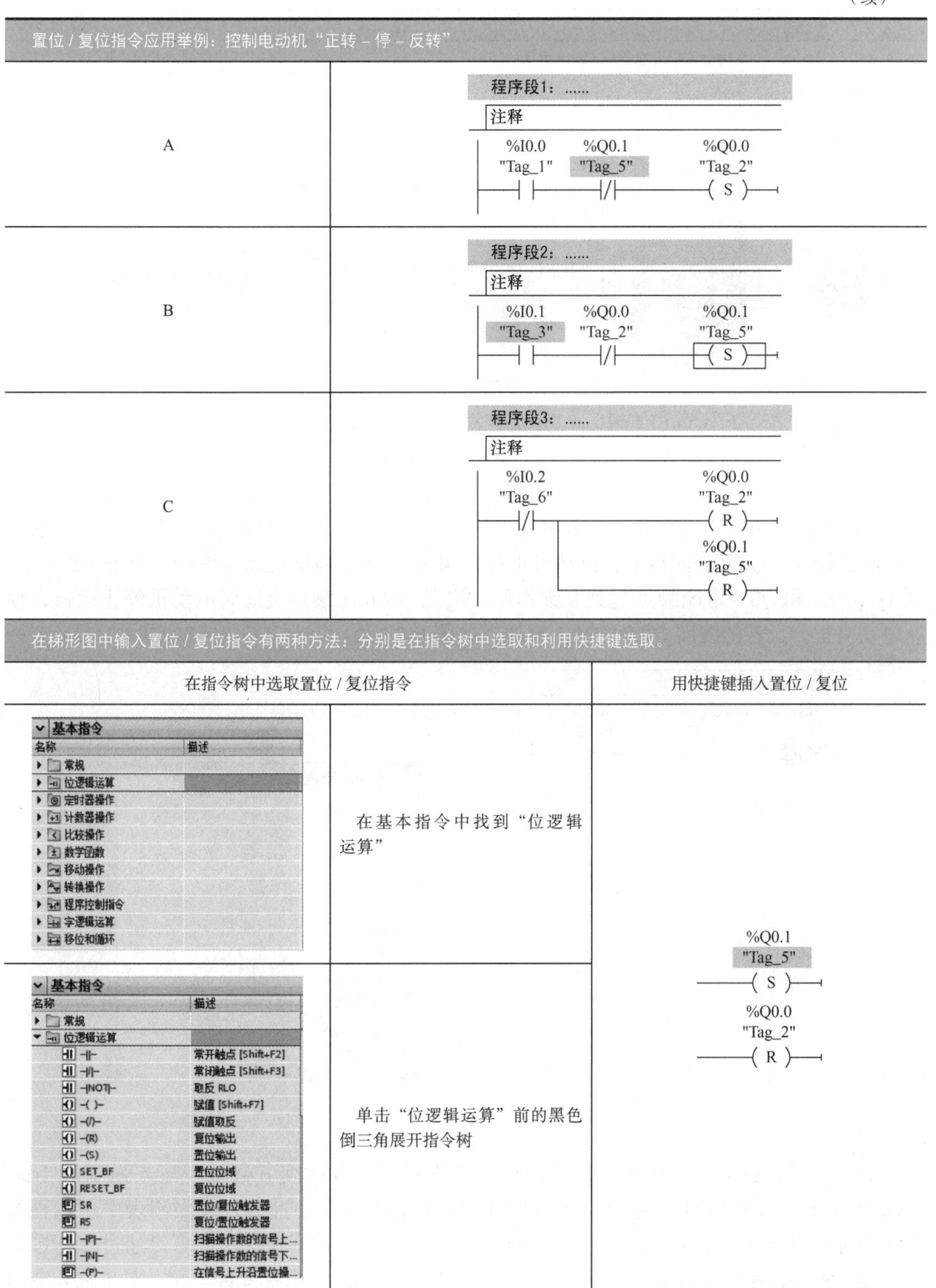

置位 / 复位指令应用举例：控制电动机“正转 – 停 – 反转”	
A	程序段1：...... 注释 %I0.0 "Tag_1" —| |— %Q0.1 "Tag_5" —|/|— %Q0.0 "Tag_2" —(S)—
B	程序段2：...... 注释 %I0.1 "Tag_3" —| |— %Q0.0 "Tag_2" —|/|— %Q0.1 "Tag_5" —(S)—
C	程序段3：...... 注释 %I0.2 "Tag_6" —|/|— %Q0.0 "Tag_2" —(R)— %Q0.1 "Tag_5" —(R)—

在梯形图中输入置位 / 复位指令有两种方法：分别是在指令树中选取和利用快捷键选取。		
在指令树中选取置位 / 复位指令		用快捷键插入置位 / 复位
基本指令 名称 描述 常规 位逻辑运算 定时器操作 计数器操作 比较操作 数学函数 移动操作 转换操作 程序控制指令 字逻辑运算 移位和循环	在基本指令中找到“位逻辑运算”	%Q0.1 "Tag_5" —(S)— %Q0.0 "Tag_2" —(R)—
基本指令 名称 描述 常规 位逻辑运算 -||- 常开触点 [Shift+F2] -|/|- 常闭触点 [Shift+F3] -|NOT|- 取反 RLO -( )- 赋值 [Shift+F7] -(/)- 赋值取反 -(R) 复位输出 -(S) 置位输出 SET_BF 置位位域 RESET_BF 复位位域 SR 置位/复位触发器 RS 复位/置位触发器 -|P|- 扫描操作数的信号上... -|N|- 扫描操作数的信号下... -(P)- 在信号上升沿置位操...	单击“位逻辑运算”前的黑色倒三角展开指令树	

（续）

在梯形图中输入置位 / 复位指令有两种方法：分别是在指令树中选取和利用快捷键选取。		
在指令树中选取置位 / 复位指令		用快捷键插入置位 / 复位
基本指令 名称 描述 常规 位逻辑运算 -||- 常开触点 [Shift+F2] -|/|- 常闭触点 [Shift+F3] -|NOT|- 取反 RLO -( )- 赋值 [Shift+F7] -(/)- 赋值取反 -(R) 复位输出 -(S) 置位输出 SET_BF 置位位域 RESET_BF 复位位域 SR 置位/复位触发器 RS 复位/置位触发器 -|P|- 扫描操作数的信号上... -|N|- 扫描操作数的信号下... -(P)- 在信号上升沿置位操...	将指令拖拽至所需的位置，或先选择需要插入的程序块网络，然后双击指令，将复位输出指令或置位输出指令插入其中	在程序编辑器窗口中将光标放在所需的位置 按下按键〈Shift〉+〈F5〉 弹出指定对话框 选取复位输出指令或置位输出指令

完成程序之后下载到 PLC 中，打开监控功能进行程序调试。

可以利用 M0.0 辅助线圈实现起动（调试功能），如图 6-6 所示。M0.0 接通后，Q0.0 在置位指令下得电并保持，无需通过“自锁”程序实现保持功能。程序调试中，需要在线修改 M0.0 的值，如图 6-7 所示，单击鼠标右键选择“修改”→“修改为 1”，Q0.1 常闭触点初始状态接通，Q0.0 线圈得电，电动机正转。同理，M0.2 为反转起动信号，如图 6-8 所示。其中，Q0.1 和 Q0.0 常闭触点起到互锁作用。当线圈 M0.1 触点接通时电动机停止运行，控制电动机正、反转的线圈 Q0.0、Q0.1 复位，如图 6-9 所示。

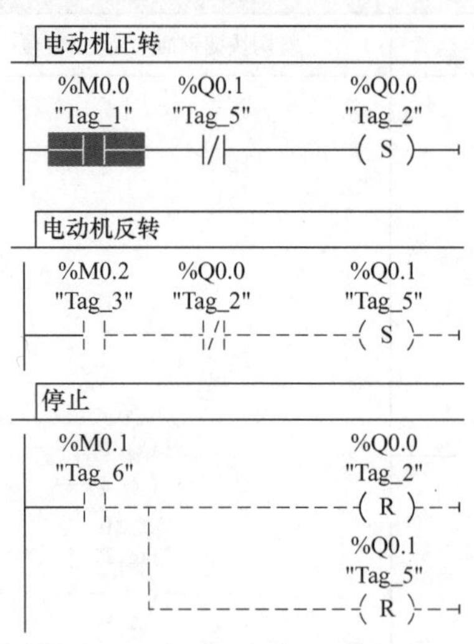

图 6-6 电动机正 – 停控制程序监控

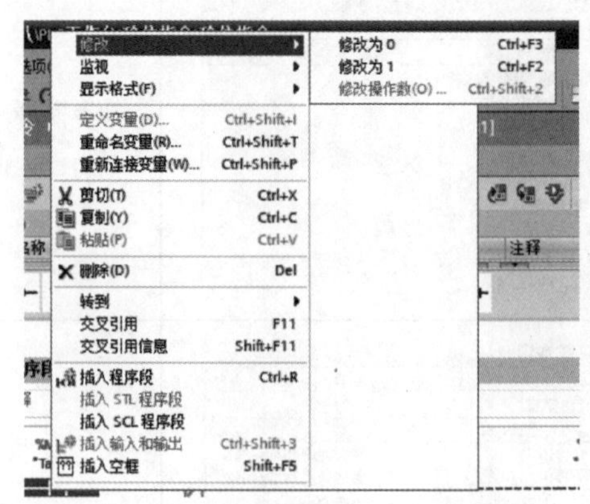

图 6-7 修改为 1

此外，通过强制表（图 6-10）可以对变量进行监控并改变其数值，输入强制值 True/False 后单击“写入强制”，强制结果可以在程序监控中查看。此外，在强制表中可以根据需求添加不同种类的变量。需要注意，修改变量数值的方式不唯一，也可以通过单击鼠标右键修改程序段中的变量名实现。但只适用于 M0.0、M0.1 等内存地址单元，对于输入变量（如 I0.0）则不能直接写入，需要在强制表中写入。

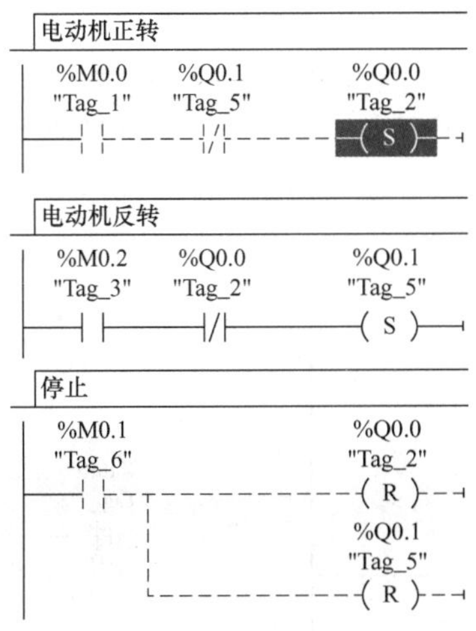

图 6-8 电动机反 – 停控制程序监控

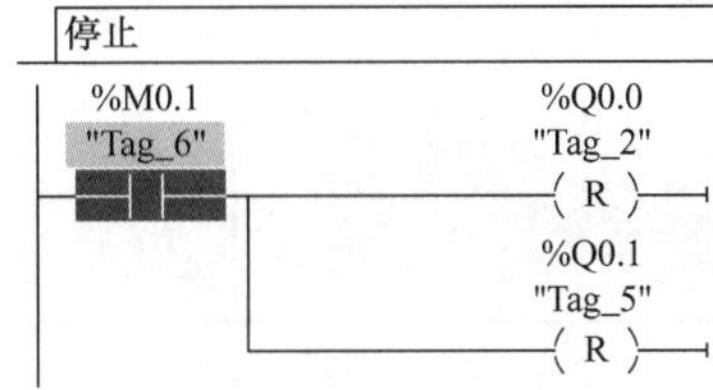

图 6-9 电动机停止控制

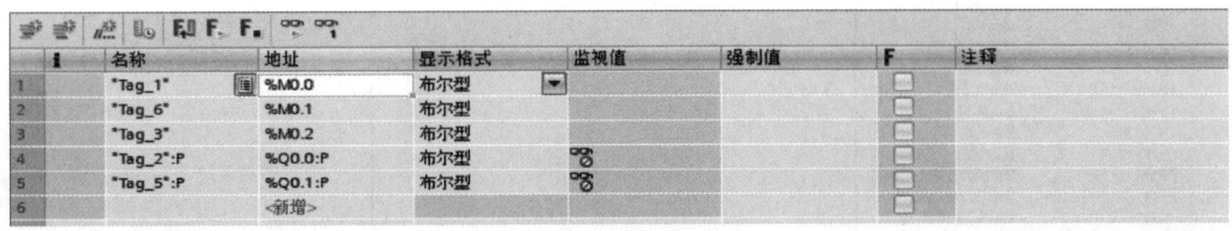

	i	名称	地址	显示格式	监视值	强制值	F	注释
1		"Tag_1"	%M0.0	布尔型				
2		"Tag_6"	%M0.1	布尔型				
3		"Tag_3"	%M0.2	布尔型				
4		"Tag_2":P	%Q0.0:P	布尔型				
5		"Tag_5":P	%Q0.1:P	布尔型				
6			<新增>					

图 6-10 强制表

（2）上升沿 / 下降沿指令

上升沿与下降沿指令应用举例：控制灯亮灭。

控制要求：通过按钮按下次数不同控制一盏灯的亮和灭，奇数次压下时灯亮，偶数次压下时灯灭。如程序段 A、B 所示。

实现效果：

1）I0.0 第一次闭合时，M10.0 接通一个扫描周期，使得 Q0.0 线圈得电一个扫描周期，当下一次扫描周期到达，Q0.0 常开触点闭合自锁，灯亮。

2）I0.0 第二次闭合时，M10.0 线圈得电一个扫描周期，使得 M10.0 常闭触点断开，灯灭。

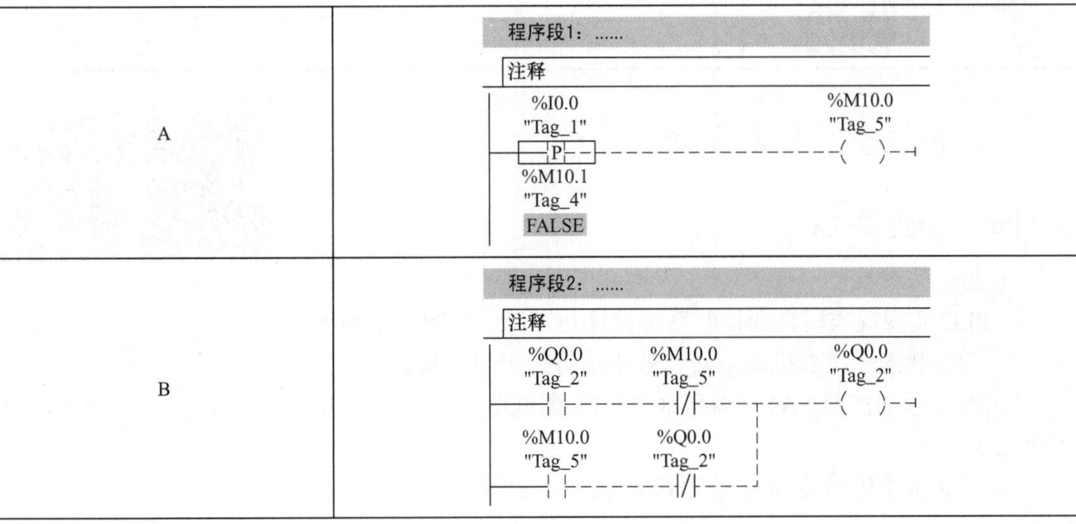

（续）

在梯形图中输入上升沿 / 下降沿指令有两种方法：分别是在指令树中选取和利用快捷键选取。		
在指令树中选取上升沿 / 下降沿指令		用快捷键插入上升沿 / 下降沿
 基本指令 名称 描述 常规 位逻辑运算 定时器操作 计数器操作 比较操作 数学函数 移动操作 转换操作 程序控制指令 字逻辑运算 移位和循环	在基本指令中找到“位逻辑运算”	%I0.0 "Tag_1" ─┤P├─ %M10.1 "Tag_4" %Q0.1 "Tag_6" ─┤N├─ %M10.2 "Tag_7"
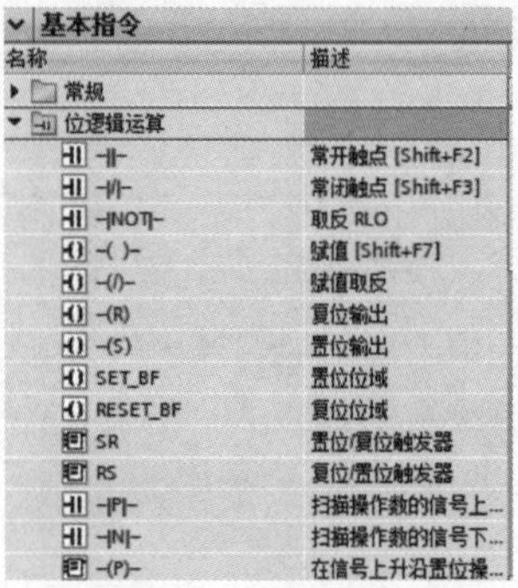 基本指令 名称 描述 常规 位逻辑运算 -||- 常开触点 [Shift+F2] -|/|- 常闭触点 [Shift+F3] -|NOT|- 取反 RLO -( )- 赋值 [Shift+F7] -(/)- 赋值取反 -(R) 复位输出 -(S) 置位输出 SET_BF 置位位域 RESET_BF 复位位域 SR 置位/复位触发器 RS 复位/置位触发器 -|P|- 扫描操作数的信号上... -|N|- 扫描操作数的信号下... -(P)- 在信号上升沿置位操...	单击“位逻辑运算”前的黑色倒三角展开指令树	
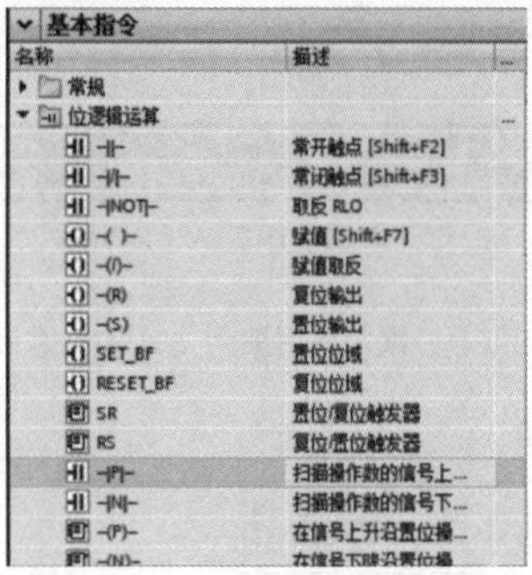 基本指令 名称 描述 常规 位逻辑运算 -||- 常开触点 [Shift+F2] -|/|- 常闭触点 [Shift+F3] -|NOT|- 取反 RLO -( )- 赋值 [Shift+F7] -(/)- 赋值取反 -(R) 复位输出 -(S) 置位输出 SET_BF 置位位域 RESET_BF 复位位域 SR 置位/复位触发器 RS 复位/置位触发器 -|P|- 扫描操作数的信号上... -|N|- 扫描操作数的信号下... -(P)- 在信号上升沿置位操... -(N)- 在信号下降沿置位操...	将指令拖拽至所需的位置，或先选择需要插入的程序块网络，然后双击指令，将扫描操作数的信号上升沿指令或扫描操作数的信号下降沿指令插入其中	在程序编辑器窗口中将光标放在所需的位置 按下按键〈Shift〉+〈F5〉 弹出指定对话框 选取上升沿指令或下降沿指令

三、在线学习及自评测试

扫码检测学习效果并查看参考答案

四、任务实践

1. 控制要求描述

用 PLC 实现洗衣机自动控制系统设计与调试，控制要求如下：

1）初始状态：洗衣机不运转，各指示灯处于熄灭状态。

2）按下起动按钮 SA1，当高水位传感器 SQ2 无信号时，进水指示灯 Y1 亮，开始往洗衣机注水。

3）当高水位传感器 SQ2 检测到信号时，进水指示灯 Y1 灭，停止进水。

4）此时，洗衣机开始正转，正转指示灯 $M_{正}$亮，正转 10s 后，停止 5s，洗衣机反转，反转指示灯 $M_{反}$亮，反转 10s 后，停止 5s。

5）上一步骤重复三次，洗衣结束，停止转动，排水指示灯 Y2 亮，洗衣机开始排水。

6）高水位传感器 SQ2 和低水位传感器 SQ1 信号依次消失后，排水指示灯 Y2 灭，停止排水。

7）按下停止按钮，洗衣机执行相应步骤后停止运转。

2. 任务准备

（1）设备清单　设备清单见表 6-3。

表 6-3　设备清单

序号	设备名称	型号	数量	备注
1	S7-1200 PLC	CPU 1215C	1 台	S7-1200 PLC 均可
2	按钮		2 个	起动 / 停止
3	电动机		1 个	
4	排水阀		1 个	
5	进水阀		1 个	
6	DC 24V 电源		1 个	输出负载供电
7	导线		若干	
8	指示灯		4 个	电动机指示灯 $M_{正}$/$M_{反}$，水位指示灯 Y1/Y2

（2）I/O 设置　将归纳出的输入 / 输出设备进行 PLC 控制的 I/O 设置，见表 6-4。

表 6-4　I/O 设置

设备 / 信号类型	设备名称	信号地址
输入	SA1 起动	I0.0
	SA2 停止	I0.1
	SQ2 高水位	I0.2
	SQ1 低水位	I0.3
输出	Y1 进水	Q0.1
	Y2 排水	Q0.2
	$M_{正}$	Q0.3
	$M_{反}$	Q0.4

（3）系统接线图　洗衣机自动控制系统接线图如图 6-11 所示。

（4）控制逻辑　洗衣机进，排水及电动机正反转的设计步骤见表 6-5。由表 6-5 可见，洗衣机的操作是一整套流程，包括电动机的正反转控制，在此过程中还伴随着进水与排水工作。

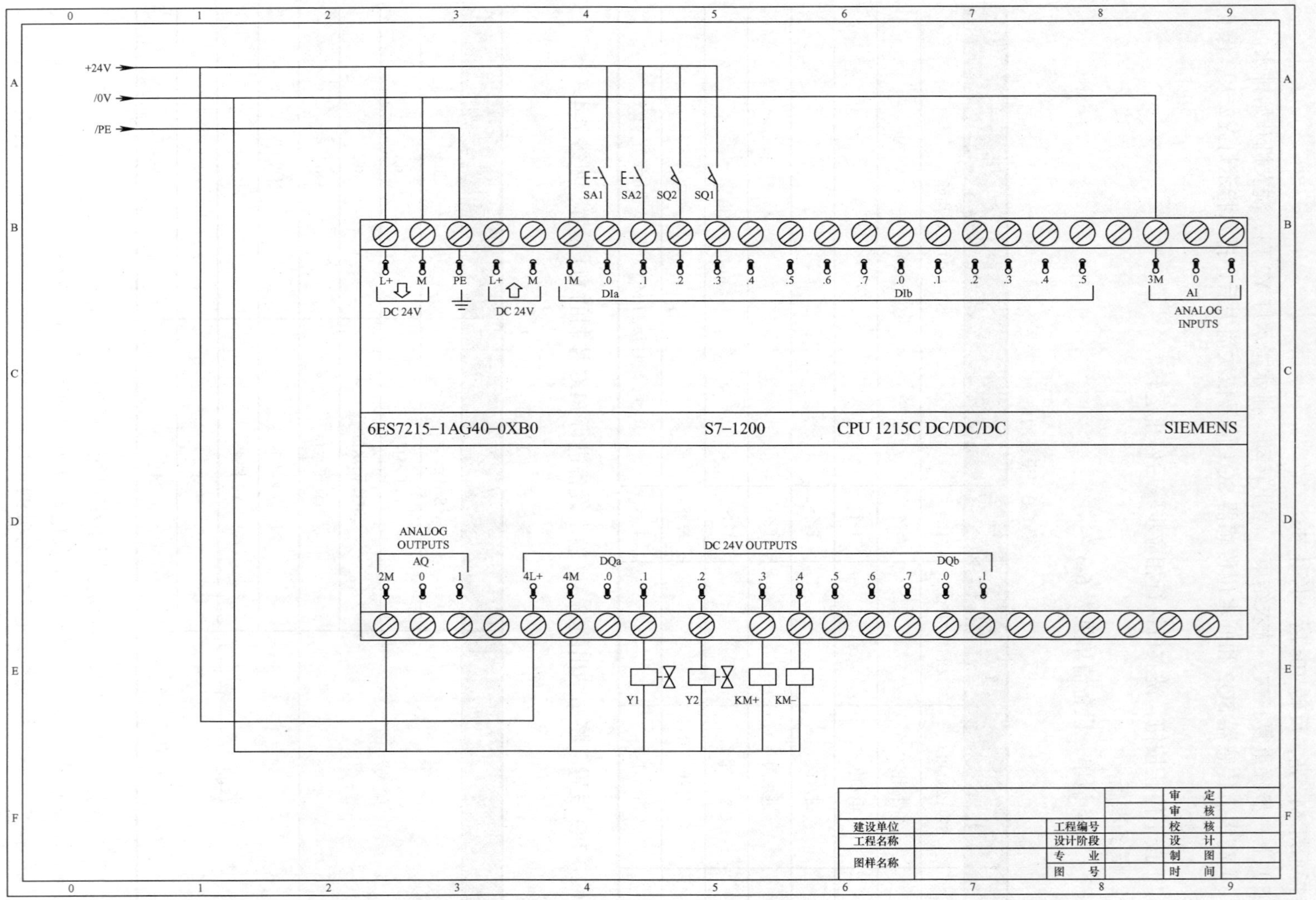

图 6-11 洗衣机自动控制系统接线图

表 6-5 洗衣机进排水及电动机正反转的设计步骤

步骤	内容	注意事项
①	按下起动按钮 SA1，MW10 数值置为 1	按下按钮，产生一短脉冲信号
②	水位检测传感器 SQ2 初始时无信号，洗衣机内为低水位，洗衣机进水	
③	当水位到达高水位状态，SQ2 有信号，MW10 数值置为 2	MW10 为工作阶段标识
④	当 MW10=2 时，定时器 "IEC_Timer_0_DB" 开始计时，同时电动机开始正转。"IEC_Timer_0_DB".ET 输出达到 10s 时电动机正转停止	
⑤	5s 后电动机反转 10s	
⑥	定时器 "IEC_Timer_0_DB" 计时达到 30s 时，线圈 M12.0 接通；MW14 累加递增	MW14 记录洗衣动作的循环次数
⑦	当 MW14 中的数据递增到大于 3 时，MW10、MW14 中的值分别被赋值为 3 和 0；从而为下次运行做好准备	
⑧	三次洗衣完成后，开始排水。SQ1 信号消失后，排水结束	注意 MW10=3 与 SQ1 为 1 时，才执行排水操作

3. 任务实施

讲纪律、守规矩、明底线是提高学习、生活效率的重要保障，在洗衣机自动控制系统设计中需要关注：

1）严格遵守自动流水线的控制要求，做到“讲纪律”。

2）按照设计步骤及规则实施，做到“守规矩”。

3）在安全可靠的基础上完成任务要求，做到“明底线”。

按照“初始化”→“进水”→“洗衣”→“排水”四个阶段进行设计，按下起动按钮 SA1，模式状态字 MW10 写入 1，如图 6-12 所示。

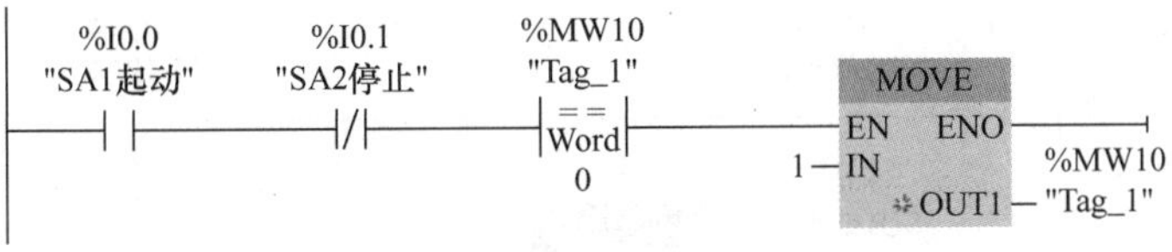

%I0.0 "SA1起动"　%I0.1 "SA2停止"　%MW10 "Tag_1" == Word 0　MOVE EN ENO　1 — IN　OUT1 — %MW10 "Tag_1"

图 6-12 初始化程序

执行进水控制程序，直至高水位检测信号出现（即 SQ2 信号），如图 6-13 所示。

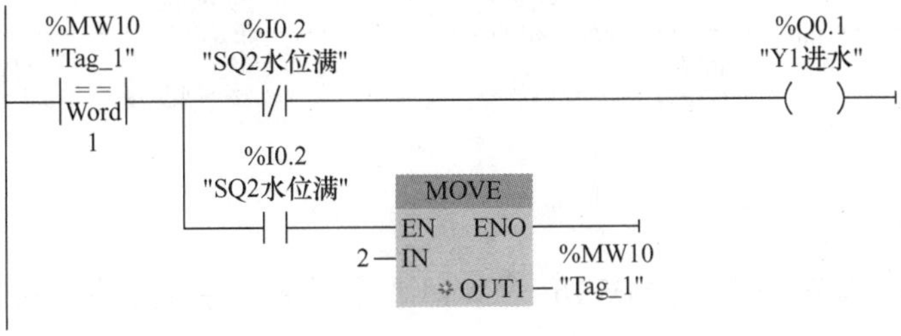

%MW10 "Tag_1" == Word 1　%I0.2 "SQ2水位满"　%Q0.1 "Y1进水"　%I0.2 "SQ2水位满"　MOVE EN ENO　2 — IN　OUT1 — %MW10 "Tag_1"

图 6-13 进水控制程序

洗衣过程中，洗衣机先正转 10s，停止 5s，再反转 10s，停止 5s，重复三次，如图 6-14 所示。

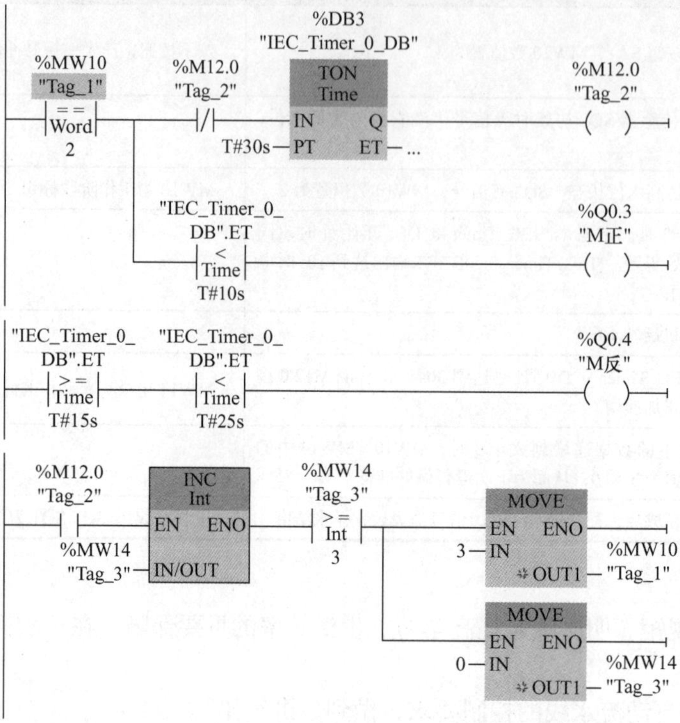

图 6-14　洗衣机正 / 反转控制程序

洗衣动作结束后，开始执行排水，直至低水位检测信号消失（即 SQ1 信号），如图 6-15 所示。

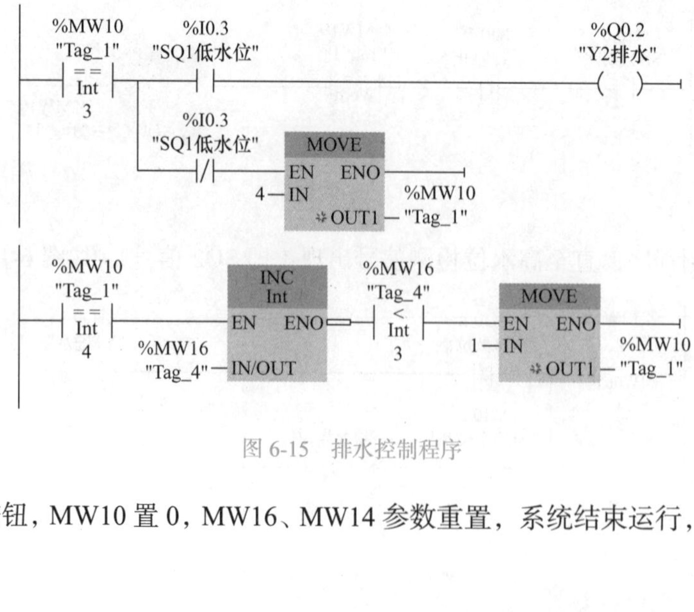

图 6-15　排水控制程序

按下停止按钮，MW10 置 0，MW16、MW14 参数重置，系统结束运行，如图 6-16 所示。

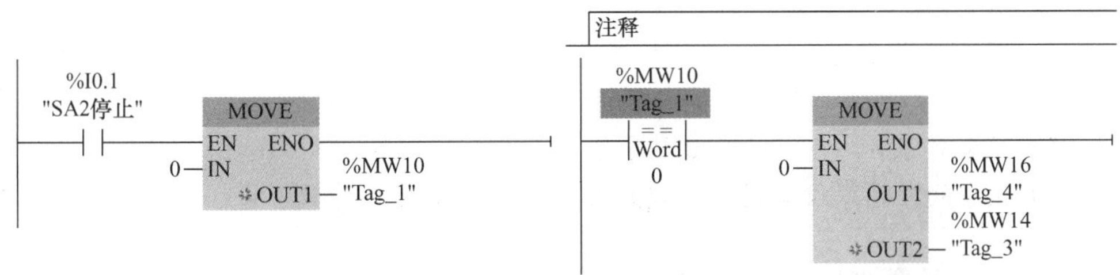

图 6-16 停止控制程序

任务实施过程中，及时填写任务工单。

扫码下载例程并观看运行结果

五、应用考核

1. 要点回顾

本任务需要学习置位 / 复位、上升沿 / 下降沿指令的应用，能在程序设计中正确使用置位 / 复位、上升沿 / 下降沿指令实现基本操作功能。

2. 考核任务

任务要求：当有车辆到达货库大门前时，自动门开始上升，当大门升到一定高度后，升门动作停止，当车辆完全通过大门时，自动门开始下降动作，下降到一定位置时完成关门动作。编制满足上述控制要求的梯形图并运行调试。

根据控制要求，完成系统接线图、程序设计及调试。

六、任务拓展

本任务我们学习了洗衣机自动控制，其中工作阶段指示、计时时间等信息通常需要数码管显示。数码显示器是数码显示电路的末级电路，用于将输入的数码还原成数字。数码显示器有许多类型，适用的场合也不相同。在数字电路中使用较多的是液晶显示器（LCD）和发光二极管显示器（LED)。

家用电器常用数码显示器的特点：

1）辉光数码管：亮度高，价格便宜，但工作电压需要 180V，且不能和集成电路匹配。

2）荧光数码管：体积小，亮度高，工作电压为 20V 左右，响应速度快，可以和集成电路匹配，发光为绿色。

3）液晶显示器（LCD)：功耗小，不怕光冲击，体积紧凑，但使用温度范围窄，不能在黑暗中显示，且响应速度慢。

4）发光二极管显示器（LED)：亮度高，显示清晰，可在低电压 1.5 ～ 3V 下工作，另外还具有体积小、寿命长、响应速度快等优点。

思考：工作阶段数码显示的动态过程是什么样的？

提示

自动洗衣机洗衣过程的计时时间可以利用数码显示器呈现，请自行设计，但需要遵循以下原则：

1）按下启动按钮后，由8组发光二极管模拟的七段显示数码管开始显示数字及字符。

2）显示数字0～9，不能出现字母。

3）数字的显示跟设定的时间要匹配，能实现倒计时计数。

任务2 电镀流水线控制系统设计与调试

一、应用场景

试想，电镀流水线的控制如何实现？现实生活中，还有哪些现象与顺序控制相关？

二、知识准备

用经验设计法设计梯形图时，没有一套固定的方法和步骤可以遵循，因此具有很大的试探性和随意性。对于不同的控制系统，没有通用的容易掌握的设计方法。在设计复杂系统的梯形图时，用大量的中间单元来完成记忆和互锁等功能，由于需要考虑的因素很多，它们往往又交织在一起，分析起来非常困难，并且很容易遗漏一些应该考虑的问题。修改某一局部电路时，很可能会“牵一发而动全身”，对系统的其他部分产生意想不到的影响，因此梯形图的修改也很麻烦，往往花了很长时间还得不到一个满意的结果。用经验设计法设计出的复杂梯形图很难阅读，给系统的修改和改进带来了很大的困难。针对这一问题，可以考虑使用顺序控制方式。

1. 顺序控制系统

如果一个控制系统可以分解成几个独立的控制动作，且这些动作必须严格按照一定的先后次序执行才能保证生产的正常运行，这样的系统称为顺序控制系统，又称步进控制系统。

2. 顺序控制设计法

顺序控制设计法是针对顺序控制系统的一种专门的设计方法。这种方法是将控制系统的工作全过程按其状态的变化划分为若干个阶段，这些阶段称为“步”，这些步在各种输入条件、内部状态、时间条件下，自动、有序地进行操作。

通常这种方法利用顺序功能图来进行设计，过程中各步都有自己应完成的动作。从上一步转移到下一步，一般都是有条件的，条件满足则上一步动作结束，下一步动作开始，上一步的动作会被清除。

顺序控制设计法是一种简明的设计方法，很容易被初学者接受。对于有经验的工程师，也可提高设计的效率，程序的阅读、调试和修改也很方便，成为当前PLC程序设计的主要方法。

3. 顺序功能图的组成

顺序功能图主要由步、有向连线、转换、转换条件和动作（命令）等组成，如图6-17所示。

（1）步　一个顺序控制过程可分为若干个阶段，也称为步或者状态。系统初始状态对应的步为初始步，一般用双线框表示。当前步为活动步。

（2）有向连线　步与步之间的连接线称为有向连线，有向连线决定了状态的转换方向与转换途径。

（3）转换与转换条件　步与步之间用有向线段连接，并且用转换将步分隔开。使系统由当前步进入下一步的信号称为转换条件。顺序控制设计法用转换条件控制代表各步的编程元件，让它们的状态按一定的顺序变化，然后用代表各步的编程元件控制输出。

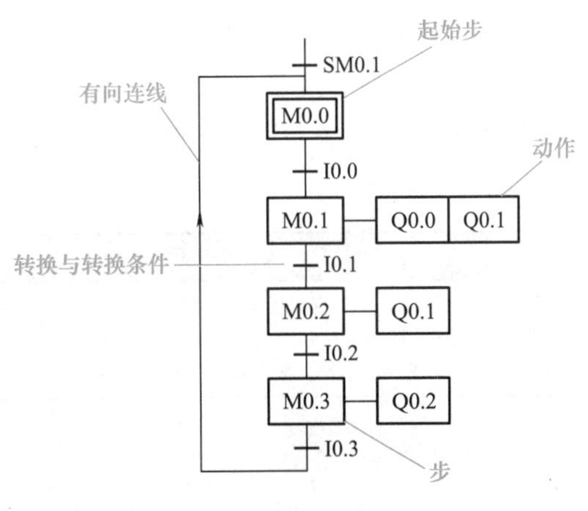

图 6-17　顺序功能图

4. 转换实现的基本规则

（1）转换实现的条件　在顺序功能图中步的活动状态的进展是由转换的实现来完成的。转换实现必须同时满足以下两个条件：

1）该转换所有的前级步都是活动步。

2）相应的转换条件得到满足。

（2）转换实现应完成的操作　转换的实现应完成以下两个操作：

1）使所有的后续步都变为活动步。

2）使所有的前级步都变为不活动步。

5. 顺序功能图的基本结构

（1）单序列　由一系列相继激活的步组成，每一步的后面仅有一个转换，每一个转换的后面只有一个步（见图 6-18a）。单序列的特点是没有下述的分支和合并。

（2）选择序列　选择序列的开始称为分支（见图 6-18b），转换符号只能标在水平连线以下。如果步 5 是活动步，并且转换条件 h=1，则发生由步 5 向步 8 的进展。如果步 5 是活动步，并且 k=1，则发生由步 5 向步 10 的进展。如果将转换条件 k 改为 $k \cdot \bar{h}$，则当 k 和 h 同时为 1 状态时，将优先选择 h 对应的序列。一般只允许同时选择一个序列。

选择序列的结束称为合并（见图 6-18b），几个选择序列合并到一个公共序列时，用需要重新组合的序列相同数量的转换符号和水平连线来表示，转换符号只能标在水平连线以上。如果步 9 是活动步，并且转换条件 j=1，则发生由步 9 向步 12 的进展。如果步 11 是活动步，并且 n=1，则发生由步 11 向步 12 的进展。

（3）并行序列　当转换的实现导致几个序列同时激活时，这些序列称为并行序列（见图 6-18c）。当步 3 是活动步，并且转换条件 e=1，则步 4 和步 6 同时变为活动步，同时步 3 变为不活动步。为了强调转换的同步实现，水平连线用双线表示。步 4 和步 6 被同时激活后，每个序列中活动步的进展是独立的。在表示同步的水平双线以上，只允许有一个转换符号。并行序列用来表示系统的几个同时工作的独立部分的工作情况。

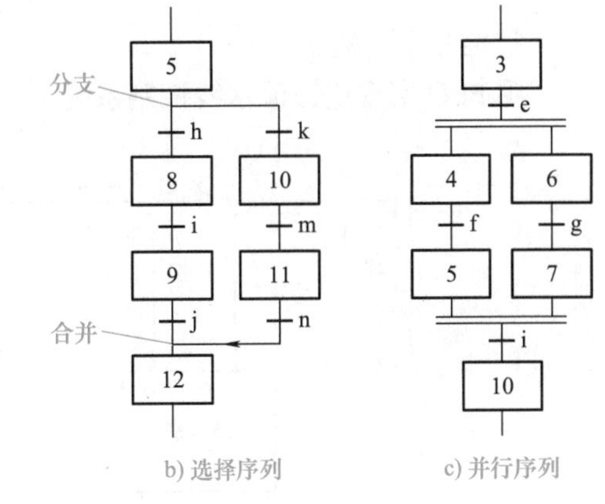

图 6-18　单序列、选择序列与并行序列

并行序列结束处，在表示同步的水平双线以下，只允许有一个转换符号。当直接连在双线上的所有前级步（步 5 和步 7）都处于活动状态，并且转换条件 i=1 时，才会发生步 5 和步 7 到步 10 的进展，即步 5 和步 7 同时变为不活动步，而步 10 变为活动步。

6. 任务热身

应用举例：自动上下料控制。

图 6-19 是自动上下料控制系统示意图。当小车处于后端时，按下起动按钮 I0.0，小车向前运行（Q0.0）。行进至前端压下前限位开关 I0.1，翻斗门打开上料，7s 后关闭，小车向后运行（Q0.2）。行进至后端压下后限位开关 I0.2，打开小车底门下料，5s 后关闭，完成一次动作。按下连续运行按钮 I0.3，小车自动连续往复运行。顺序功能图如图 6-20 所示。

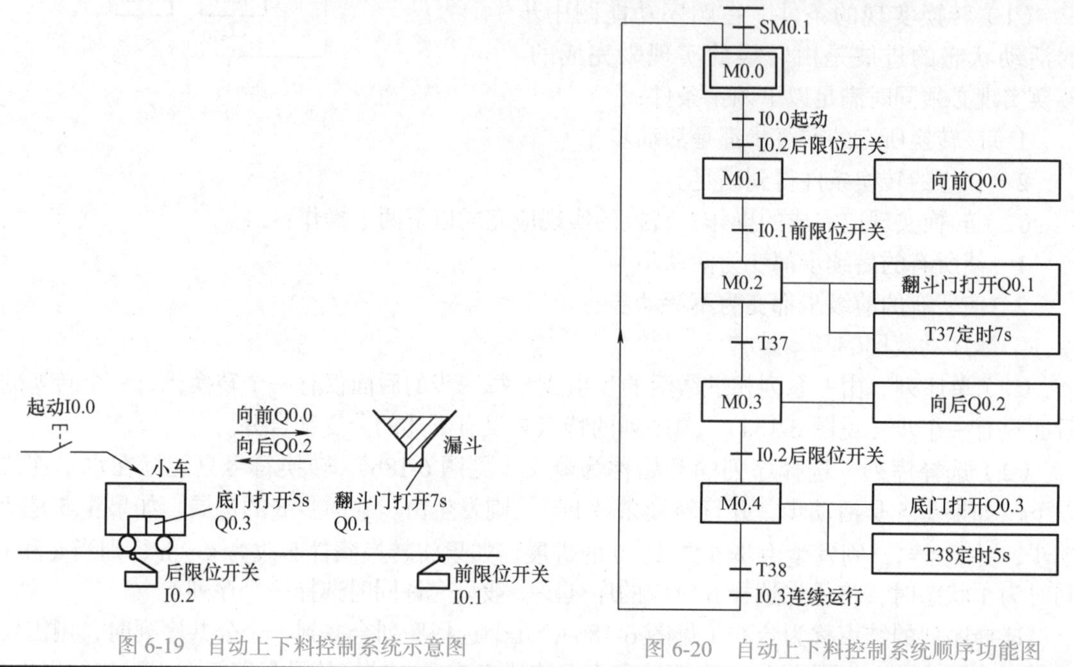

图 6-19　自动上下料控制系统示意图　　图 6-20　自动上下料控制系统顺序功能图

三、在线学习及自评测试

扫码检测学习效果并查看参考答案

四、任务实践

1. 控制要求描述

用 PLC 实现电镀流水线控制系统（图 6-21）设计与调试，具体控制要求如下：

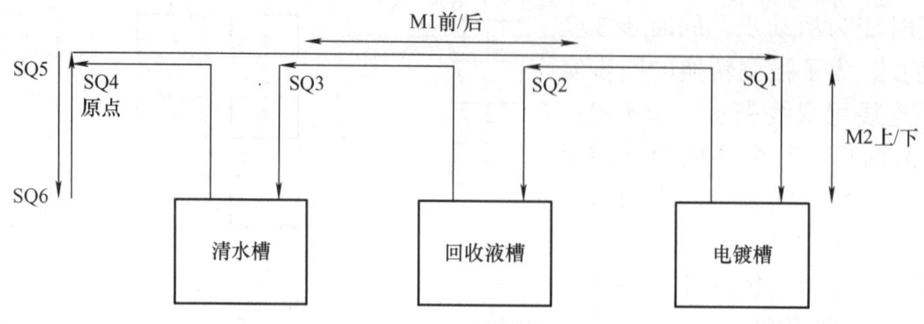

图 6-21　电镀流水线示意图

起动后，检测系统是否在取料点（SQ4），如果不在取料点（SQ4），让其自动回到取料点（SQ4），确定在取料点（SQ4）后，天车到取料台取料，挂钩到下限位（SQ6）时停止 3s，上升到上限位（SQ5）；天车取到工件后，到电镀槽位置（SQ1），挂钩下降到下限位（SQ6），把工件放到电镀槽，打开电极，电镀 3s 后挂钩上升至上限位（SQ5）；天车向前运行到回收液槽（SQ2），挂钩下降到下限位（SQ6），把工件放到回收液槽，回收 3s 后提升到上限位（SQ5），天车向前运行至清水槽（SQ3），挂钩下降到下限位（SQ6），把工件放到清水槽，清洗 3s 后提升至上限位（SQ5），返回原点（SQ4）后开始下一轮循环。

按下停止按钮，系统停止所有动作。系统参数及说明见表 6-6。

表 6-6 系统参数及说明

参数	说明	参数	说明
SQ1	天车位置 1（电镀槽位置）	SQ6	挂钩下限位开关
SQ2	天车位置 2（回收液槽位置）	M1 前	天车电动机前行
SQ3	天车位置 3（清水槽位置）	M1 后	天车电动机后行
SQ4	天车位置 4（取料位置）	M2 上	挂钩电动机上行
SQ5	挂钩上限位开关	M2 下	挂钩电动机下行

2. 任务准备

（1）设备清单　设备清单见表 6-7。

表 6-7 设备清单

序号	设备名称	型号	数量	备注
1	S7–1200 PLC	CPU 1215C	1 台	S7–1200 PLC 均可
2	按钮		2 个	起动 / 停止
3	限位开关		6 个	SQ1 ～ SQ6
4	电动机		2 个	M1 前 / 后 1 个，M2 上 / 下 1 个
5	DC 24V 电源		1 个	输出负载供电
6	导线		若干	

（2）I/O 设置　将归纳出的输入 / 输出设备进行 PLC 控制的 I/O 设置，见表 6-8。

表 6-8 I/O 设置

设备 / 信号类型	设备	信号地址	设备 / 信号类型	设备	信号地址
输入	SA0 起动	I0.0	输出	M1 前	Q0.1
	SQ1	I0.1		M1 后	Q0.2
	SQ2	I0.2		M2 上	Q0.3
	SQ3	I0.3		M2 下	Q0.4
	SQ4	I0.4		电极	Q0.5
	SQ5	I0.5			
	SQ6	I0.6			
	SA1 停止	I0.7			

（3）系统接线图　电镀流水线控制系统接线图如图 6-22 所示。

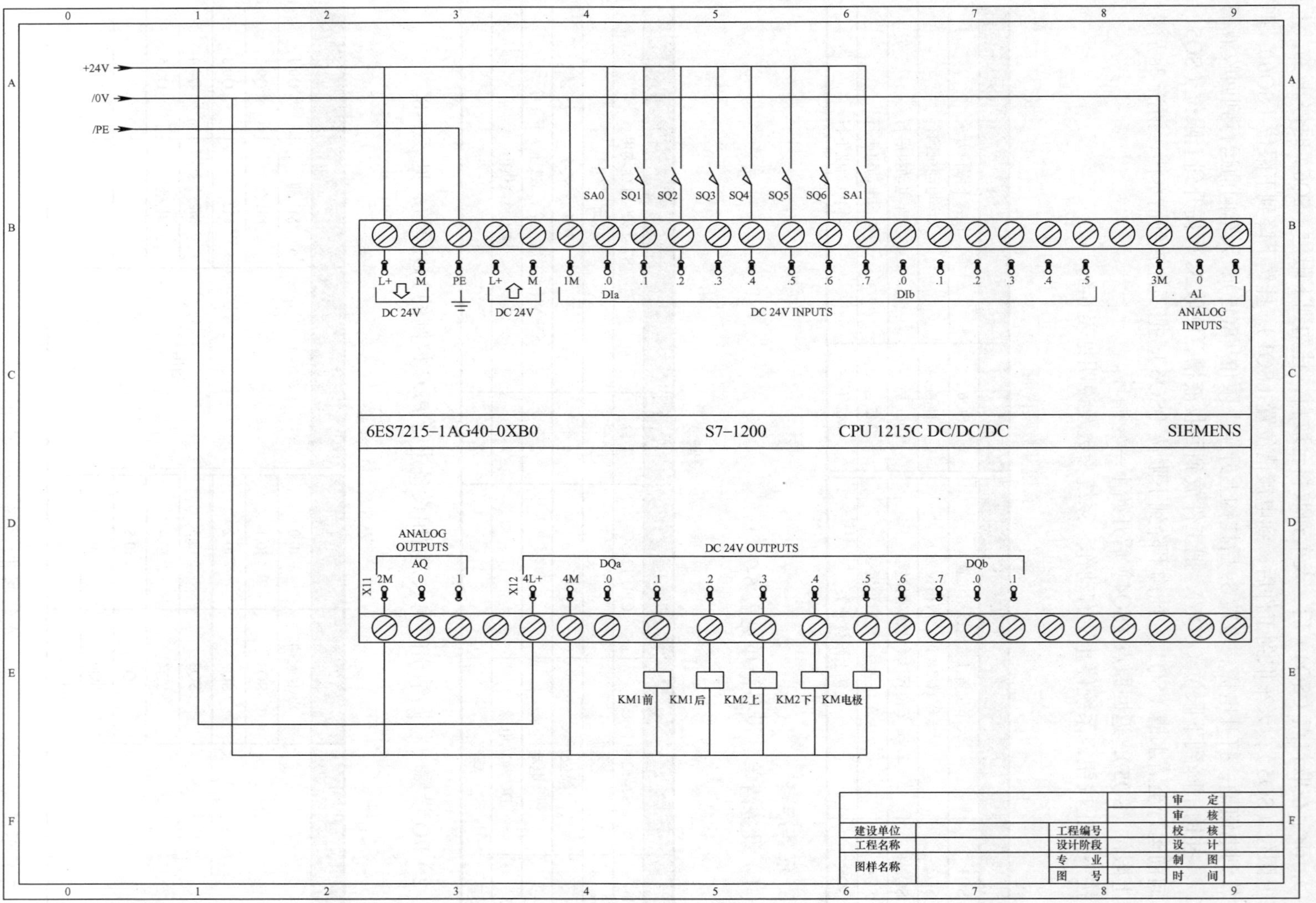

图 6-22 电镀流水线控制系统接线图

（4）控制逻辑　电镀流水线自动控制与洗衣机自动控制类似，其控制流程见表 6-9。

表 6-9　控制流程

步骤	内容	备注
1	按下起动按钮，系统初始化	MW10=1
2	检测系统是否在取料点，如果不在取料点，让其自动回到取料点 在取料点后，挂钩下降至 SQ6，计时 3s，上升至 SQ5	M2 上，M1 前，MW10=2 执行挂钩下降控制子程序
3	天车取到工件后，向前运动到电镀槽位置 SQ1 挂钩下降至 SQ6，计时 3s，上升至 SQ5	M2 上，M1 前，MW10=3 执行挂钩下降控制子程序
4	天车向前运动到回收液槽位置 SQ2 挂钩下降至 SQ6，计时 3s，上升至 SQ5	M2 上，M1 前，MW10=4 执行挂钩下降控制子程序
5	天车向前运动到清水槽位置 SO3 挂钩下降至 SQ6，计时 3s，上升至 SQ5	M2 上，M1 前，MW10=5 执行挂钩下降控制子程序
6	返回 SQ4 位置，开始下一轮循环	MW10=1，恢复初始状态
7	按下停止按钮，系统停止运行	M0.0 复位

3. 任务实施

1）断电接线，通电前请老师确认。

2）要懂得电也是有规律的，科学合理地用电，电不但不会伤害人，而且可以为人所用。

3）程序调试过程中，实际负载不能上电；离开实验台时，所有设备断电并归位。

步骤①：按下起动按钮 SA0，执行初始化控制程序，工作状态标识 MW10 置为 1，如图 6-23a 所示。

步骤②：首先检测系统是否在取料位置（即原点位置）SQ4。若 SQ5 未被压下，说明未在最高点，则挂钩上升至最高点，压下 SQ5。若 SQ4 未被压下，则天车前行至原点，压下 SQ4，回到取料位置，如图 6-23b 所示。MW10 置为 2。

步骤③：天车前往电镀槽，天车后行至 SQ1 被压下，如图 6-23c 所示。MW10 置为 3。此时 M0.0 得电，执行挂钩下降控制子程序，如图 6-24 所示。挂钩下降至 SQ6 被压下，打开电极，将工件放到电镀槽，计时 3s 后 M0.0 失电，挂钩升起至 SQ5 位置。

步骤④：挂钩上升至 SQ5 位置，天车前行至 SQ2 被压下，如图 6-23d 所示。MW10 被置为 4。此时 M0.0 再次得电，执行挂钩下降控制子程序，将工件放到回收液槽，计时 3s 后 M0.0 失电，挂钩升起至 SQ5 位置。

步骤⑤：挂钩上升至 SQ5 位置，天车前行至 SQ3 被压下，如图 6-23e 所示。MW10 被置为 5。此时 M0.0 再次得电，执行挂钩下降控制子程序，将工件放到清水槽，计时 3s 后 M0.0 失电，挂钩升起至 SQ5 位置。

步骤⑥：流程结束后，将 MW10 置为 1，恢复至初始状态，如图 6-23f 所示。

%I0.0
"SA0起动"
%I0.7
"SA1停止"
%MW10
"Tag_1"
==
Word
0
MOVE
EN
ENO
1
IN
OUT1
%MW10
"Tag_1"

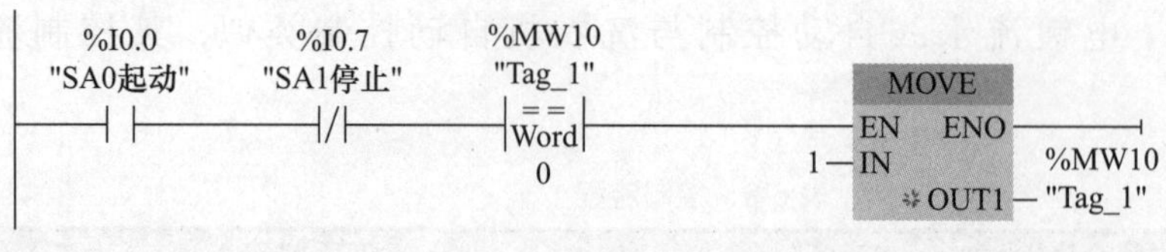

a) 步骤①

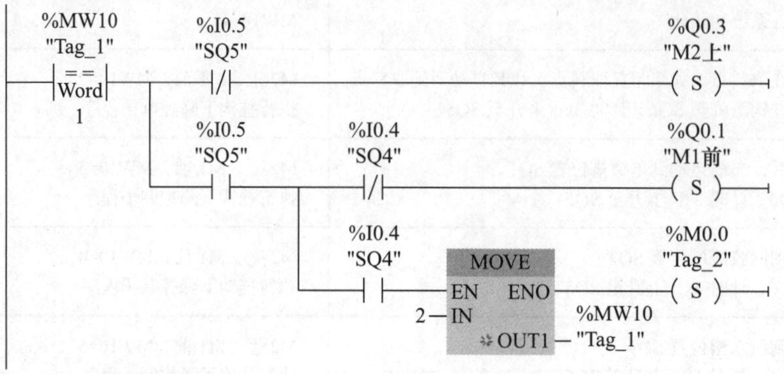

%MW10
"Tag_1"
==
Word
1
%I0.5
"SQ5"
%Q0.3
"M2上"
S
%I0.5
"SQ5"
%I0.4
"SQ4"
%Q0.1
"M1前"
S
%I0.4
"SQ4"
MOVE
EN
ENO
2
IN
OUT1
%M0.0
"Tag_2"
S
%MW10
"Tag_1"

b) 步骤②

%MW10
"Tag_1"
==
Word
2
%M0.0
"Tag_2"
%I0.5
"SQ5"
%Q0.3
"M2上"
S
%I0.5
"SQ5"
%I0.1
"SQ1"
%Q0.2
"M1后"
S
%I0.1
"SQ1"
MOVE
EN
ENO
3
IN
OUT1
%M0.0
"Tag_2"
S
%MW10
"Tag_1"

c) 步骤③

%MW10
"Tag_1"
==
Word
3
%M0.0
"Tag_2"
%I0.5
"SQ5"
%Q0.3
"M2上"
S
%I0.5
"SQ5"
%I0.2
"SQ2"
%Q0.1
"M1前"
S
%I0.2
"SQ2"
MOVE
EN
ENO
4
IN
OUT1
%M0.0
"Tag_2"
S
%MW10
"Tag_1"
%Q0.1
"M1前"
R

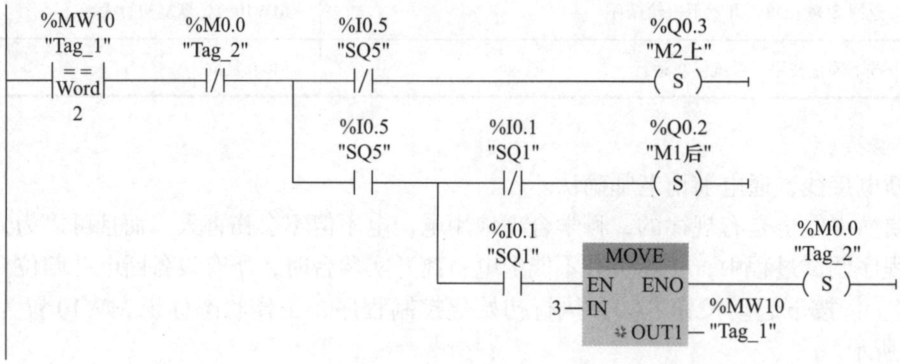

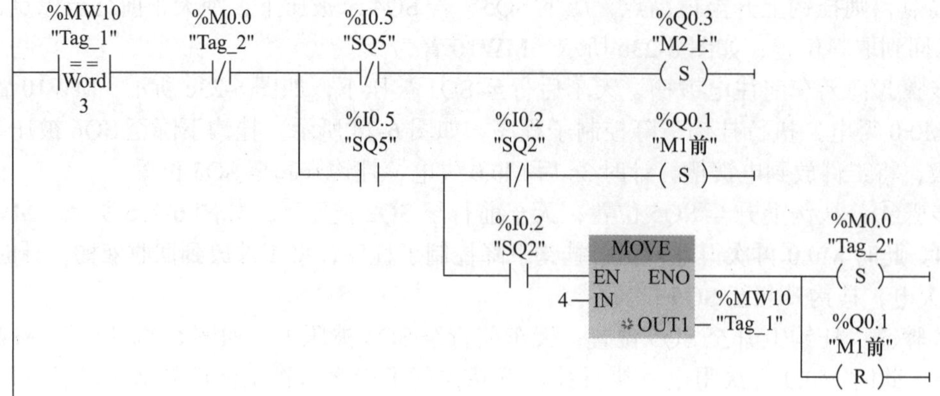

d) 步骤④

图 6-23　电镀流水线控制程序

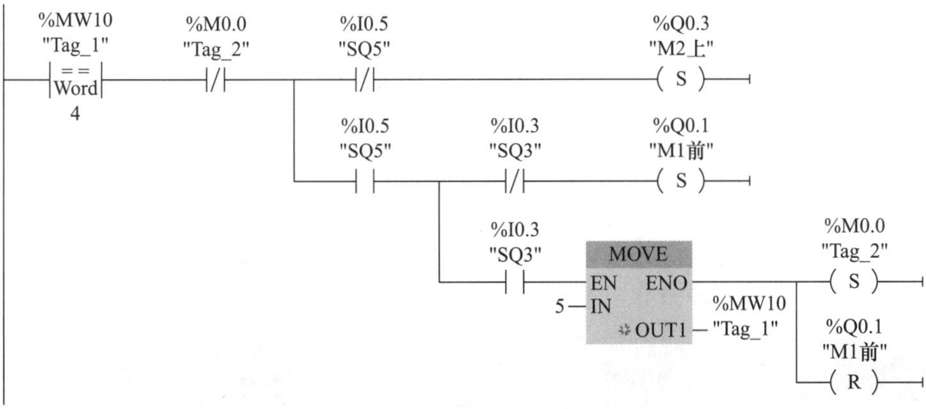

e) 步骤⑤

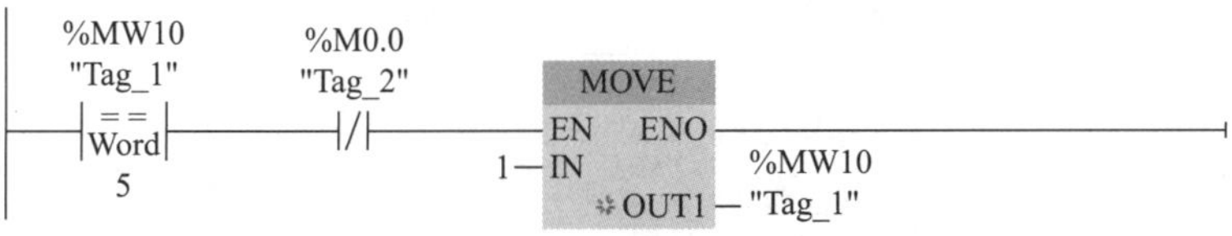

f) 步骤⑥

图 6-23 电镀流水线控制程序（续）

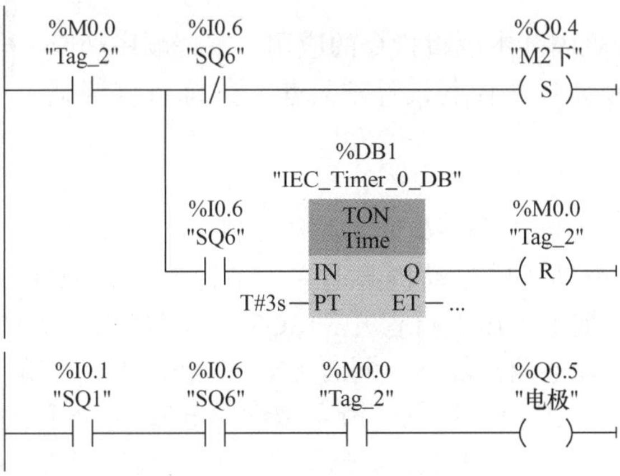

图 6-24 挂钩下降控制子程序

根据限位开关的状态，相应的复位控制子程序如图 6-25 所示。此外，当按下停止按钮后，线圈 M0.0 复位，程序停止运行。

任务实施过程中，及时填写任务工单。

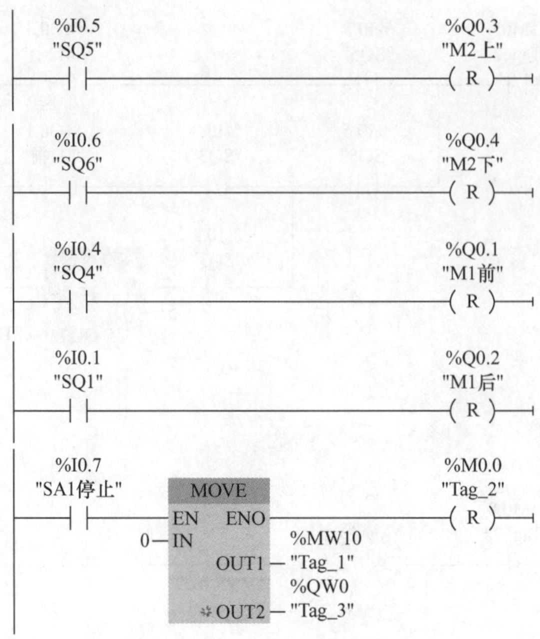

图 6-25 复位控制子程序

五、应用考核

1. 要点回顾

本任务需要进一步巩固基本逻辑指令的应用，掌握顺序功能流程图的绘制方法，领会顺序控制设计法思想，熟练系统调试过程。

2. 考核任务

任务要求：滑台在原始位置，按下起动按钮 SB1，电磁阀 YV1、YV2 得电，滑台快进，同时接触器 KM1 驱动主轴电动机起动；压下行程开关 SQ1，YV2 失电，滑台由快进变为工进，进行切削加工；压下行程开关 SQ2，工进结束，YV1 失电，滑台停止，保持 3s 后 KM1 失电，主轴电动机停转，同时 YV3 得电，滑台作横向退刀；压下行程开关 SQ3，YV3 失电，横退结束，YV4 得电，滑台做纵向退刀；压下行程开关 SQ4，YV4 失电，纵退结束，YV5 得电，滑台横向进给直到原点；压下行程开关 SQ0，YV5 失电，完成一次工作循环。

起动后，滑台要做连续循环，按下停止按钮 SB2 后，滑台要返回原点才能停止。编制满足上述控制要求的梯形图并运行调试。

根据控制要求，完成系统接线图、程序设计及调试。

六、任务拓展

现实生活中，组合机床的应用非常广泛，是一种常用生产机械设备。要想实现对它的控制，首先要了解机床上的机械、液压、电气三者之间的配合关系；然后从机床加工工艺出发，实现起动、制动、反向和调速等功能，并且要保证机床运动的准确性和协调性，通过各种保护装置，使其工作可靠，实现操作自动化。

思考：如何对四工位组合机床（图 6-26）PLC 控制系统进行编程？

具体控制要求：依据加工工艺及控制要求，具体控制过程分解如下：

1）上料：按下起动按钮，上料机械手前进将加工零件送到夹具上，到位后夹具夹紧零件，同时进料装置进料，然后上料机械手退回原位，放料装置退回原位。

2）加工：4 个工作滑台前进，其中工位Ⅰ、Ⅲ动力头先加工，Ⅱ、Ⅳ延时一段时间再加工，包括铣端面、打中心孔等。加工完成后，各工作滑台均退回原位。

3）下料：下料机械手向前抓住零件，夹具松开，下料机械手退回原位并取走加工完的零件。

4）循环步骤 1）～ 3）。

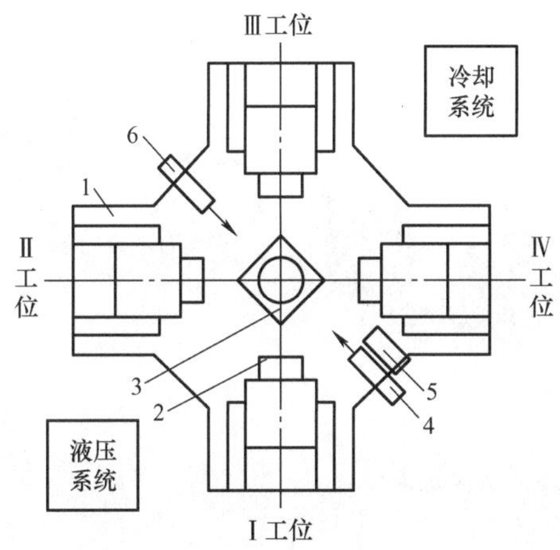

图 6-26　某四工位组合机床加工十字轴示意图

1—工作滑台　2—主轴　3—夹具　4—上料机械手　5—进料装置　6—下料机械手

提示

组合机床控制系统的运动行程可以自行设计，但需要遵循以下原则：

1）PLC 选型合理，满足任务的控制要求。

2）选择恰当的 PLC 产品去控制一台机器或一个过程时，不仅应考虑应用系统目前的需求，还应兼顾工厂未来发展目标的需求。

3）在考虑上述性能后，还要根据工程应用实际，综合考虑其他因素，如环境因素、PLC 容量、I/O 点数等。

项目七

多种液体混合控制

项目目标

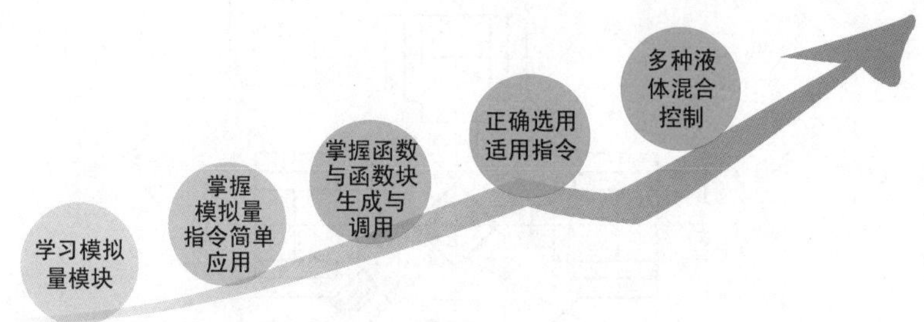

知识目标	1. 了解 S7-1200 PLC 模拟量模块； 2. 掌握模拟量规范化指令、函数与函数块。
能力目标	1. 根据控制要求，正确绘制接线图； 2. 能正确选用适用指令，完成多液体混合控制系统程序设计； 3. 能根据控制要求，完成多种液体混合控制系统调试，并进行简单故障排查。
素质目标	1. 养成发现问题、解决问题的良好习惯； 2. 培养发现规律、举一反三意识； 3. 提高文档撰写能力。

项目导入

在炼油、化工、制药等行业中，多种液体混合是必不可少的程序。但由于这些行业存在较多易燃易爆、有毒有腐蚀性的介质，以致现场工作环境十分恶劣，不适合人工现场操作。以 PLC 为核心的多种液体混合控制装置，可取代人工自动控制配比、搅拌、加热等生产设备，被广泛应用于食品、化工、制药、炼油等行业，不但可以提升系统的可靠性和免维护性，还提升产品生产效率，缩短生产设计周期，可为企业获取更多的经济效益。多种液体自动混合装置如图 7-1 所示。

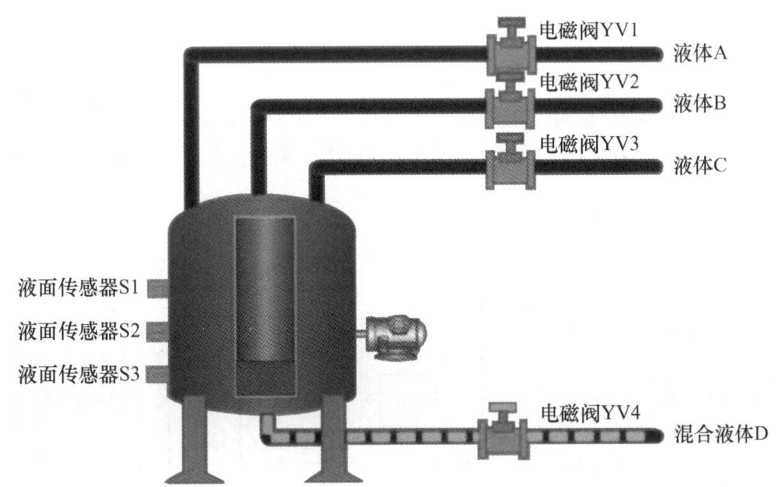

图 7-1 多种液体自动混合装置

什么是多种液体自动混合装置?

多种液体自动混合装置包括储液罐、液位控制装置和搅拌装置。液位控制装置包括设置于储液罐内的液位传感器和进、出料管道，进料管道设在储液罐上部，出料管道设在储液罐底部，进料管道和出料管道上均设有电磁阀；搅拌装置设在储液罐底部中间，搅拌装置包括搅拌电动机和搅拌桨。液位传感器、电磁阀、驱动电动机的电气控制部分与 PLC 系统相连。多种液体自动混合装置能对多种液体配料进行自动配料、自动添加、自动混合，降低劳动强度，节约人力资源，提高生产效率，提升产品质量。

本项目采用 PLC 实现多种液体混合装置控制，主要内容包括液位信号检测和液位值标度变换等。

任务 多种液体混合控制系统设计与调试

一、应用场景

试想，视频中多种液体自动混合装置控制如何实现？现实生活中，还有哪些现象与模拟量控制相关？

二、知识准备

1. 模拟量指令学习

（1）模拟量定义和分类 模拟量是指连续变化的物理量，如温度、压力、流量、电流、电压等信号，在自动控制领域，模拟量的计算与控制是必不可少的环节。PLC 的 CPU 只能处理数字量信号，如果需要处理工业流程中的模拟量信号，就必须采用 A/D 转换器（模 / 数转换器，ADC）来实现转换功能。

模拟量信号可以分为电压信号和电流信号两种类型。早期的大多数为电压型，电压信号的控制比较简单，易测量，但容易受到干扰。电流型具有极高的抗干扰能力，因此得到了广泛的应用。

（2）PLC 处理模拟量的过程　生产过程中存在大量的模拟量，如压力、温度、速度、旋转速度、pH 值和黏度等。为了实现自动控制，这些模拟量都需要被 PLC 处理。图 7-2 为 PLC 处理模拟量的过程。

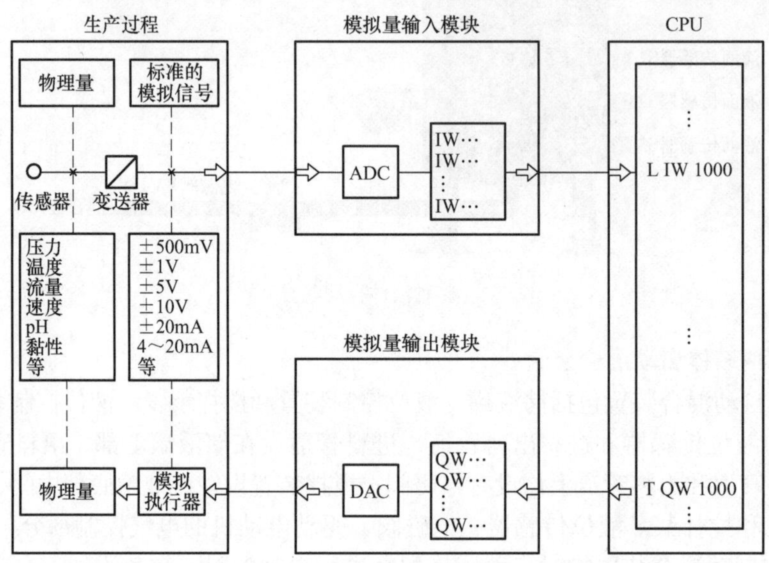

图 7-2　PLC 处理模拟量的过程

图 7-2 中，传感器采用线性膨胀、角度扭转或电导率的变化等原理来测量物理量的变化；变送器将传感器检测到的变化量转换为标准的模拟信号，如 ±500mV、±10V、±20mA 等，这些标准的模拟信号才可以连接 PLC 的模拟量输入模块。

S7-1200 PLC 可通过 MOVE 指令访问模 / 数转换的结果。如果需要输出模拟量，也可以通过 MOVE 指令向模拟量输出模块写模拟量的数值。该数值由模块中的 D/A 转换器（数 / 模转换器，DAC）变换为标准的模拟信号。采用标准模拟输入信号的模拟执行器可以直接连接 PLC 的模拟量输出模块。

（3）模拟量输入 / 输出模块的选型

1）模拟量输入模块的选型。以 CPU 1215C DC/DC/DC 型号为例，在 TIA 软件右侧“硬件目录”中找到与硬件对应的 AI 模块，如图 7-3 所示。

图 7-4 为模拟量输入模块的电气接线。电压输入或电流输入的接线是相同的。其信号的区别只需要在硬件组态中进行选择即可。

表 7-1 为模拟量输入的电压表示法。模拟量输入电压测量范围有 ±10V、±5V、±2.5V、0 ～ 10V 等。以 ±10V 为例，如果对应的十进制数为 32767，那么测量范围将达到 11.851V，显然，高出测量范围，这组数据无效，属于上溢。-10 ～ 10V，对应的十进制数是 -27648 ～ 27648，这才是正常范围，也称为额定范围，高出 27648 的数据和低于 -27648 的数据都属于无效数据。

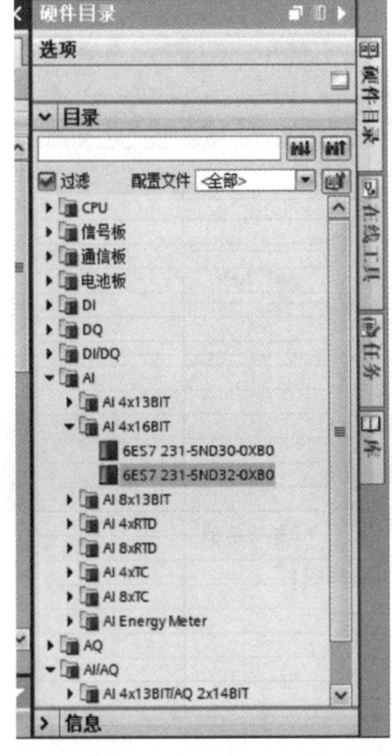

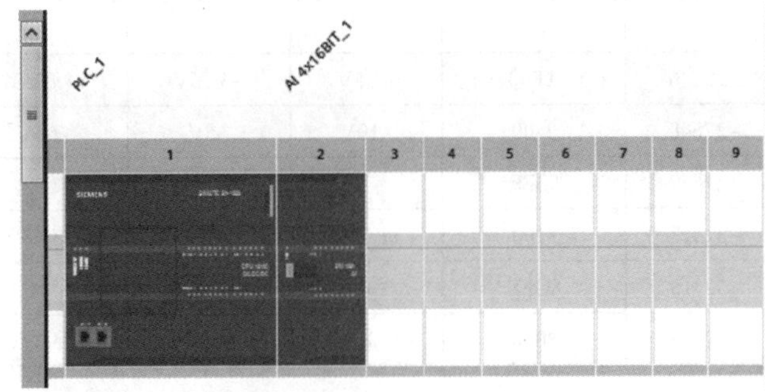

图 7-3 模拟量输入模块选型

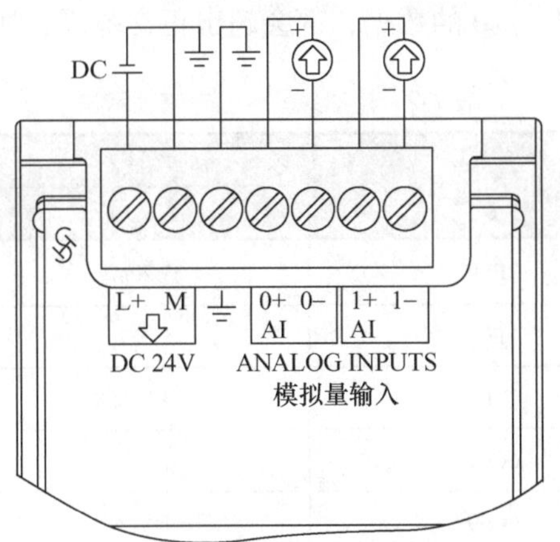

图 7-4 模拟量输入模块的电气接线

表 7-1 模拟量输入的电压表示法

十进制	十六进制	电压测量范围					
		±10V	±5V	±2.5V	注释	0～10V	注释
32767	7FFF	11.851V	5.926V	2.963V	上溢	11.851V	上溢
32512	7F00						
32511	7EFF	11.759V	5.879V	2.940V	过冲范围	11.759V	过冲范围
27649	6C01						

（续）

十进制	十六进制	电压测量范围					
		±10V	±5V	±2.5V	注释	0～10V	注释
27648	6C00	10V	5V	2.5V	额定范围	10 V	额定范围
20736	5100	7.5V	3.75V	1.875V		7.5V	
1	1	361.7μV	180.8μV	90.4μV		361.7μV	
0	0	0 V	0 V	0 V		0 V	
-1	FFFF					不支持负值	
-20736	AF00	-7.5V	-3.75V	-1.875V			
-27648	9400	-10V	-5V	-2.5V			
-27649	93FF				下冲范围		
-32512	8100	-11.759V	-5.879V	-2.940V			
-32513	8OFF				下溢		
-32768	8000	-11.851V	-5.926V	-2.963V			

表7-2为模拟量输入的电流表示法。以0～20mA为例，可以看出如果对应的十进制数为32767，则输出的电流可以达到23.70mA，属于上溢。0～20mA有效测量范围应该是0～27648，高于27648和低于0的数据，都会超出正常范围，属于无效数据。

表7-2 模拟量输入的电流表示法

十进制	十六进制	电流测量范围	
		0～20mA	注释
32767	7FFF	23.70mA	上溢
32512	7F00		
32511	7EFF	23.52mA	过冲范围
27649	6C01		
27648	6C00	20mA	额定范围
20736	5100	15mA	
1	1	723.4nA	
0	0	0mA	
-1	FFFF		下冲范围
-4864	ED00	-3.52mA	
-4865	EGFF		下溢
-32768	8000		

2）模拟量输出模块的选型。以CPU 1215C DC/DC/DC型号为例，在TIA软件右侧“硬件目录”中找到与硬件对应的AQ模块，如图7-5所示。

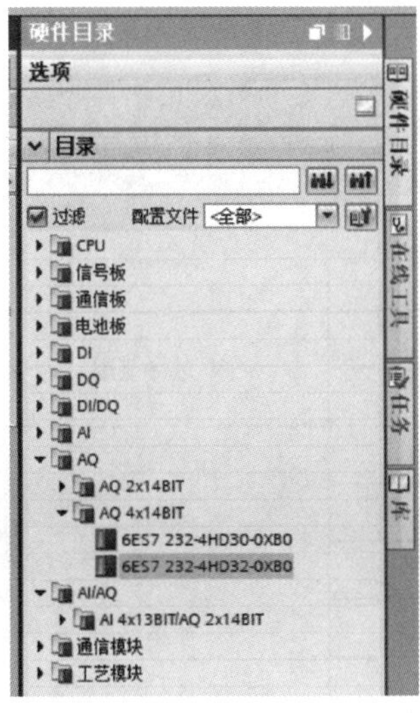

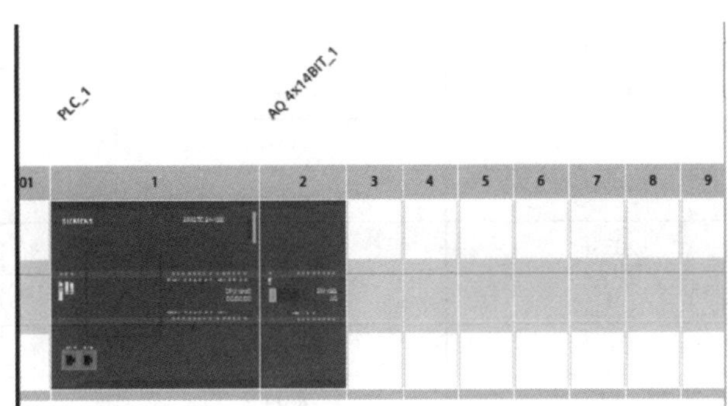

图 7-5 模拟量输出模块选型

图 7-6 为模拟量输出模块的电气接线。电压输出或电流输出只需要进行硬件组态时选择即可，不需要更改接线。表 7-3 为模拟量输出的电压表示法。从表 7-3 可以看出，±10V 对应的有效十进制数为 –27648 ～ 27648。高于 27648 和低于 –27648 的数据都会超出正常范围，属于无效数据。表 7-4 为模拟输出的电流表示法。从表 7-4 可以看出，4 ～ 20mA 对应的有效十进制数为 0 ～ 27648。高于 27648 和低于 0 的数据，都会超出正常范围，属于无效数据。在下溢或上溢情况下，模拟量输出模块将根据属性设置动作。在“对 CPU STOP 的响应”（Reaction to CPU STOP）参数中，可选“使用替换值”（Use Substitute Value）或“保持上一个值”（Keep Last Value）。

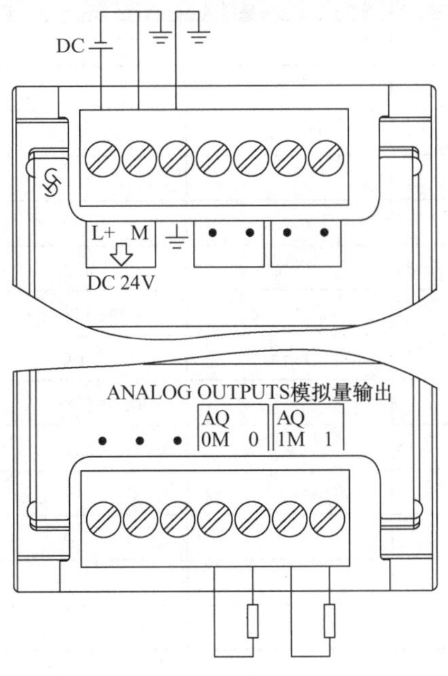

图 7-6 模拟量输出模块的电气接线

表 7-3　模拟量输出的电压表示法

十进制	十六进制	电压输出范围	
		±10V	注释
32767	7FFF		上溢
32512	7F00		
32511	7EFF	11.76V	过冲范围
27649	6C01		
27648	6C00	10V	额定范围
20736	5100	7.5V	
1	1	361.7μV	
0	0	0V	
–1	FFFF	–361.7μV	
–20736	AF00	–7.5V	
–27648	9400	–10V	
–27649	93FF		下冲范围
–32512	8100	–11.76V	
–32513	80FF		下溢
–32768	8000		

表 7-4　模拟量输出的电流表示法

十进制	十六进制	电流输出范围		
		0 ~ 20mA	4 ~ 20mA	注释
32767	7FFF			上溢
32512	7F00			
32511	7EFF	23.52mA	22.81mA	过冲范围
27649	6C01			
27648	6C00	20mA	20mA	额定范围
20736	5100	15mA	16mA	
1	1	723.4nA	4mA+578.7nA	
0	0	0mA	4mA	
–1	FFFF		4mA–578.7nA	下冲范围
–6912	E500		0mA	
–6913	E4FF			不可能，输出值限制在 0mA
–32512	8100			
–32513	80FF			下溢
–32768	8000			

（4）模拟量的规范化　模拟量输入模块的输入信号都与实际的物理量相对应，例如液位

传感器通过变送器来测量液位，测量范围为 0 ～ 500L，对应的输出电压为 0 ～ 10V。将该模拟量信号接入模拟量输入模块，对应于 0 ～ 10V 的电压信号，其转换的值为 0 ～ 27648，如果对该数值直接进行处理，会有一些不便，比如由于运算结果过大出现存储溢出的情况、当前数值的实际物理量大小不够明确，这时应该进一步将 0 ～ 27648 的值转换为实际物理量值（如 0 ～ 500），此过程称为“规范化”。

1）NORM_X 指令。NORM_X 指令完成数据的归一化。数据的归一化是将数据按比例缩放，使其落入到闭区间 [0，1] 之间。既然是按比例缩放，那么必须有该数据的范围，即该数据可能的最大值和最小值。注意：归一化后其数据值介于 0 ～ 1，为实数。NORM_X 指令参数见表 7-5。

表 7-5 NORM_X 指令参数

LAD	参数	数据类型	说明
NORM_X Int to Real EN — ENO MIN VALUE — OUT MAX	EN	Bool	允许输入
	OUT	整数、浮点数	归一后的数值
	MAX	整数、浮点数	最大值
	MIN	整数、浮点数	最小值
	VALUE	整数、浮点数	被归一数据

2）SCALE_X 指令。SCALE_X 指令对归一化的数据按照比例进行放大，它是归一化指令的逆操作。SCALE_X 指令参数见表 7-6。

表 7-6 SCALE_X 指令参数

LAD	参数	数据类型	说明
SCALE_X Real to Real EN — ENO MIN OUT VALUE MAX	EN	Bool	允许输入
	OUT	整数、浮点数	放大后的数值
	MAX	整数、浮点数	最大值
	MIN	整数、浮点数	最小值
	VALUE	整数、浮点数	被放大数据

2. 函数与函数块

（1）生成与调用函数

1）函数的特点。函数（Function，FC）是用户编写的子程序，它包含完成特定任务的程序。FC 有与调用它的块共享的输入 / 输出参数，执行完 FC 后，将执行结果返回给调用它的代码块。在 OB1 中可调用 FC。

2）生成函数。打开项目视图，生成一个名为“函数与函数块”的新项目。双击项目树中的“添加新设备”项，添加一块 CPU1214C DC/DC/DC，打开 PLC_1 程序块，双击其中的“添加新块”（见图 7-7），打开“添加新块”对话框，单击其中的“函数”按钮，FC 默认的编号为 1，默认的语言为 LAD（梯形图）。设置函数的名称为“ FC1”。单击“确定”按钮，在 PLC_1 程序块中可以看到新生成的 FC1。

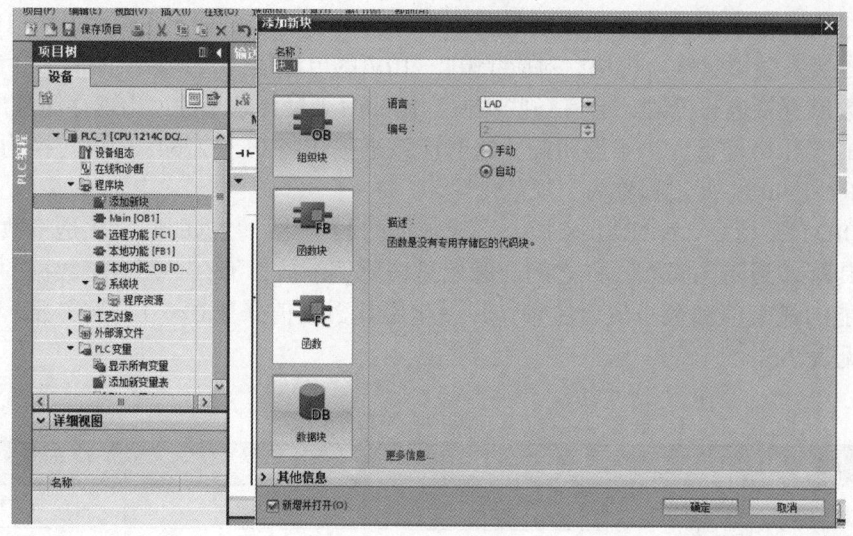

图 7-7　添加新块

3）在 OB1 中调用 FC1。将项目树中的 FC1 拖放到右边的程序区的水平“导线”上，如图 7-8 所示，即可调用 FC1。

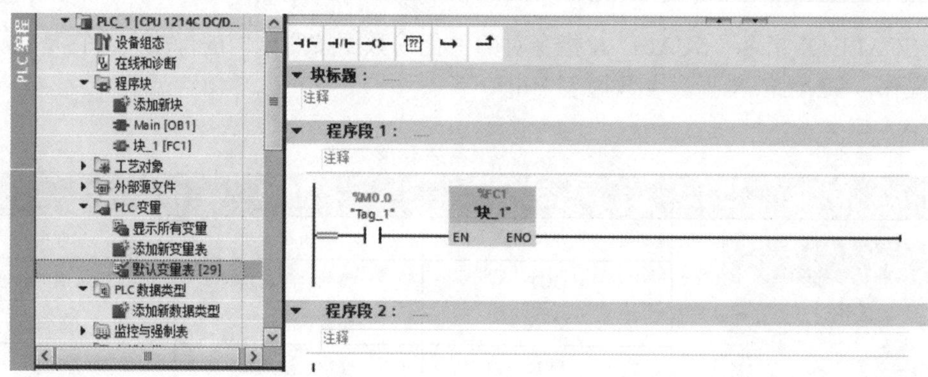

图 7-8　调用 FC1

（2）生成与调用函数块

1）函数块。函数块（Function Block，FB）是用户编写的有自己的存储区（背景数据块）的代码块，FB 的典型应用是执行不能在一个扫描周期结束的操作。每次调用函数块时，都需要指定一个背景数据块。后者随函数块的调用而打开，在调用结束时自动关闭。函数块的输入 / 输出参数和静态局部数据（ Static）用指定的背景数据块保存。函数块执行完后，背景数据块中的数值不会丢失。

2）生成函数块。打开 PLC_1 程序块，双击“添加新块”，单击打开的对话框中的“函数块”按钮，默认的编号为 1，默认的语言为 LAD（梯形图）。设置函数块的名称为“电动机控制”，单击“确定”按钮，生成 FB1。取消勾选 FB1“优化的块访问”属性。可以在 PLC_1 程序块中看到新生成的 FB1（见图 7-9）。

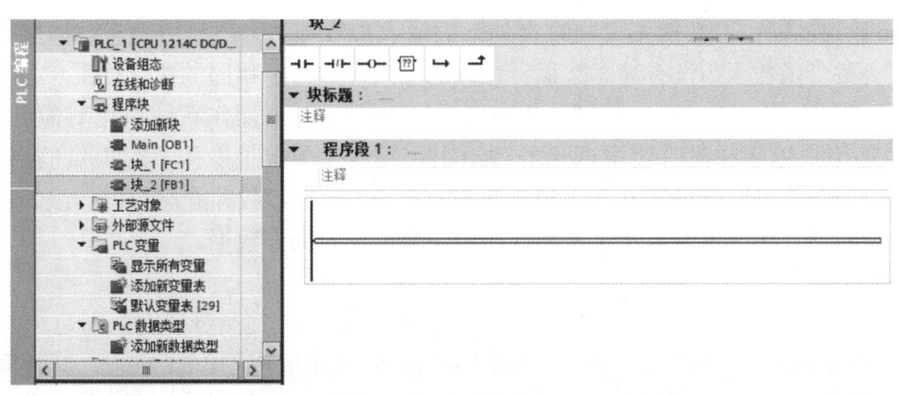

图 7-9　生成 FB1

3）在 OB1 中调用 FB1。在 PLC 变量表中生成调用 FB1 使用的符号地址。将项目树中的 FB1 拖放到程序区的水平“导线”上（见图 7-10），即可调用 FB1。

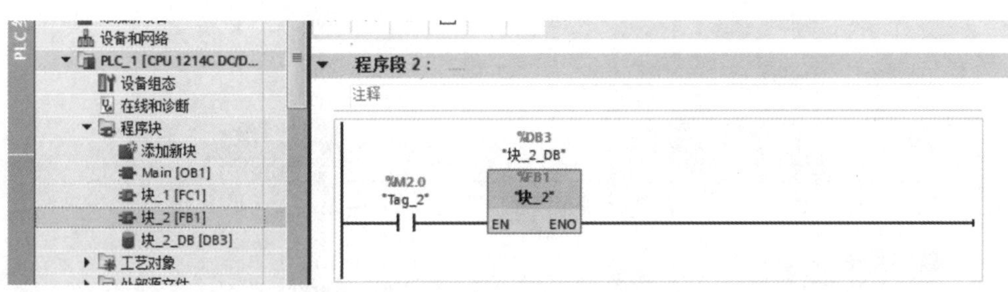

图 7-10　OB1 中调用 FB1

（3）函数与函数块的区别　FB 和 FC 均为用户编写的子程序，接口区中均有 Input、Output 参数和 Temp 数据。FC 的返回值实际上属于输出参数。FC 和 FB 的区别如下：

1）函数块有背景数据块，函数没有背景数据块。

2）只能在函数内部访问它的局部变量。其他代码块或 HMI（人机界面）可以访问函数块的背景数据块中的变量。

3）函数没有静态变量（Static），函数块有保存在背景数据块中的静态变量。

函数如果有执行完后需要保存的数据，只能用全局数据区（例如全局数据块和 M 区）来保存，但是这样会影响函数的可移植性。如果函数或函数块的内部不使用全局变量，只使用局部变量，不需要做任何修改，就可以将块移植到其他项目；如果块的内部使用了全局变量，在移植时需要重新统一分配所有的块内部使用的全局变量的地址，以保证不会出现地址冲突。当程序很复杂、代码块很多时，这种重新分配全局变量地址的工作量非常大，也很容易出错。如果代码块有执行完后需要保存的数据，显然应使用函数块，而不是函数。

4）函数块的局部变量（不包括 Temp 数据）有默认值（初始值），函数的局部变量没有默认值。在调用函数块时可以不设置某些有默认值的输入 / 输出参数的实参，这种情况下将使用这些参数在背景数据块中的默认值，或使用上一次执行后的参数值。这样可以简化调用函数块的操作。调用函数时应给所有的形参指定实参。

5）函数块的输出参数值不仅与来自外部的输入参数有关，还与用静态数据保存的内部状态数据有关。函数因为没有静态数据，相同的输入参数产生相同的执行结果。

（4）组织块与 FB 和 FC 的区别　出现事件或故障时，由操作系统调用对应的组织块，FB 和 FC 是用户程序在代码块中调用的。组织块的输入参数是操作系统提供的启动信息，此外用户可以生成临时变量和常量。组织块没有输入 / 输出参数和静态数据。组织块中的程序是用户编写的，用户可以自己定义和使用组织块的临时局部数据。

3. 任务热身

控制要求：某控制系统，模拟量输入通道地址为 IW64，其测量温度范围是 0 ～ 200℃，要求将实时温度值存入 MD40。有一个阀门由模拟量输出通道 QW64 控制，其开度范围为 0 ～ 100，开度在 MD50 中设定，编写程序实现以上功能。

应用规范化指令编写梯形图程序，如图 7-11 所示。

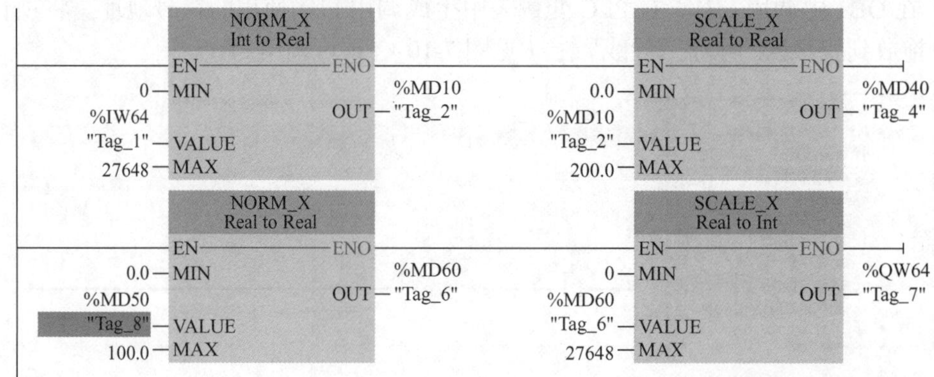

图 7-11　任务热身梯形图程序

三、在线学习及自评测试

四、任务实践

1. 控制要求描述

对某自动生产线上的多种液体混合装置进行系统设计，具体控制要求如下：

1）初始状态：容器为空，Y1 ～ Y4 电磁阀和搅拌机均为 OFF，液位传感器 S1 ～ S3 的指示灯均为 OFF。

2）起动运行：按下起动按钮 SB1，开始下列操作：电磁阀 Y1 闭合，开始注入液体 A，至液面高度为 S3 时，停止注入液体 A，同时闭合电磁阀 Y2 注入液体 B，当液面高度为 S2 时，停止注入液体 B，同时闭合电磁阀 Y3 注入液体 C，当液面高度为 S1 时，停止注入液体 C，开启搅拌机 M，搅拌混合时间为 10s；闭合电磁阀 Y4 放出混合液体，至液体高度降为 S3 后，再经 5s 停止放出。

3）停止操作：按下停止按钮 SB2，电磁阀和搅拌机停止动作。

2. 任务准备

（1）设备清单　本任务所需设备清单见表 7-7。

表 7-7 设备清单

序号	设备名称	型号	数量	备注
1	S7–1200 PLC	CPU 1215C	1 台	S7–1200 PLC 均可
2	按钮		2 个	起动 / 停止
3	液位传感器	DC 24V	3 个	
4	电磁阀	DC 24V	4 个	
5	搅拌机	DC 24V	1 个	
6	DC 24V 电源		1 个	输出负载供电
7	导线		若干	

（2）I/O 设置　将归纳出的输入 / 输出设备进行 PLC 控制的 I/O 设置，见表 7-8。

表 7-8 I/O 设置

设备 / 信号类型	设备名称	信号地址
输入	起动按钮 SB1	I0.0
	停止按钮 SB2	I0.4
	液位 S	IW96
输出	电磁阀 Y1	Q0.0
	电磁阀 Y2	Q0.1
	电磁阀 Y3	Q0.2
	电磁阀 Y4	Q0.3
	搅拌电动机	Q0.4
	液位 S1 指示灯	Q0.5
	液位 S2 指示灯	Q0.6
	液位 S3 指示灯	Q0.7

（3）系统接线图　多种液体混合控制系统接线图如图 7-12 所示。

3. 任务实施

（1）硬件配置　从硬件目录选择 SM1234 扩展模块，如图 7-13 所示。添加扩展模块后的结果如图 7-14 所示。

如图 7-15 所示，用户可以在硬件组态配置中定义 SM1234 扩展模块的 I/O 地址，地址的范围为 0 ～ 1023。

由于现场电磁环境干扰，因此模拟量输入模块会出现数据失真或漂移，这时可以通过滤波属性，如图 7-16 所示，选择使用 10Hz/50Hz/60Hz/400Hz 进行滤波，以抗现场的电磁干扰。

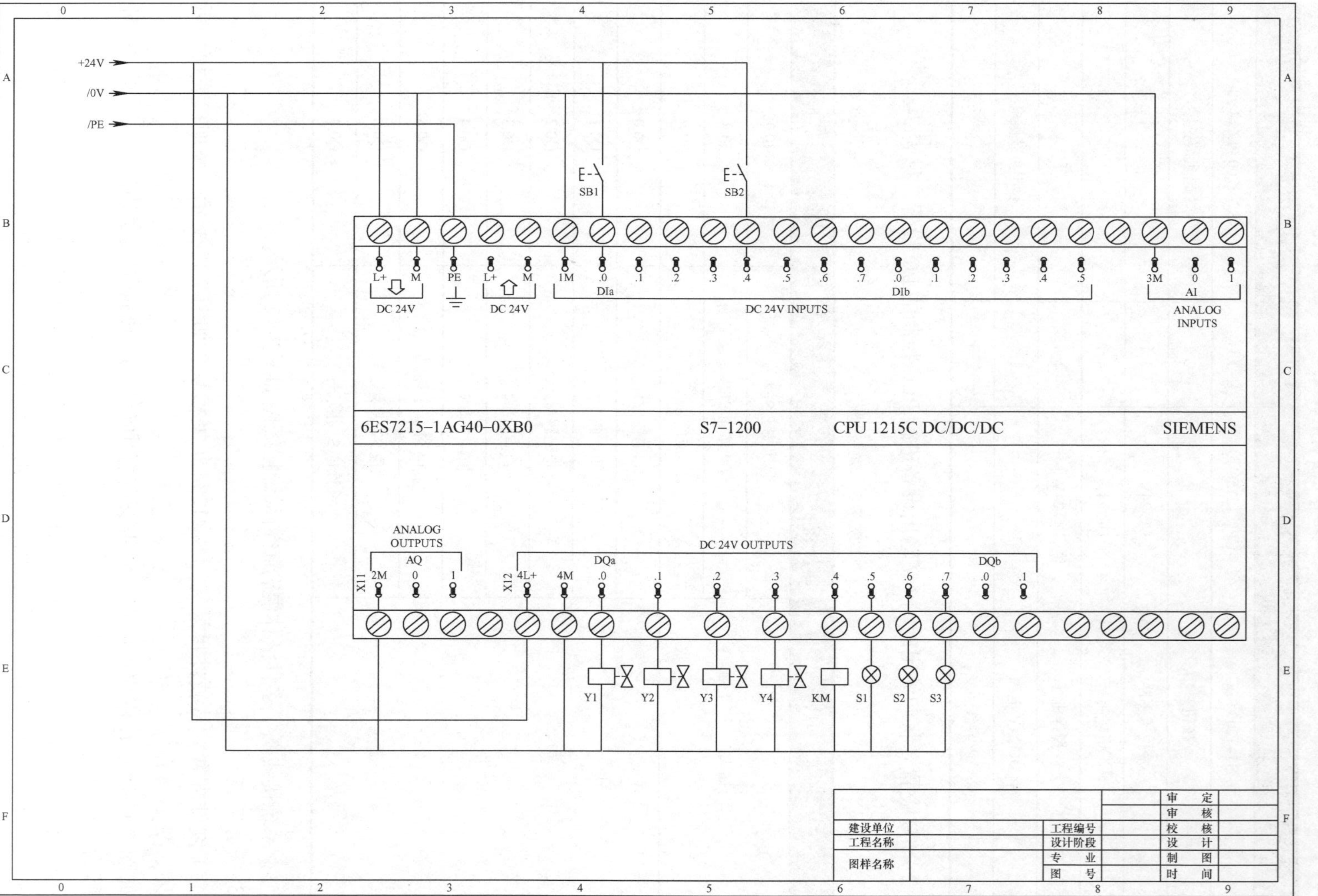

图 7-12　多种液体混合控制系统接线图

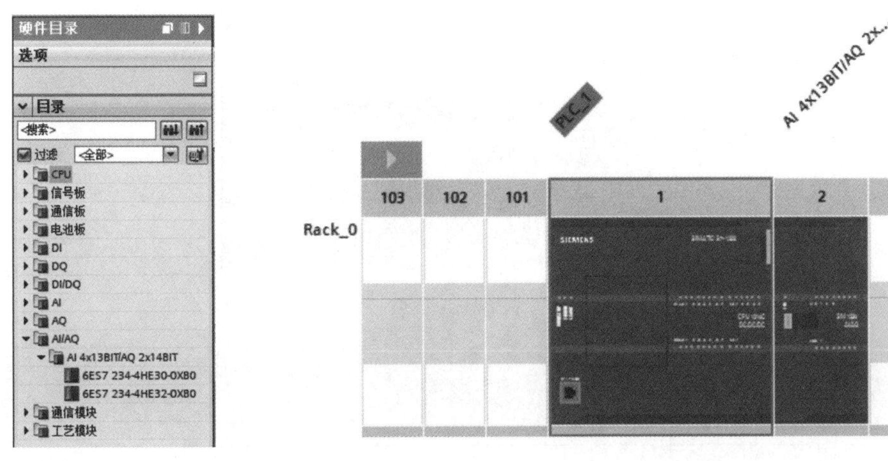

图 7-13 选择 SM1234 扩展模块　　　　图 7-14 添加扩展模块后的结果

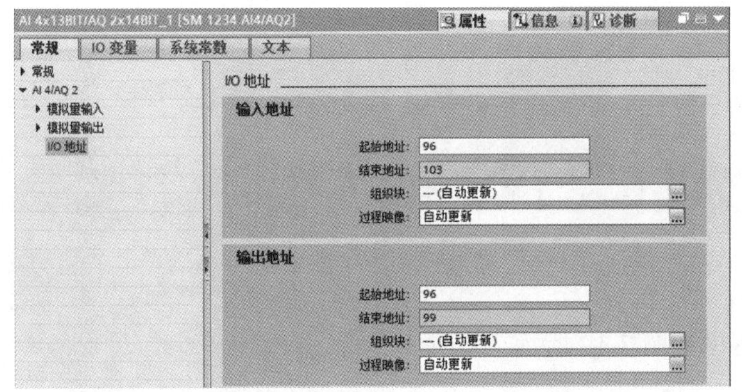

图 7-15 定义 SM1234 扩展模块的 I/O 地址

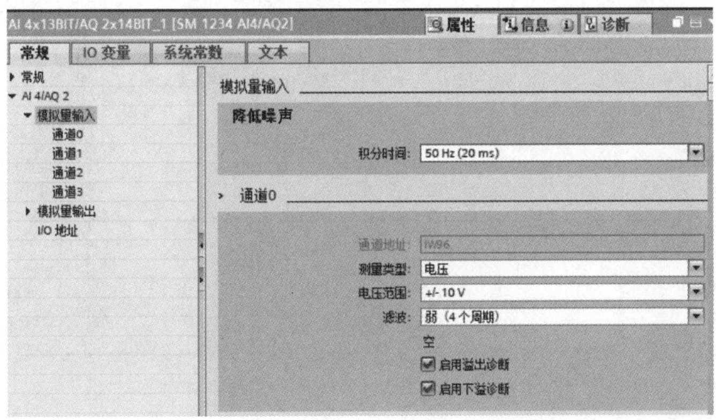

图 7-16 滤波属性

模拟量输入信号的测量类型是电压还是电流可以通过图 7-17 所示进行设置。

（2）编写程序　主程序 OB1 梯形图如图 7-18 所示。上方程序段用于多种液体混合装置的起 / 停控制。下方程序段用于起动后，调用运行程序和数值转换子程序。

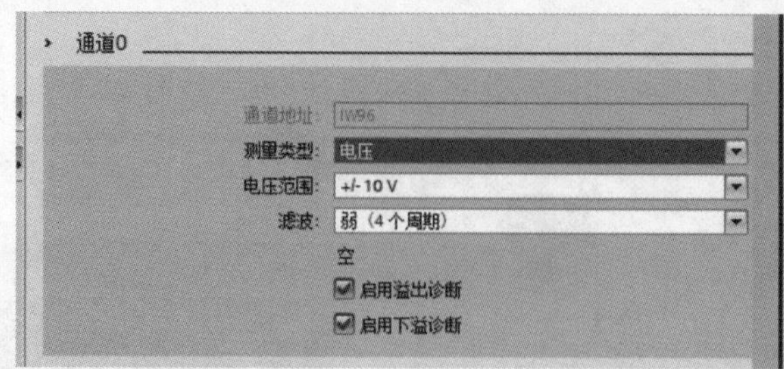

图 7-17　设置测量类型

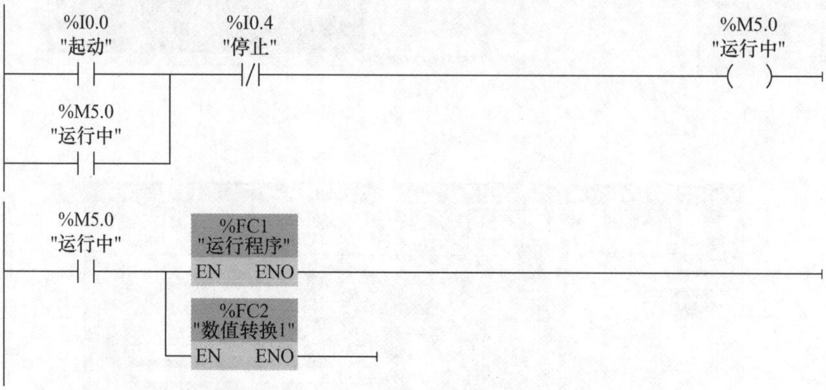

图 7-18　主程序

数值转换子程序如图 7-19 所示。

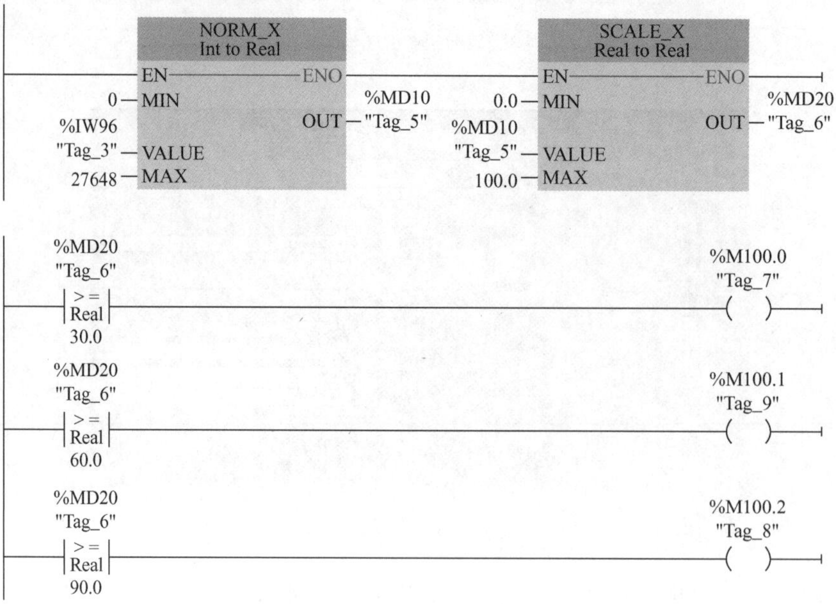

图 7-19　数值转换子程序

运行程序如图 7-20 所示。

%Q0.3 "Y4" %Q0.4 "M" %M100.0 "Tag_7" %Q0.0 "Y1"
%DB4 "IEC_Timer_0_DB_3"
%M100.0 "Tag_7" TON Time IN Q T#0.1s — PT ET — T#0ms
%M100.1 "Tag_9" %Q0.1 "Y2"
%DB5 "IEC_Timer_0_DB_4"
%M100.1 "Tag_9" TON Time IN Q T#0.1s — PT ET — T#0ms
%M100.2 "Tag_8" %Q0.2 "Y3"

%DB1 "IEC_Timer_0_DB"
%M100.2 "Tag_8" TON Time IN Q T#0.1s — PT ET — T#0ms
%Q0.3 "Y4" %M5.1 "Tag_1" %Q0.4 "M"
%Q0.4 "M"
%DB2 "IEC_Timer_0_DB_1"
TON Time IN Q T#10s — PT ET — T#0ms
%M5.1 "Tag_1"
%M5.1 "Tag_1"

%DB6 "IEC_Timer_0_DB_5"
%M5.1 "Tag_1" TON Time IN Q T#0.1s — PT ET — T#0ms
%M5.2 "Tag_2" %Q0.3 "Y4"
%Q0.3 "Y4"
%DB3 "IEC_Timer_0_DB_2"
%M100.0 "Tag_7" TON Time IN Q T#5s — PT ET — T#0ms
%M5.2 "Tag_2"

图 7-20 运行程序

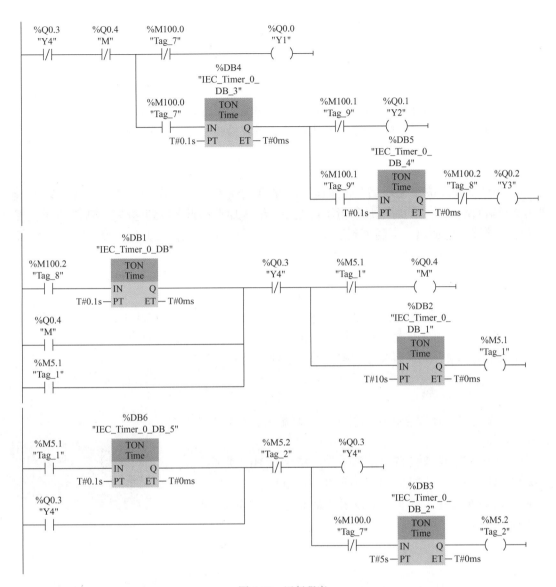

其中数值转换子程序还可以通过图 7-21 所示程序实现。

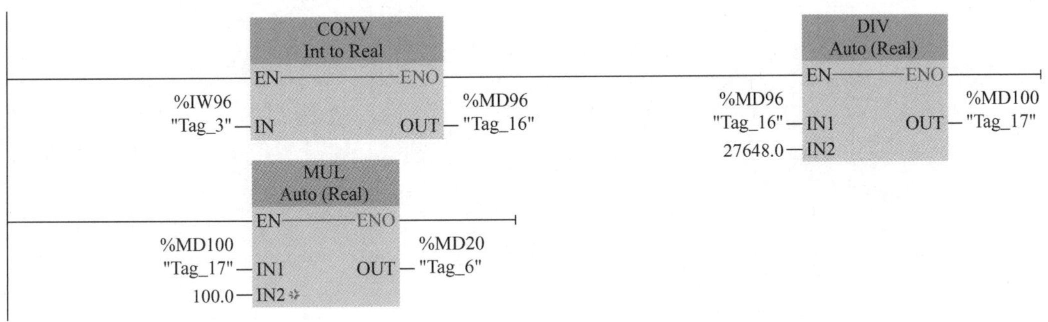

图 7-21 数值转换子程序

任务实施过程中，及时填写任务工单。

五、应用考核

1. 要点回顾

本任务需要了解模拟量指令和函数及函数块的工作原理。能在程序中正确使用以上指令完成基本功能。下面，通过一个自动开水炉控制系统检验相关指令的掌握情况。

2. 考核任务

控制要求：

1）当按下起动按钮 SB1 后，进水电磁阀 Y 开始注入冷水，当液位到达低水位以后，电加热器开始通电加热，同时电加热指示灯点亮，继续加水；当水位到达高水位后，进水电磁阀断电，继续通电加热，当温度到达设定温度后，停止加热，保温开始，保温指示灯点亮，这时可以供水，打开出水阀便可以流出开水。

2）当水位低到低水位后，进水电磁阀 Y 通电，当液位到达低水位以后，电加热器开始通电加热；

3）当温度低于 80℃时，电加热器通电工作，指示灯切换到加热状态，温度达到设定温度时，加热停止，进入保温状态，同时指示灯也切换到保温状态。

根据控制要求，完成系统接线图、程序设计及调试。

六、任务拓展

请在以上多液体混合控制系统设计的基础上，增加状态显示系统，具体如下：

1）初始状态，若设备“正常工作”指示灯 HL1 常亮，表示设备准备好。否则，该指示灯以 1Hz 频率闪烁；

2）设备准备好，按下起动按钮，系统起动，“设备运行”指示灯 HL2 常亮。

项目八

多 PLC 通信与诊断

项目目标

知识目标	1. 了解 PLC 之间的常用通信方式及其各自的特点和适用场合； 2. 掌握在博途软件中完成通信连接的组态和参数设置，以及调用相关功能块完成程序编制； 3. 能够通过中断组织块读取故障的基本信息；
能力目标	能根据控制要求，完成储罐系统下两个 PLC 之间的数据通信，并能进行简单的通信诊断。
素质目标	1. 培养团结协作的意识和能力； 2. 锻炼有条理地安排工作的能力，做到流程合理、效率最高。

项目导入

工厂设备之间的互通互联是普遍需求，尤其是在数字化、物联网风起云涌的当下，各个 PLC 所控制的单体设备之间需要协同工作，其中涉及 PLC 之间的数据通信。考虑到 PLC 品牌的差异性、通信协议和网络介质的多样性、通信技术的复杂性等，实现 PLC 之间通信需要结合不同的条件选择最优的方案，而其基础就是 PLC 编程软件中通信组态以及相关指令 / 功能块的具体使用。

无论是设备控制用的 PLC 还是工艺流程控制用的 PLC，对其稳定运行都有严苛的要求，一方面要求其硬件本身能够适应不同工况环境，例如温湿度、腐蚀等，而另一方面，对于控制核心的程序逻辑，也应该能够有足够的鲁棒性。为此，了解并能够灵活运行 PLC 诊断功能，对于分析故障、提高整个 PLC 系统的稳定性非常有必要。

来听故事啦

早在人类社会发展的初期，我们的祖先在没有发明文字和使用交通工具之前，就已经能够互相通信了，我国古代民间有许多通信方式，如鸿雁传书、鱼传尺素、青鸟传书、黄耳传书、飞鸽传书、风筝通信、竹筒传书、灯塔、通信塔等。

唐朝李商隐《寄令狐郎中》诗中有云："嵩云秦树久离居，双鲤迢迢一纸书，休问梁园旧宾客，茂陵秋雨病相如"。古乐府诗《饮马长城窟行》有"客从远方来，遗我双鲤鱼"之语。汉代苏武出使匈奴，被流放在北海边牧羊，与朝廷联系中断。苏武利用候鸟春北秋南的习性，写了一封信系在大雁的腿上，此雁飞到汉朝皇家的花园后，皇帝得知了苏武的情形，朝廷据此通过外交途径把他接了回来。

任务 1　S7-1200 间的开放式通信

一、应用场景

视频中各个加工单元是如何协调一致的？哪些数据需要在各个单元中传递？ PLC之间可能的通信协议是什么？程序中是如何控制的？所有这些问题是项目设计和组态过程中需要考虑并回答的。诸如此类的生产环节之间的协同作业的场景，您还知道哪些？

二、知识准备

1. S7-1200 PLC 网络通信

西门子 S7-1200 PLC 自带以太网接口，支持 TCP 以及基于 TCP 的相关通信方式。同时也可以在 CPU 模块左侧通过扩展模块，从而来扩展支持 Profibus DP 或者 RS 485 通信方式。和编程资源一样，PLC 的通信能力还受其内部固有连接资源的限制，表 8-1 中列出了 S7-1200 PLC 通信连接资源情况。

表 8-1　S7-1200 PLC 通信连接资源

连接资源	编程终端（PG）	人机界面（HMI）	GET/PUT 客户端 / 服务器	开放式用户通信	Web 浏览器
连接资源的最大数量	3（保证支持 1 个 PG 设备）	12（保证支持 4 个 HMI 设备）	8	8	30（保证支持 3 个 Web 浏览器）

一台 S7-1200 PLC 的 CPU 模块最多支持同时与其他 PLC 建立 8 个开放式用户通信连接。开放式用户通信，顾名思义就是可以与包括西门子 PLC 在内的所有通信设备实现基于 Socket 的通信方式，因其通用性好，也是当前项目中普遍采用的数据交换方式。

博途软件支持查看当前 PLC 已使用的连接资源情况，通过"CPU 属性"→"常规”→“连接资源”即可查看，图 8-1 中详细显示了当前项目中已组态的各类型通信所占用的连接资源情况。

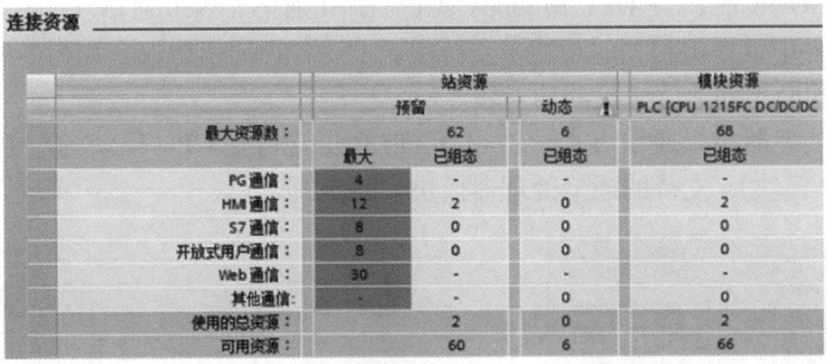

连接资源

	站资源			模块资源
	预留		动态	PLC [CPU 1215FC DC/DC/DC
最大资源数：		62	6	68
	最大	已组态	已组态	已组态
PG 通信：	4	-	-	-
HMI 通信：	12	2	0	2
S7 通信：	8	0	0	0
开放式用户通信：	8	0	0	0
Web 通信：	30	-	-	-
其他通信:	-	-	0	0
使用的总资源：		2	0	2
可用资源：		60	6	66

图 8-1　S7–1200 在线连接资源统计

与 HMI、PG、Web 客户端的通信用于上层系统与 PLC 之间的编程、监控、数据采集等需求，这也是 PLC 在整个工厂系统数据交互的枢纽地位的体现。

为了更好、更全面地理解 PLC 所有对外通信连接，需要了解 PLC 所关联的网络系统。在一个典型的工业控制系统中，与 PLC 有关的网络有信息网、控制网和设备网三种，而 PLC 作为其中的关键设备，需要在这三种网络中与其他设备进行联网。

（1）信息网　这一层网络主要用于 PLC 与各种功能的计算机进行联网，常见的是监控服务器或者 SCADA 软件对 PLC 及其控制系统进行监控和管理，这提高了整个系统的自动化及信息化水平。

信息网的主要特点是接入网络节点数量多、通信量较大、拓扑结构复杂。

（2）控制网　控制网主要用于 PLC 与 PLC 之间的网络连接，常见于多个设备之间互联以及 PLC 系统在 DCS 中的融合等。在具体项目网络拓扑中，控制网和信息网通常会共享同一物理网络，即多台 PLC 和计算机都连接在一起，这是由功能和成本两方面因素决定的：首先，每台 PLC 本身就需要与计算机连接完成组态、监控任务；其二，独立的网络规划会大大增加交换机的使用量，从而增大成本。

控制网的主要特点是可靠性要求高、通信量不大。

（3）设备网　顾名思义，设备网用于 PLC 与其他智能设备之间的网络互连，例如带通信功能的变频器、远程 I/O 站、智能仪表等，主要完成 PLC 控制器与这些设备之间的 I/O 数据采集和控制指令下发等，诸如 Profibus DP、Profinet I/O、FF 等现场总线均是该层网络的主要协议。

设备网的主要特点是实时性要求较高、通信协议种类多、抗干扰要求高等。

上述三种网络中，PLC 控制器都承担着主要的通信任务，也需要兼顾每层网络的特性，在通信能力、多协议支持、实时性等方面要能够覆盖各种应用场景下的需求。

2. S7–1200 PLC 常用通信方式

（1）CPU 模块集成接口通信方式　S7–1200 PLC 的 CPU 本体上集成了一个 Profinet 通信接口，支持以太网和基于 TCP/IP 和 UDP 的通信协议。这个 Profinet 物理接口是支持 10/100Mbit/s 的 RJ45 接口，支持电缆交叉自适应，因此标准的或是交叉的以太网线都可以用于这个接口。使用这个通信接口可以实现 S7-1200 CPU 与编程设备的通信、与 HMI 触摸屏的通信以及与其他 CPU 之间的通信。主要支持的通信协议和服务包括：Profinet I/O、S7 通信、TCP、ISO on TCP、UDP、Modbus TCP、HMI 通信、Web 通信。

在 TIA 软件中也提供相关的功能来支持实现上述各种通信协议，如图 8-2 所示，在软件功能库中提供面向不同通信协议的功能块。

（2）通信处理器接口通信方式　S7-1200 PLC 也支持在 CPU 模块的左侧扩展通信处理器模块（即 CP 模块），支持的通信处理器模块如图 8-3 所示。

图 8-2　TIA 软件中的通信功能块

通信协议	模块
RS232和RS485	CM 1241 RS232
	CM 1241 RS422/485
PROFIBUS	CM 1242−5 Profibus从站
	CM 1243−5 Profibus主站
以太网	CM 1243−1以太网模块
AS−i	CM 1243−2 AS−i Master
RFID	RF120C

图 8-3　S7−1200 PLC 支持的通信处理器模块

基于这些模块可以实现：

1）串口通信。

- 点对点（PtP）通信，常用于与扫码器、智能表等的通信。
- MODBUS RTU 通信，通用协议之一，常见于现场仪表。
- USS 通信，与变频器的通信协议。

2）Profibus DP 总线通信

同样，在 TIA 软件里也提供了相应的功能块，如图 8-4 所示。关于各种通信的具体实现方式，可参阅 S7−1200 系统手册或其他书籍，本项目中根据要求聚焦在控制网，即实现两个 PLC 之间基于以太网的通信互联。

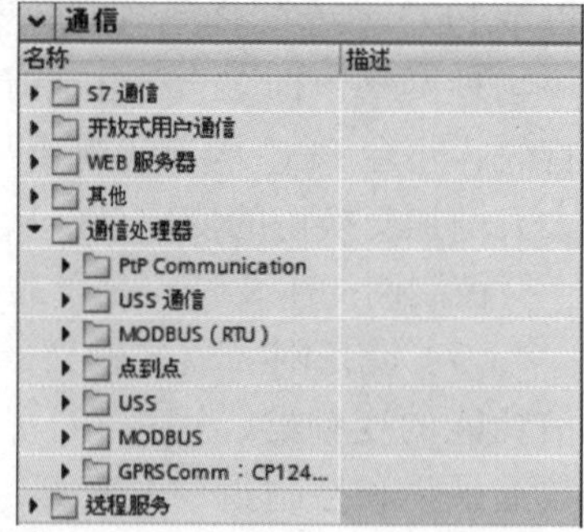

图 8-4　通信处理器相关的功能块

注意

PLC 之间的通信连接方式受多种因素的影响和制约，主要包括：

1）PLC 控制器或扩展模块支持的物理接口。

2）PLC 支持的通信协议。

3）通信数据量和实时性要求等。

3. 开放式通信常用功能块

基于 CPU 模块集成的 Profinet 接口的开放式用户通信（Open User Communication）是一种基于程序控制的通信方式，即在用户程序中对通信进行控制，诸如通信连接的建立、断开、数据发送等通信事件均由相应的功能块来完成。这种通信的优点是可以在运行期间对通信连接进行维护和修改。

开放式用户通信在西门子的 S7–300/400/1200/1500 PLC 系列中均可以实现，通过调用表 8-2 中所包含的功能块来完成相关任务。

表 8-2 开放式用户通信功能块

功能块	功能说明
TCON	用于通信连接的建立
TDISCON	用于通信连接的断开
TSEND	通过 TCP 和 ISO-on-TCP 发送数据
TRCV	通过 TCP 和 ISO-on-TCP 接收数据
TUSEND	通过 UDP 协议发送数据
TURCV	通过 UDP 协议接收数据
TSEND_C	S7–1200/1500 中用于通信连接建立 / 断开和数据发送
TRCV_C	S7–1200/1500 中用于通信连接建立 / 断开和数据接收

表 8-2 中，带“_C”的功能块表示在发送 / 接收数据功能之外还支持通信连接建立。在 S7–1200 PLC 中主要使用 TSEND_C 和 TRCV_C 的组合来完成数据收发，此任务定义“PLC_1”为数据发送方，“PLC_2”为数据接收方。在 PLC_1 中调用 TSEND_C 功能块来建立 / 断开连接并发送数据，而在 PLC_2 中使用 TRCV_C 来接收数据。

（1）TSEND_C 功能块使用　在博途软件中，通过“指令”→“通信”→“开放式用户通信”命令可以找到 TSEND_C 功能块，将其拖放到梯形图能流线中，软件会自动提示创建该功能块对应的背景数据。如图 8-5 所示，软件提示用户输入功能块名称，也可保持默认，单击“确定”按钮，新创建的背景数据块名称显示在功能块上方，如图 8-6 所示。

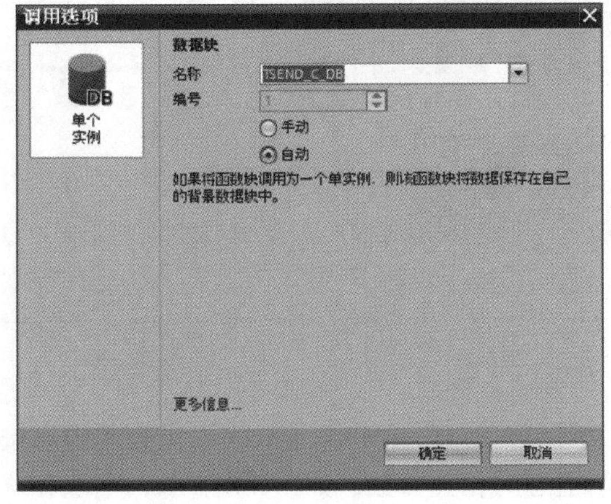

图 8-5 TSEND_C 创建实例数据块

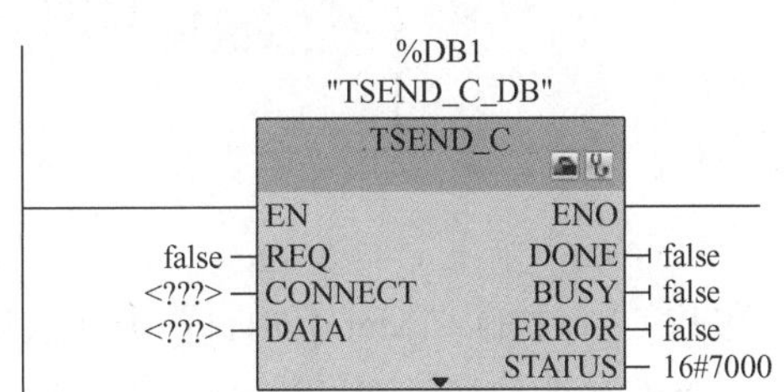

图 8-6 TSEND_C 功能块调用

各引脚的具体功能说明见表 8-3。

表 8-3　TSEND_C 功能块引脚说明

输入引脚			
引脚	说明	数据类型	备注
EN	使能信号	Bool	EN 为 1 时，发送功能块执行
REQ	请求信号	Bool	REQ 上升沿时根据 CONNECT 指定的连接描述数据块中的信息启动数据发送任务
CONT	建立和保持连接	Bool	1：建立和保持连接，输出引脚 DONE 在一个周期内输出 1 状态 0：断开连接
CONNECT	连接描述数据块	VARIANT 指针	连接配置的相关参数会自动存储在一个数据块中，该引脚也会自动连接该数据块
DATA	发送数据源	VARIANT 指针	需要发送的数据存放的区域
输出引脚			
引脚	说明	数据类型	备注
DONE	任务执行成功	Bool	1：发送或者连接任务已经完成 0：任务未启动或者正在执行
BUSY	任务执行中	Bool	1：任务正在执行，不能触发新的任务 0：任务已完成
ERROR	任务执行出错指示	Bool	1：任务执行出错 0：无错误发生
STATUS	状态代码	Word	任务执行的状态码，当 ERROR 为 1 时，显示相应的故障码

在刚插入梯形图的功能块中，引脚 CONNECT 和 DATA 显示为红色需要配置，两个引脚的数据类型都是指针类型，引脚 CONNECT 需要指向存放连接参数的数据块，而该数据块可以通过图形化的方式来配置。

在图 8-7 所示的项目配置中，两个 PLC 已经连接在同一个子网“PN/IE_1”上，两个控制器通过绿色方块表示的网口建立了逻辑链接。

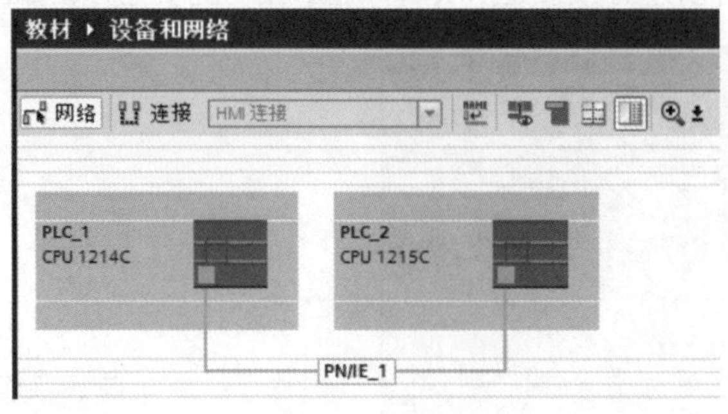

图 8-7　PLC 分配子网

在 PLC_1 中的“Main[OB1]”中插入功能块 TSEND_C，单击功能块上右上角的组态按钮，下方的功能块属性对话框中会自动显示通信组态的相关参数，如图 8-8 所示，本地和伙伴方的连接参数都需要配置。

图 8-8 TSEND_C 通信参数设置

其中需要指定本地（即 PLC_1）和伙伴方的接口、子网、IP 地址等，按照以下顺序设置。

1）选定伙伴方为同一子网上的 PLC_2，如图 8-9 所示。伙伴方的 IP 地址和子网会自动填写。

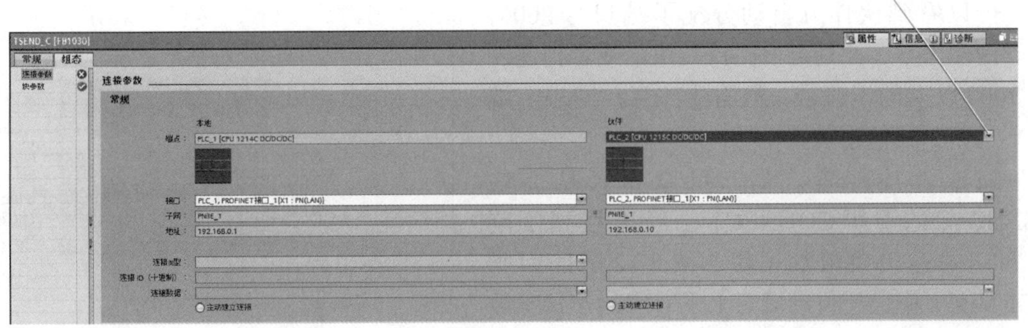

图 8-9 选择伙伴方

2）在本地侧的“连接数据”参数中选择新建，该操作会在本地 PLC 的系统块中增加一个用于连接 CONNECT 引脚的数据块，该数据块用于存放相关的连接参数，图 8-10 中显示已经创建一个名为“PLC_1_Send_DB”的连接参数数据块。

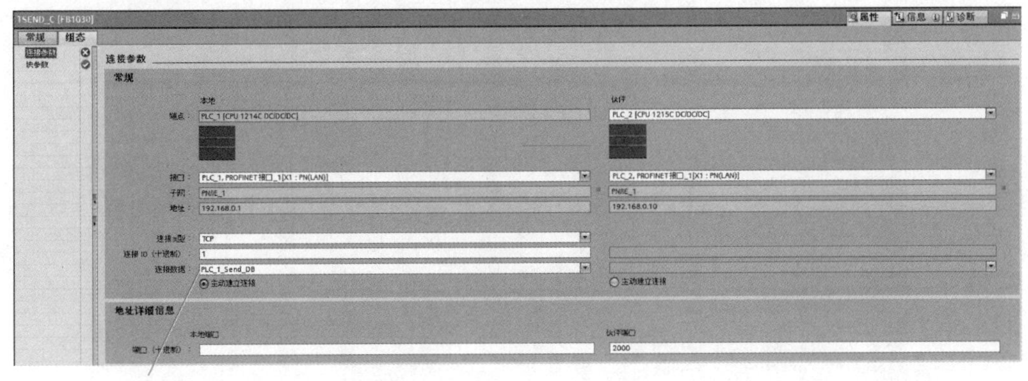

图 8-10 新建连接数据

3）同样，在伙伴侧新建连接数据，该操作会在伙伴侧 PLC（即 PLC_2）中增加一个可用于连接 CONNECT 引脚的数据块，如图 8-11 所示。

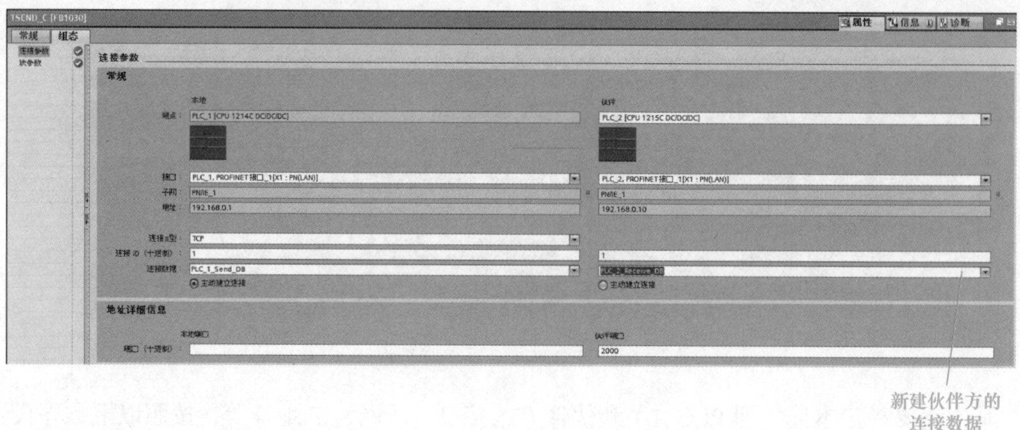

图 8-11　新建伙伴方的连接数据

可以看到伙伴方自动分配了端口号 2000，而本地侧为空，此处可以保持默认，或者指定一个 2000 以上的端口号，但需要注意，同一个端口不可用于其他连接。

完成上述配置之后，可以看到功能块 TSEND_C 的引脚 CONNECT 已经连接到了刚才新建的连接参数数据块，图 8-12 中的引脚 CONNECT 中已经自动填写上了对应的连接参数数据块。

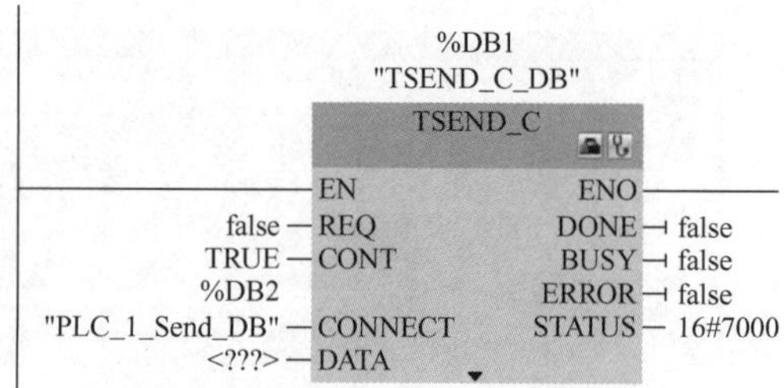

图 8-12　配置完成的 TSEND_C

最后，引脚 DATA 则需要指定一段数据区域，通常情况下是全局 DB 下的一段区域，例如在全局数据块 CommData 中创建一个名为 SendData 的数组，包含 20B（B 即 Byte，字节），如图 8-13 所示。

CommData

	名称	数据类型	起始值	保持	从 HMI/OPC...	从 H...	在 HMI ...	设定值
1	▼ Static			☐	☐	☐	☐	☐
2	▼ SendData	Array[0..19] of Byte		☐	☑	☑	☑	☐
3	SendData[0]	Byte	16#0	☐	☑	☑	☑	☐
4	SendData[1]	Byte	16#0	☐	☑	☑	☑	☐
5	SendData[2]	Byte	16#0	☐	☑	☑	☑	☐
6	SendData[3]	Byte	16#0	☐	☑	☑	☑	☐
7	SendData[4]	Byte	16#0	☐	☑	☑	☑	☐
8	SendData[5]	Byte	16#0	☐	☑	☑	☑	☐
9	SendData[6]	Byte	16#0	☐	☑	☑	☑	☐
10	SendData[7]	Byte	16#0	☐	☑	☑	☑	☐
11	SendData[8]	Byte	16#0	☐	☑	☑	☑	☐
12	SendData[9]	Byte	16#0	☐	☑	☑	☑	☐
13	SendData[10]	Byte	16#0	☐	☑	☑	☑	☐
14	SendData[11]	Byte	16#0	☐	☑	☑	☑	☐
15	SendData[12]	Byte	16#0	☐	☑	☑	☑	☐
16	SendData[13]	Byte	16#0	☐	☑	☑	☑	☐
17	SendData[14]	Byte	16#0	☐	☑	☑	☑	☐
18	SendData[15]	Byte	16#0	☐	☑	☑	☑	☐
19	SendData[16]	Byte	16#0	☐	☑	☑	☑	☐
20	SendData[17]	Byte	16#0	☐	☑	☑	☑	☐
21	SendData[18]	Byte	16#0	☐	☑	☑	☑	☐
22	SendData[19]	Byte	16#0	☐	☑	☑	☑	☐

图 8-13　待发送数据块结构

在引脚 Data 中可以输入待发送数据的地址范围，也可以使用符号名，这里直接输入 "CommData".SendData 即可指定将此 20B 发送给伙伴 PLC，如图 8-14 所示。

至此，用于连接建立和数据发送任务的 TSEND_C 配置完成。

（2）TRCV_C 功能块使用　和 TSEND_C 功能块类似，但连接参数无需额外再配置，直接使用已经创建好的连接数据块即可。通过“指令”→“通信”→“开放式用户通信”命令，拖放 TRCV_C 到梯形图中，同样，软件会自动创建实例背景数据块，如图 8-15 所示，可修改数据块名称或者直接使用默认名。

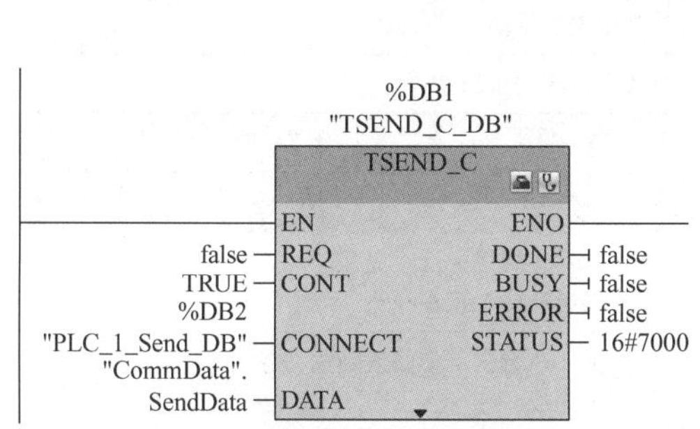

图 8-14　关联了待发送数据块的 TSEND_C

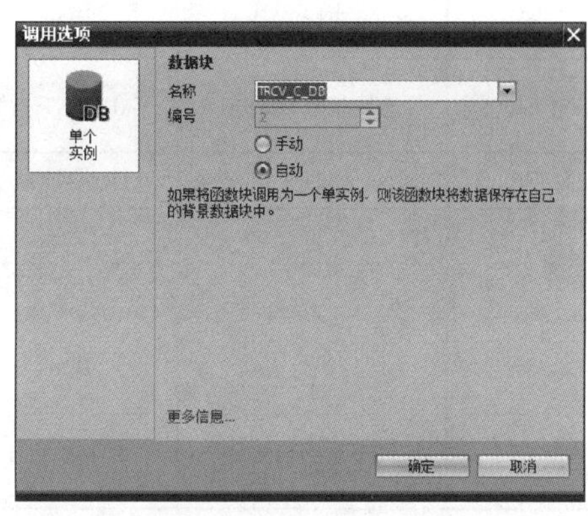

图 8-15　TRCV_C 的实例数据块

单击“确定”按钮之后即可在梯形图中完成功能块的插入，如图 8-16 所示，背景数据块名称显示在通信功能块上方。

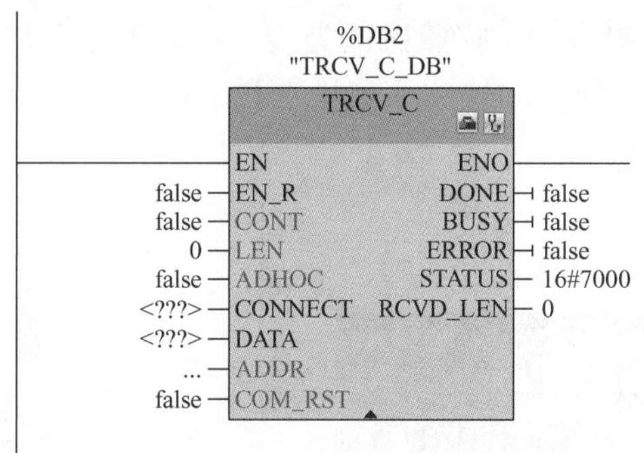

图 8-16　TRCV_C 调用

该功能块的引脚功能说明见表 8-4。

表 8-4　TRCV_C 引脚说明

输入引脚			
引脚	说明	数据类型	备注
EN_R	使能接收	Bool	为 1 时表示准备接收数据
CONT	建立和保持连接	Bool	1：建立和保持连接，输出引脚 DONE 在一个周期内输出 1 状态 0：断开连接

（续）

输入引脚			
引脚	说明	数据类型	备注
LEN	接收区长度	UDInt	无符号长整型数据格式，表示接收区的长度，以字节（Byte）为单位，S7-1200 PLC 最大为 8192B 如果 DATA 引脚关联的接收区设置了优化访问权限，则该参数须设置为 0
ADHOC	Ad-hoc 模式	Bool	如果使用 TCP 通信，则可以选择激活 Ad-hoc 模式；非 TCP，则必须为 0
CONNECT	连接参数数据块	VARIANT 指针	连接配置的相关参数会自动存储在一个数据块中，该引脚也会自动连接该数据块
DATA	接收区	VARIANT 指针	接收数据存放的区域
输出引脚			
引脚	说明	数据类型	备注
DONE	任务执行成功	Bool	1：接收或者连接任务已经完成 0：任务未启动或者正在执行
BUSY	任务执行中	Bool	1：任务正在执行，不能触发新的任务 0：任务已完成
ERROR	任务执行出错指示	Bool	1：任务执行出错 0：无错误发生
STATUS	状态代码	Word	任务执行的状态码，当 ERROR 为 1 时，显示相应的故障码
RCVD_LEN	接收数据量	UDInt	实际接收的数据长度，以字节为单位

引脚 LEN 如何设置主要取决于接收区的类型，例如创建全局数据块 CommData 用来接收数据，单击鼠标右键，在弹出的快捷菜单中选择“属性”命令，即可查看是否配置了优化块访问，如图 8-17 所示。

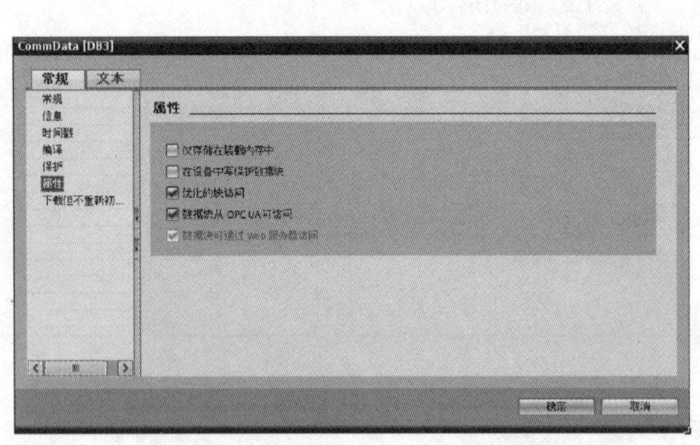

图 8-17　全局数据块参数设置

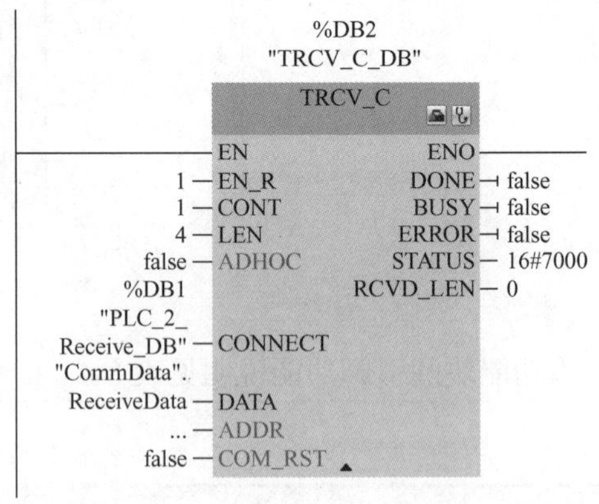

图 8-18　参数配置完成的 TRCV_C 功能块

默认情况下，所有新建的全局数据块都已经配置了“优化的块访问”，建议取消勾选此选项，引脚 LEN 填写为对应的发送数据字节数即可。

前文在配置 PLC_1 的功能块 TSEND_C 时，在 PLC_2 侧也创建了一个连接数据块

PLC_2_Receive_DB，其中包含了此连接的详细信息，将此分配给引脚 CONNECT。另外，与前文一样，在 PLC_2 中创建的全局数据块 CommData 中创建一个 20B 长度的数组 RecieveData，然后分配给引脚 DATA。完成设置之后的功能块如图 8-18 所示。

至此，接收功能块 TRCV_C 配置完成。

4. 任务热身

PLC 之间开放式用户通信应用举例：将 PLC_1 中跳变的数据同步到 PLC_2 中。

控制要求：PLC_1 有一个自动累加的程序，其中每秒钟会自动加 1，该数据存放在全局数据块 PVData（DB10）的 DINT 单元 ChangingInt 中。现需要将该数据同步到 PLC_2 中，并存放在指定的数据块 PLC1Data（DB20）中。

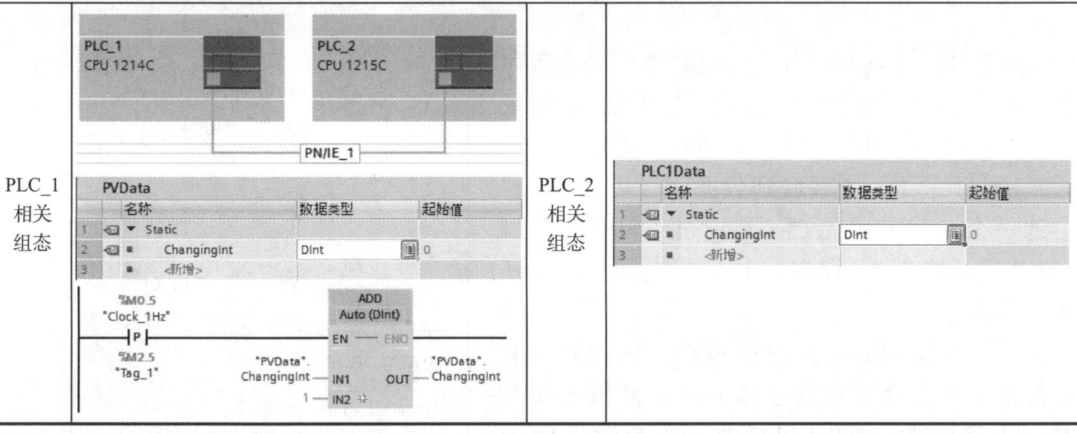

（1）PLC_1 侧的组态　在 PLC_1 的主程序中插入通信功能块 TSEND_C，创建实例背景数据块之后，按照图 8-19 所示进行参数配置。

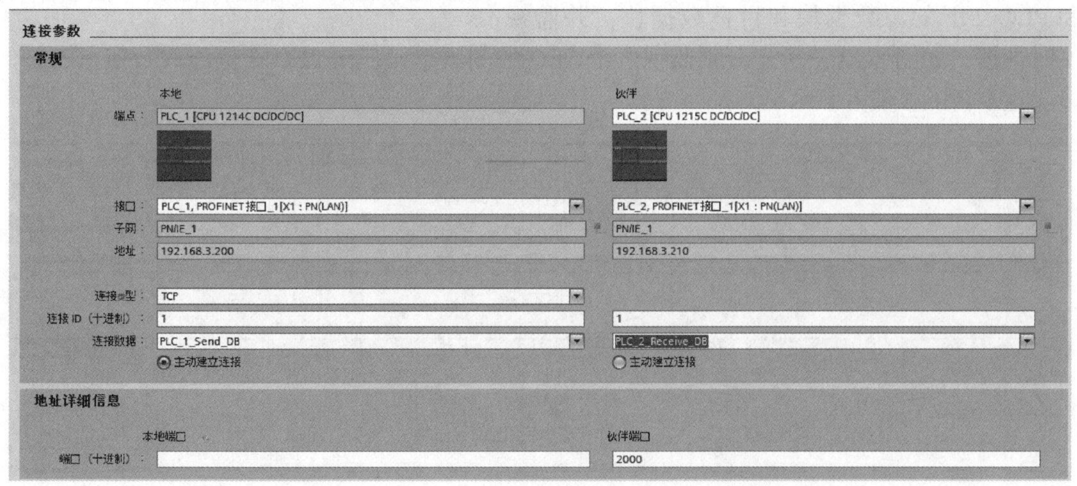

图 8-19　配置连接参数

连接引脚 DATA 到 DB10 中的 ChangingInt，如图 8-20 所示。

给其他引脚设置相应的逻辑，配置完成的通信功能块如图 8-21 所示。图中每秒钟发送一次数据，且只有当功能块的 BUSY 状态为 0 时，才能发起新的发送任务，以此来防止过多的发送任务排队。

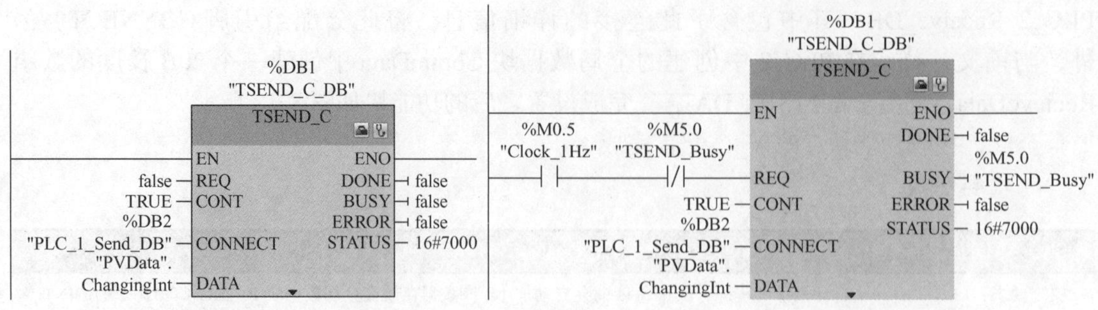

图 8-20　关联数据到引脚 DATA　　　　图 8-21　配置完成的 TSEND_C

（2）PLC_2 侧的组态　在 PLC_2 中的主程序中插入通信功能块 TRCV_C，并使用默认的背景实例数据块。按照图 8-22 所示进行参数配置。

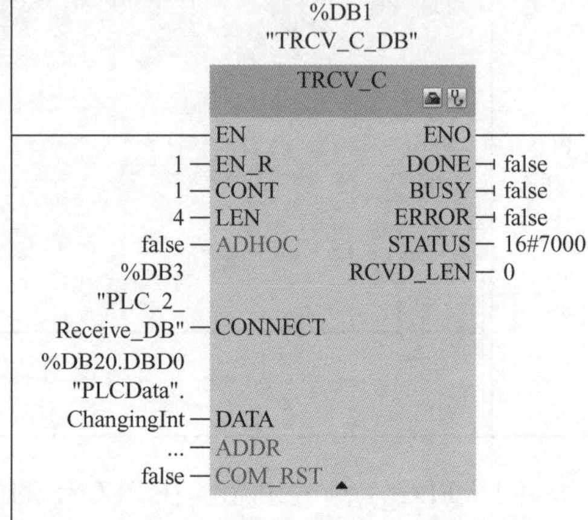

图 8-22　PLC_2 侧通信功能块参数配置

其中引脚 DATA 关联到数据块“PLC1Data”中的一个双整型单元 ChangingInt，而使能引脚 EN_R 则设置为 1，即在 PLC 运行期间，接收任务始终激活。

（3）下载调试　分别将 PLC_1 和 PLC_2 的硬件组态和程序下载到已经通过交换机连接在同一个网络中的两个 PLC 中。或者激活两个 PLCSIM 仿真来模拟两个 PLC，具体下载过程是一样的。待完成程序下载之后，打开两个 PLC_1 和 PLC_2 下的源数据块和目标数据块，并监视实时数据。如图 8-23 所示，分别监视两个 PLC 的测试单元，在 PLC_1 侧修改数值，PLC_2 接收这个新的数值并显示出来。

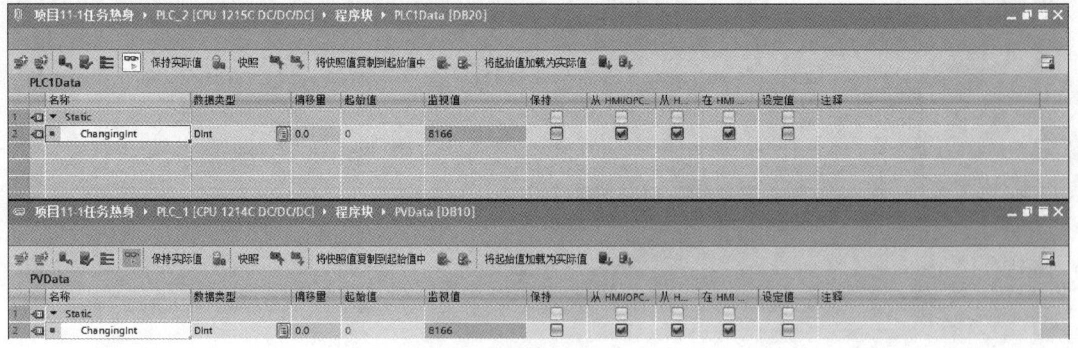

图 8-23　通信测试

在程序监视中同样能看到功能块工作的状态信息，如图 8-24 所示，在发送执行时，发送功能的状态引脚和 BUSY 引脚状态都会有所变化。

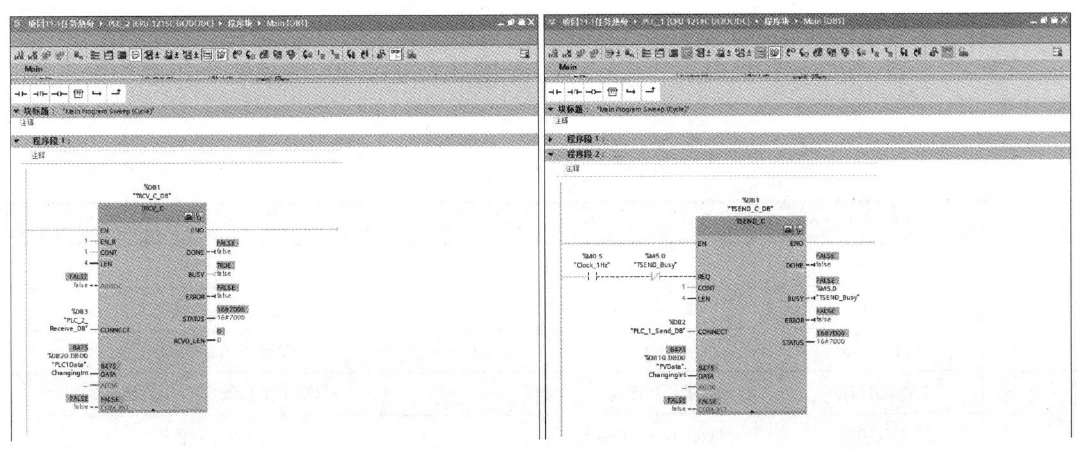

图 8-24 功能块在线监视

三、在线学习及自评测试

扫码检测学习效果并查看参考答案

四、任务实践

1. 控制要求描述

在一小型化工厂，原料罐区有 4 个不同体积的储料罐，分别存放丙烯等多种化学原料，为后续的化工反应过程提供原料，罐区由一个 S7–1214 PLC 系统进行控制。在主流程中有一个反应釜，负责进料→搅拌→温控→出料等流程，其中在进料环节，需要罐区按照要求输送指定种类和数量的原料过来。工艺流程示意图如图 8-25 所示。

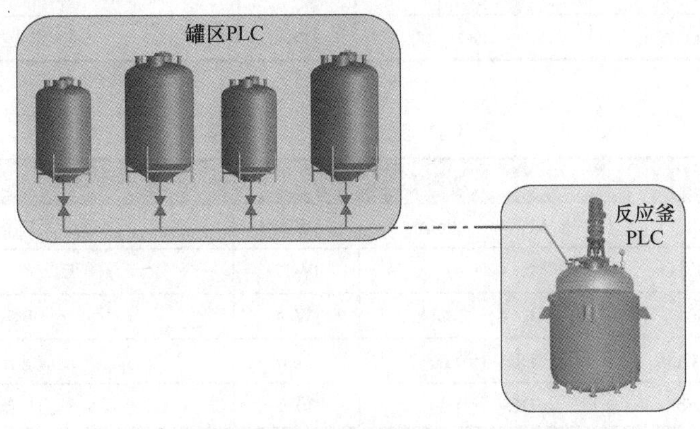

图 8-25 工艺流程示意图

2. 任务准备

PLC 通信是完成控制任务的重要过程，为实现多工艺段之间的协同工作提供保障。在任务实施过程中要秉承严谨认真的工作态度：

1）认真理解工艺要求。

2）仔细规划 PLC 之间的网络连接，包括拓扑结构、网络设备等。

3）设计实现通信的程序组态。

（1）I/O 设置　I/O 设置见表 8-5 和表 8-6，分别显示罐区和反应釜两个 PLC 中所需要的 I/O 设置。

表 8-5　罐区 PLC I/O 设置

序号	点名	类型	地址	说明
1	LT1101	AI，4～20mA	IW10	储罐 1 液位
2	PS1101	DI，干节点	I0.0	储罐 1 内压过高警告
3	V1101Out	DO	Q0.0	储罐 1 出口阀开阀
4	V1101Fbk	DI，干节点	I0.1	储罐 1 出口阀阀门开关状态
5	LT1102	AI，4～20mA	IW12	储罐 2 液位
6	PS1102	DI，干节点	I0.2	储罐 2 内压过高警告
7	V1102Out	DO	Q0.1	储罐 2 出口阀开阀
8	V1102Fbk	DI，干节点	I0.3	储罐 2 出口阀阀门开关状态
9	LT1103	AI，4～20mA	IW14	储罐 3 液位
10	PS1103	DI，干节点	I0.4	储罐 3 内压过高警告
11	V1103Out	DO	Q0.2	储罐 3 出口阀开阀
12	V1103Fbk	DI，干节点	I0.5	储罐 3 出口阀阀门开关状态
13	LT1104	AI，4～20mA	IW16	储罐 4 液位
14	PS1104	DI，干节点	I0.6	储罐 4 内压过高警告
15	V1104Out	DO	Q0.3	储罐 4 出口阀开阀
16	V1104Fbk	DI，干节点	I0.7	储罐 4 出口阀阀门开关状态
17	TankFarm_Alm	DO	Q0.4	罐区声光报警输出

表 8-6　反应釜 PLC I/O 设置

序号	点名	类型	地址	说明
1	LT2001	AI，4～20mA	IW10	反应釜液位
2	PT2001	AI，4～20mA	IW12	反应釜液位内压
3	TT2001	AI，4～20mA	IW14	反应釜内温度
4	V2001Out	DI，干节点	Q0.0	反应釜出口阀门
5	V2001Fbk	DI，干节点	I0.1	反应釜出口阀门开关状态

（2）控制逻辑　反应釜 PLC 根据流程需要给罐区 PLC 发送物料的种类和数量，罐区 PLC 根据接收到的信息首先进行核实，例如现有储罐中的物料是否能够满足生产需要，以及各个储罐的出口阀门是否可用。如果各方检查正常，则执行输送物料的任务，为了简单起见，此任务中将给料量用给料时间来判断，例如给料 1min 对应为 1kg。实际项目中一般会采用专门的给料功能块，例如 Dose，来执行精准给料。

具体的流程图如图 8-26 所示。

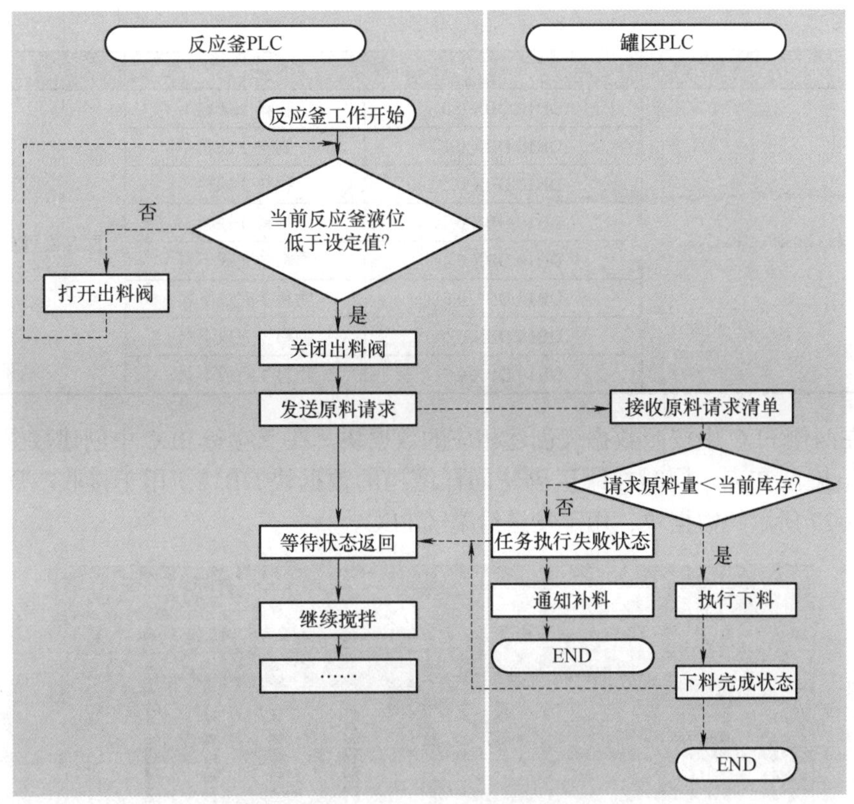

图 8-26 控制流程图

3. 任务实施

本任务为工艺中的一部分，罐区和反应釜的其他控制（例如压力检测、搅拌等操作）都不涉及，只需要在梳理清楚数据交互的基础上实现数据通信即可。

在之前的控制逻辑分析中可以清晰地看到，反应釜发送给罐区 PLC 的数据是物料种类和所需数量，而罐区 PLC 反馈给反应釜的则是一些状态信号。将这些数据在数据块中记录下来，从而确定两个 PLC 中用于发送和接收的数据块的结构。建立表 8-7 所示的通信数据表，其中各个单位都有明确的含义定义。

表 8-7 PLC 之间通信数据表

数据传输方向	发送侧数据地址	说明	接收区
反应釜 PLC →罐区 PLC	DB10.DBX 0.0	物料 1 是否需要	罐区 PLC 的 DB11
	DB10.DBX 0.1	物料 2 是否需要	
	DB10.DBX 0.2	物料 3 是否需要	
	DB10.DBX 0.3	物料 4 是否需要	
	DB10.DBD2	所需物料 1 数量	
	DB10.DBD6	所需物料 2 数量	
	DB10.DBD10	所需物料 3 数量	
	DB10.DBD14	所需物料 4 数量	

（续）

数据传输方向	发送侧数据地址	说明	接收区
反应釜 PLC ←罐区 PLC	DB10.DBX 0.0	物料 1 缺料	反应釜 PLC 中的 DB11
	DB10.DBX 0.1	物料 2 缺料	
	DB10.DBX 0.2	物料 3 缺料	
	DB10.DBX 0.3	物料 4 缺料	
	DB10.DBX 0.4	物料 1 完成下料	
	DB10.DBX 0.5	物料 2 完成下料	
	DB10.DBX 0.6	物料 3 完成下料	
	DB10.DBX 0.7	物料 4 完成下料	

（1）在两侧 PLC 中按照数据表创建相应的数据块　在反应釜 PLC 中创建数据块 DB10，用于发送给罐区 PLC。同时在罐区创建同样结构的数据块 DB11，用于接收。反应釜 PLC 中创建图 8-27 所示的数据块，用于发送给罐区 PLC。

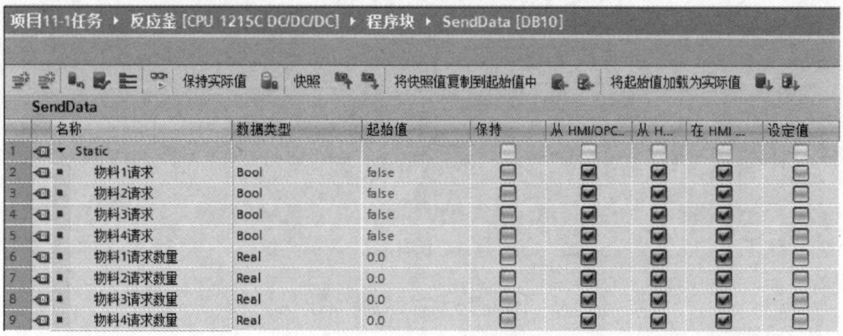

项目11-1任务 ▸ 反应釜 [CPU 1215C DC/DC/DC] ▸ 程序块 ▸ SendData [DB10]

保持实际值　快照　将快照值复制到起始值中　将起始值加载为实际值

SendData

	名称	数据类型	起始值	保持	从 HMI/OPC..	从 H...	在 HMI ...	设定值
1	▼ Static			☐	☐	☐	☐	☐
2	物料1请求	Bool	false	☐	☑	☑	☑	☐
3	物料2请求	Bool	false	☐	☑	☑	☑	☐
4	物料3请求	Bool	false	☐	☑	☑	☑	☐
5	物料4请求	Bool	false	☐	☑	☑	☑	☐
6	物料1请求数量	Real	0.0	☐	☑	☑	☑	☐
7	物料2请求数量	Real	0.0	☐	☑	☑	☑	☐
8	物料3请求数量	Real	0.0	☐	☑	☑	☑	☐
9	物料4请求数量	Real	0.0	☐	☑	☑	☑	☐

图 8-27　反应釜 PLC 发送数据块

同样，在罐区 PLC 中创建图 8-28 所示数据块 DB10，用于发送给反应釜 PLC。同时在反应釜 PLC 中创建同样结构的数据块 DB11，用于接收。具体数据块命名和结构可以参考图 8-28。

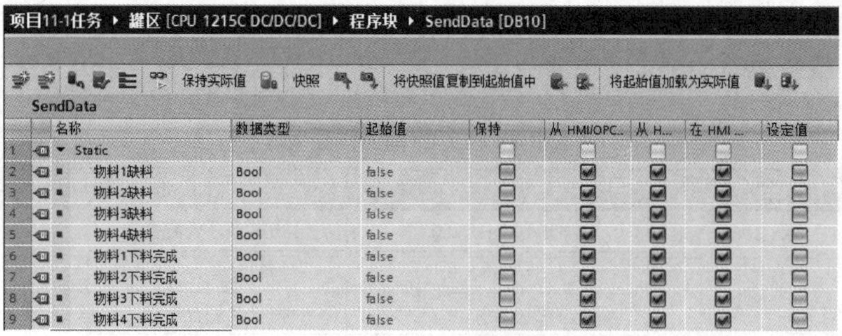

项目11-1任务 ▸ 罐区 [CPU 1215C DC/DC/DC] ▸ 程序块 ▸ SendData [DB10]

保持实际值　快照　将快照值复制到起始值中　将起始值加载为实际值

SendData

	名称	数据类型	起始值	保持	从 HMI/OPC..	从 H...	在 HMI ...	设定值
1	▼ Static			☐	☐	☐	☐	☐
2	物料1缺料	Bool	false	☐	☑	☑	☑	☐
3	物料2缺料	Bool	false	☐	☑	☑	☑	☐
4	物料3缺料	Bool	false	☐	☑	☑	☑	☐
5	物料4缺料	Bool	false	☐	☑	☑	☑	☐
6	物料1下料完成	Bool	false	☐	☑	☑	☑	☐
7	物料2下料完成	Bool	false	☐	☑	☑	☑	☐
8	物料3下料完成	Bool	false	☐	☑	☑	☑	☐
9	物料4下料完成	Bool	false	☐	☑	☑	☑	☐

图 8-28　罐区 PLC 发送数据块

（2）创建两者之间的网络连接　在软件左侧双击“设备和网络”，打开网络视图，将两个 CPU 的接口连接在一起，软件会自动创建一个名为“PN/IE_1”的逻辑子网，如图 8-29 所示，两个 PLC 的通信逻辑链接已组态。

在博途软件中使用仿真测试控制效果；

任务实施过程中，及时填写任务工单。

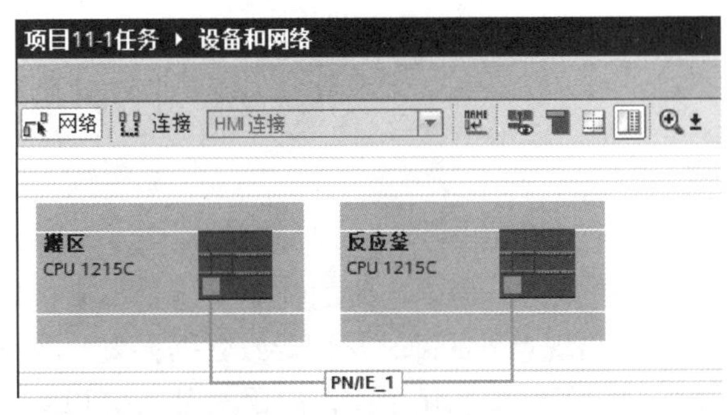

图 8-29 两 PLC 之间的子网

五、应用考核

1. 要点回顾

本任务需要了解 PLC 的各种通信解决方案，了解三层网络中的主要特点、常用协议等。能够组态 PLC 的网络配置，使用 TSEND_C 和 TRCV_C 功能块实现 PLC 与 PLC 之间的开放式通信，结合实际任务要求，能在任务程序中实现两侧 PLC 的数据发送和接收。

2. 考核任务

任务要求：某现场使用了两套 PLC 系统，其中一个 PLC 系统连接控制室的操作盘，上面的指示灯、开关按钮等均与此 PLC 相连接，另一个 PLC 在电动机控制室里，控制各电动机的起停。通过 PLC 之间的通信实现如下功能：

1）操作盘 PLC 将按钮信号传送给电动机控制室 PLC，完成电动机起停。

2）电动机起停状态回传给操作盘 PLC，并在一个指示灯上显示。

根据控制要求，完成通信信号列表、程序设计及调试。

六、任务拓展

数据传输是 PLC 之间简单的信息分享形式，在本任务中可以看到，所有需要交互的数据都需要预先定义，数据区域大小、地址等都不可以直接修改。某些应用场景中需要实现类似于“会话”的机制，最常见的方式就是数据查询，例如 PLC_1 需要从 PLC_2 获取大量数据，但需要根据实际工况来分次查询，通过发送地址指针或者编号，告知 PLC_2 需要读取的数据单元。PLC_2 将这个数据单元的数据回复给 PLC_1。

请思考如何实现这种机制，并尝试实现。

PLC_2 需要根据接收到的地址指针或者编号来读取数据，这会使用到 PLC 较为独特的寻址方式。在博途软件中提供了用于在 DB 块进行数组数据查询的指令（如下），可以参阅手册学习如何使用。

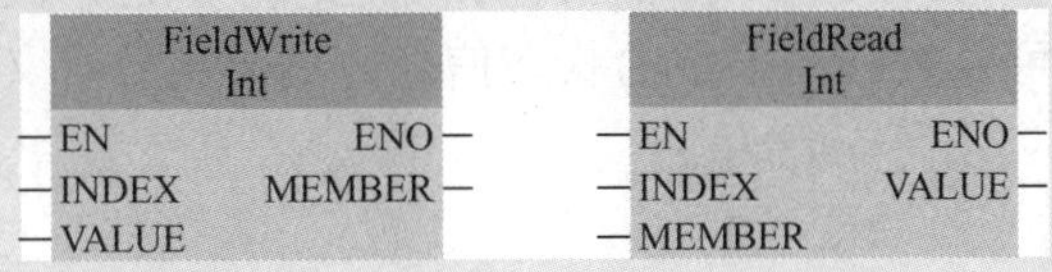

任务2 控制系统的故障诊断

一、应用场景

无论是工厂中生产线的控制，还是小型机器的控制，PLC都在发挥着重要的作用，一旦PLC出现意外故障，从而导致数据丢失、网络中断甚至停机等问题，后果是相当严重的。比如某知名石油炼化企业，由于一对冗余PLC系统出错，导致整个炼化流程中断，多个关键设备受损，浪费大量的原料，且差点酿成严重的安全事故。所以，如何提高整个PLC系统的稳定性和鲁棒性至关重要，这首先就需要了解如何对PLC控制系统进行故障诊断，了解PLC自身的故障处理机制。

二、知识准备

1. PLC的故障诊断方法

S7-1200 PLC作为功能强大的现场控制单元，提供了多种诊断方法来满足不同场合、不同层级的诊断，见表8-8。

表8-8 PLC主要诊断方法

诊断方法	特点	使用场合
LED指示灯	CPU和各个模块上的LED指示通过多种状态或者组合表征不同的故障信息 诊断快捷，但信息量不够	缺乏网络连接或者软件的场合，例如工厂设备现场巡检
诊断缓冲区	在博途软件中读取CPU或其他模块的诊断缓冲区信息，也可以导出用于分析 诊断信息详尽，可读性强，但只能实现事后分析	编程调试过程，或者现场配备了可用的博途软件
组织块	通过调用各种诊断用的组织块，配合适当的诊断指令获得诊断信息 使用灵活，侧重于故障发生时或者发生后的程序处理	对于特定故障有特定的处理流程的场合，例如重要模块故障发生时的应急处理
专门工具	使用AutomationTool或类似工具实现诊断信息搜集 功能强大，但配置较为繁琐	需要获取全面的诊断信息或者有资产管理诉求的场合

上述不同的诊断方法，各有其特点和适合的应用场合。

（1）基于LED指示灯的诊断　S7-1200 PLC的所有模块，包括CPU模块、信号模块和通信模块，都在其前面板上提供LED指示灯，以CPU模块为例，图8-30中放大显示了CPU模块上的LED指示灯位置和排布。

图8-30 CPU模块指示灯

可以看到CPU模块提供了三个LED指示灯：RUN/STOP、ERROR和MAINT，其中RUN/STOP提供黄色和绿色两个状态，配合亮、灭和闪烁状态，可以表征出丰富的状态信息，具体组合含义见表8-9。

表 8-9 CPU 模块指示灯组合含义

说明	STOP/RUN 黄色 / 绿色	ERROR 红色	MAINT 黄色
断电	灭	灭	灭
启动、自检或固件更新	闪烁（黄色和绿色交替）	–	灭
停止模式	亮（黄色）	–	–
运行模式	亮（绿色）	–	–
取出存储卡	亮（黄色）	–	闪烁
错误	亮（黄色或绿色）	闪烁	–
请求维护： – 强制 I/O – 需要更换电池（如果安装了电池板）	亮（黄色或绿色）	–	亮
硬件出现故障	亮（黄色）	亮	灭
LED 测试或 CPU 固件出现故障	闪烁（黄色和绿色交替）	闪烁	闪烁
CPU 组态版本未知或不兼容	亮（黄色）	闪烁	闪烁

此外，CPU 上的 Profinet 接口旁边还有指示其通信状态的两个 LED 指示灯，在 RJ45 网线插头的上方：

1）Link：绿色点亮表示物理连接成功。

2）Rx/Tx：黄色点亮表示正在进行数据收发活动。

对于信号模块，也有 LED 指示灯来表征模块工作状态，并且在各个通道上也有指示灯，例如对于数字量输入 / 输出模块，通道 LED 指示灯绿色点亮说明状态为 1。信号模块其他指示灯及其组合的含义请参阅 S7–1200 PLC 的系统手册。

（2）基于诊断缓冲区的诊断 诊断缓冲区是 PLC 故障诊断中最常使用的手段，其中通过条目化的方式按照时间顺序详细列出了 PLC 系统发生的各种变化，包括系统启动、网络中断、模块故障等。此外，诊断缓冲区信息还可另存为文本和二进制码文件，发送给西门子技术支持部门做进一步的专业分析。

实际中，诊断缓冲区是 PLC CPU 模块的一个存储空间，按照 CPU 类型的不同，缓冲区最大能够保留的条目数也有所不同，最多可以支持 50 条。缓冲区中的条目按照事件出现的时间顺序排列，最上面的是最后发生的事件。待缓冲区装满之后，新的条目将取代最老的条目。PLC 断电后，只保留最后 10 个出现的时间条目，只有将 CPU 复位到工厂设置才能清空缓冲区的条目。在实际工程中，如需要存在某个信号模块故障，建议在组态中将这个模块的诊断功能临时取消使能，以免频繁的 I/O 访问故障信息掩盖了其他的重要信息。

选择左侧项目树中的 CPU 模块，选择“在线和诊断”，即可在右侧窗口中显示其诊断缓冲区数据，如图 8-31 所示。

在诊断缓冲区列表中，通过不同的符号来表征不同的状态，表 8-10 列出了常用的四种消息状态符号，在图 8-32 中显示的消息列表中，最右侧用状态符号显示了每条消息的当前状态。

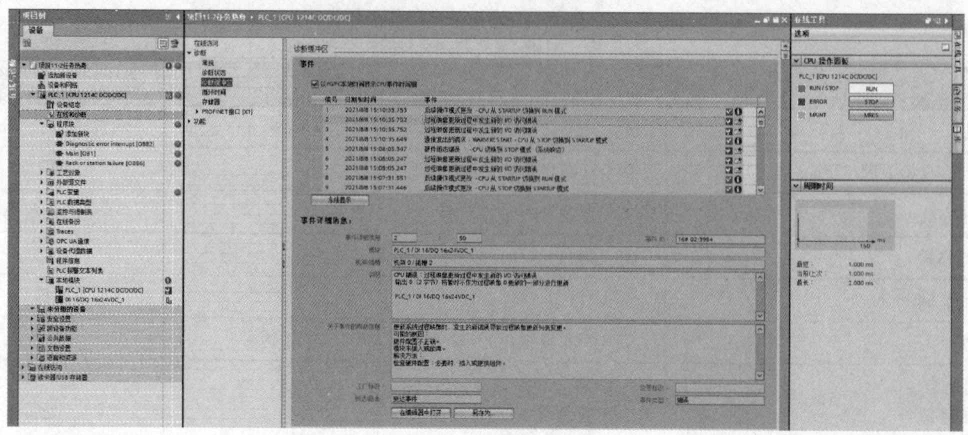

图 8-31　诊断缓冲区

表 8-10　诊断缓冲区消息条目状态符号说明

事件符号	事件状态
	到达事件，故障出现
	离去事件，故障消失
	故障状态
	正常状态

诊断缓冲区

事件

☑ 以PG/PC本地时间显示CPU事件时间戳

编号	日期和时间	事件
1	2021/8/8 15:10:35.753	启续操作模式更改 - CPU 从 STARTUP 切换到 RUN 模式
2	2021/8/8 15:10:35.752	过程映像更新过程中发生新的 I/O 访问错误
3	2021/8/8 15:10:35.752	过程映像更新过程中发生新的 I/O 访问错误
4	2021/8/8 15:10:35.649	通信发出的请求：WARM RESTART - CPU 从 STOP 切换到 STARTUP 模式
5	2021/8/8 15:08:05.347	硬件组态错误　- CPU 切换到 STOP 模式（系统响应）
6	2021/8/8 15:08:05.247	过程映像更新过程中发生新的 I/O 访问错误
7	2021/8/8 15:08:05.247	过程映像更新过程中发生新的 I/O 访问错误
8	2021/8/8 15:07:31.551	启续操作模式更改 - CPU 从 STARTUP 切换到 RUN 模式
9	2021/8/8 15:07:31.446	启续操作模式更改 - CPU 从 STOP 切换到 STARTUP 模式

冻结显示

图 8-32　消息状态符号

（3）基于组织块的诊断　组织块是 PLC 操作系统和用户程序之间的接口，组织块用于在特定的事件下执行具体的程序：① CPU 启动时；②在一个循环或延时事件到达时；③发生硬件终端时；④发生故障时。

S7-1200 PLC 中支持的组织块见表 8-11。

表 8-11　组织块类型及优先级分组

事件名称	数量	OB 编号	优先级	优先组
程序循环	≥1	1；≥123	1	1
启动	≥1	100；≥123	1	

（续）

事件名称	数量	OB 编号	优先级	优先组
延时中断	≤4	20 ～ 23；≥123	3	2
循环中断	≤4	30 ～ 38；≥123	7	
沿（硬件）中断	16 个上升沿 16 个下降沿	40 ～ 47；≥123	5	
HSC（高速计数器）中断	6 个计数值等于参考值 6 个计数方向变化 6 个外部复位	40 ～ 47；≥123	6	
诊断错误	=1	82	9	
时间错误	=1	80	26	3

可以看到组织块被分成三个优先组，高优先组中的组织块可中断低优先组中的组织块，例如优先组 2 中的循环中断 OB35 在触发时会中断优先级 1 中的 OB1；如果同一个优先组中的组织块同时触发，将按其优先级由高到低（数字越大，优先级越高）进行排队依次执行，例如用于处理信号上升沿的 OB40 被触发时可以中断同一优先组中的循环中断 OB35；如果同一个优先级的组织块同时触发，将按块的编号由小到大依次执行，例如程序中同时调用了 OB35 和 OB36，当两者的执行条件同时满足时，则先执行 OB35。

除此之外，S7-1200 PLC 中还有其他与故障诊断有关的中断组织块，CPU 在识别到一个故障或者编程错误时，将会调用对应的中断组织块。可以在这些中断组织块中编写程序，对故障进行处理。下面介绍与通信故障有关的几个主要的中断组织块。

1）诊断中断组织块 OB82。具有诊断中断功能并启用了诊断功能的模块，检测出其诊断状态发生变化时，将向 CPU 发送一个诊断中断请求，Profinet 模块有一种处于完好和故障之间的临界状态，称为维护。出现故障或有组织要求维护（事件进入状态），故障消失或没有组件需要维护，操作系统将会调用一次 OB82。模块通过产生诊断中断来报告事件，例如信号模块导线断开、I/O 通道短路或过载、模拟量模块的电源故障等。

S7-1200 PLC 如果检测到诊断错误故障，无论程序中有没有诊断中断组织块 OB82，CPU 都将保持在运行模式，同时 CPU 的 ERROR 指示灯闪烁。

OB82 的局部变量 IO_State 的第 0、4、5、6 为 1 状态时分别表示 I/O 状态为组态正确、存在错误、组态不正确和发生 I/O 访问错误。局部变量 LADDR 为存在出错 I/O 的硬件标识符。局部变量 Channel 为通道编号。如果有多个错误，局部变量 MultiError 为 1 状态。图 8-33 所示为诊断中断组织块 OB82 的默认参数区。

Diagnostic error interrupt

	名称	数据类型	默认值	注释
1	▼ Input			
2	IO_State	Word		IO state of the HW object
3	LADDR	HW_ANY		Hardware identifier
4	Channel	UInt		Channel number
5	MultiError	Bool		=true if more than one error is present
6	▼ Temp			
7	<新增>			
8	▼ Constant			
9	<新增>			

图 8-33　诊断中断组织块 OB82 的默认参数区

2）机架错误组织块 OB86。如果检测到 DP 主站系统或 Profinet I/O 系统发生故障、DP 从站或 I/O 设备发生故障、故障出现和故障消失时，操作系统将分别调用一次 OB86。Profinet 智能 I/O 设备的某些子模块发生故障时，操作系统也会调用 OB86。

局部变量 LADDR 是出现故障的硬件对象的硬件标识符。事件类型 Event class 为 16#32 或 16#33 分别表示激活或者禁用 DP 从站或者 I/O 设备。16#38 或 16#39 分别表示离去的事件和到达后的事件，图 8-34 所示为机架错误组织块 OB86 的默认参数区。错误代码 Fault_ID 的具体含义可参阅 OB86 的在线帮助。

Rack or station failure

	名称	数据类型	默认值	注释
1	▼ Input			
2	■ LADDR	HW_DEVICE		Hardware identifier
3	■ Event_Class	Byte		Event class
4	■ Fault_ID	Byte		Fault identifier
5	▼ Temp			
6	■ <新增>			
7	▼ Constant			
8	■ <新增>			

图 8-34　机架错误组织块 OB86 的默认参数区

3）拔出 / 插入组织块 OB83。如果拔出或者插入了已组态且未禁用的分布式 I/O 模块时，操作系统将调用拔出 / 插入中断组织块 OB83。拔出或插入中央机架上的模块，无论有无组态 OB83，都将导致 CPU 进入 STOP 模式。但如果是在分布式 I/O 模块出现拔出或插入模块事件时，无论是否组态了 OB83，CPU 都将保持在运行模式。

局部变量 LADDR 是受影响的模块的硬件标识符。事件类型 Event class 为 16#38 或 16#39 分别表示插入模块和拔出模块。错误代码 Fault_ID 的具体含义可参阅 OB83 的在线帮助。

2. 任务热身

PLC 诊断方式：程序扫描时间过长的判断和处理。

控制要求：根据实际项目控制逻辑的需要，用户程序中需要增加一个循环程序段，但由于处理不当，程序极有可能陷入死循环中，从而导致程序的扫描周期超长，超过了默认的 150ms 限值。此时，CPU 会请求启动 OB80，在其中可以通过重启周期时间计时、强行中止循环等方式来让 CPU 恢复正常，否则 CPU 会直接进入 STOP 模式。

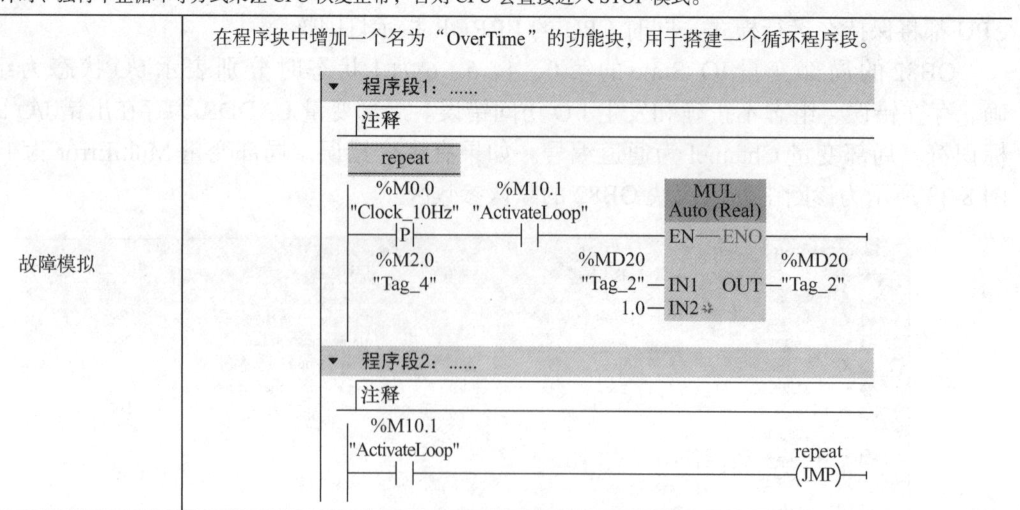

（续）

<table>
<tr><th colspan="2">PLC 诊断方式：程序扫描时间过长的判断和处理。</th></tr>
<tr><td></td><td>在程序段 1 中，如果 M10.1 为 1，则单元 MD20 每 100ms 自加一次。其中 M0.0 是在 CPU 属性中设置的时钟存储器位中的一个位，频率为 10Hz，即每 100ms 变化一次。
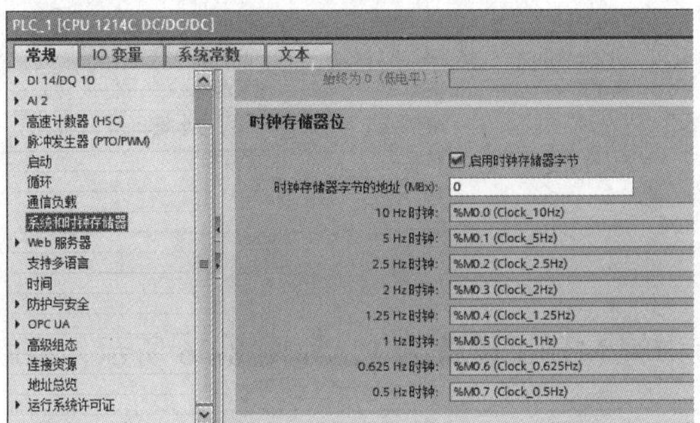

在程序段 2 中，M10.1 为 1 时会跳转到标号为“ repeat”处，即程序段 1 中。简言之，M10.1 为 1 时该段程序就是一个死循环。</td></tr>
<tr><td>故障模拟</td><td>在程序块中添加一个事件错误终端事件对应的组织块 OB80：

在其中增加如下代码：
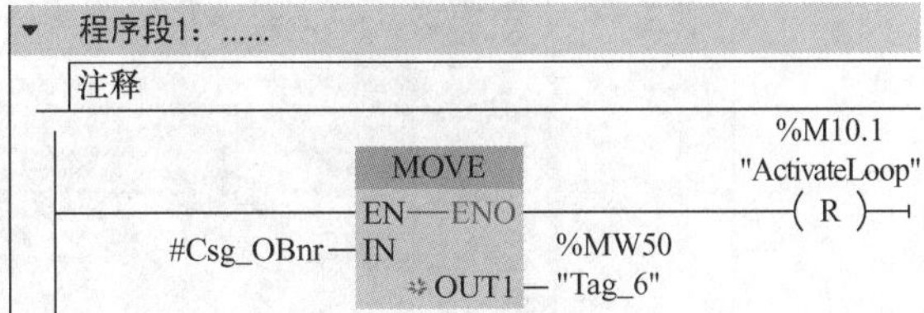

其中，局部变量“ #Csg_OBnr”表示导致扫描时间超长的组织块的块号，例如如果是 OB1 导致超时，则该参数为 1。将这个变量导出到单元 MW50 中，之后直接复位 M10.1，即让程序中止死循环。
最后在主程序 OB1 中调用之前创建的“OverTime”功能块即可。
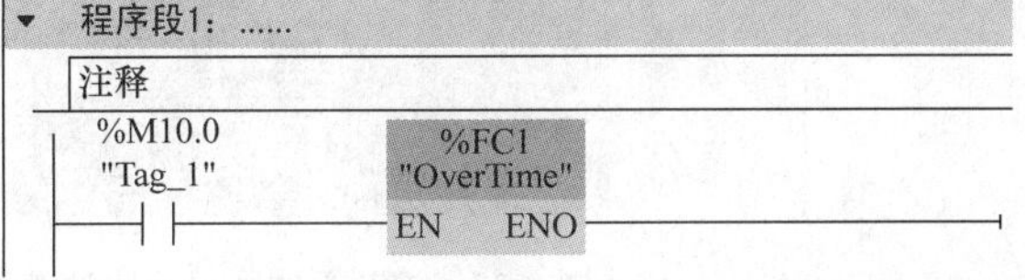
</td></tr>
</table>

完成程序之后下载到PLC中，创建一个监控表将涉及的变量记录下来，图8-35所示包含了主要测试变量。

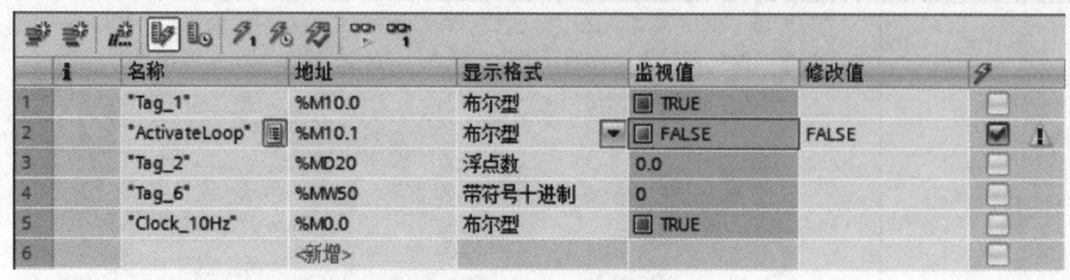

	i	名称	地址	显示格式	监视值	修改值	🗲	
1		"Tag_1"	%M10.0	布尔型	TRUE		☐	
2		"ActivateLoop"	%M10.1	布尔型	FALSE	FALSE	☑	⚠
3		"Tag_2"	%MD20	浮点数	0.0		☐	
4		"Tag_6"	%MW50	带符号十进制	0		☐	
5		"Clock_10Hz"	%M0.0	布尔型	TRUE		☐	
6			<新增>				☐	

图8-35　监控表

在监控表中将M10.1设置为1，如图8-36所示，将新值写入，激活仿真程序。

	i	名称	地址	显示格式	监视值	修改值	🗲	
1		"Tag_1"	%M10.0	布尔型	TRUE		☐	
2		"ActivateLoop"	%M10.1	布尔型	FALSE	TRUE	☑	⚠
3		"Tag_2"	%MD20	浮点数	1.0		☐	
4		"Tag_6"	%MW50	带符号十进制	1		☐	
5		"Clock_10Hz"	%M0.0	布尔型	TRUE		☐	
6			<新增>				☐	

图8-36　激活仿真程序

对比这两个监控表，不难发现：

1）10Hz脉冲信号计数单元MD20统计到了1。

2）记录导致超时的组织块块号的MW50显示为1，说明是OB1导致的超时。

3）M10.1恢复成了FALSE，说明是在OB80中被复位的。

在诊断缓冲区中可以看到更为详细的信息，双击“在线和诊断”，切换到在线，在“诊断”→“诊断缓冲区”中即可看到图8-37所示的包含循环时间故障的诊断信息列表。

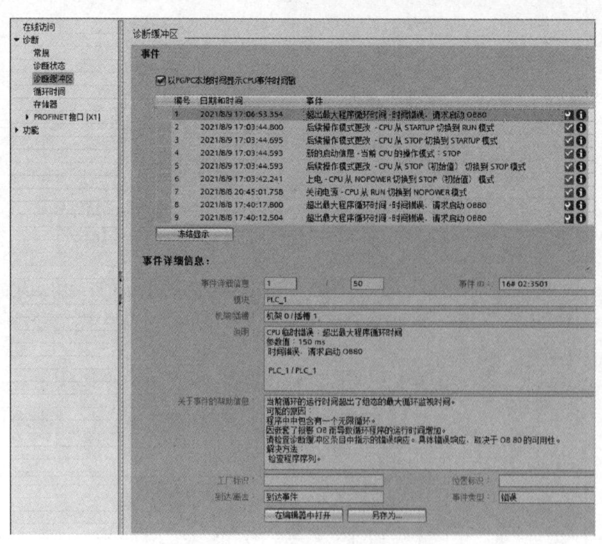

图8-37　诊断缓冲区记录的对应条目

其中最新一条事件记录的是循环时间超时的故障，并请求启动 OB80。

在“诊断”→“循环时间”中可以看到检测到的循环时间已经超过默认限制值 150ms，如图 8-38 所示，当前的实际循环时间为 151ms。

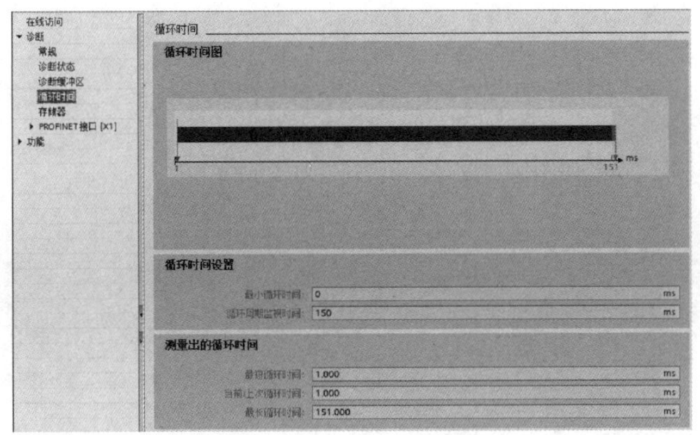

图 8-38 循环时间超长

此例是通过在 OB80 中复位 M10.1 来中止死循环的，但在较复杂的实际项目程序中，一般很难找到具体的超时原因，也就无法有效避免这个问题了。在这种情形下，一般可以使用功能块 RE_TRIGR 来“延长”周期时间。该指令用于在单个扫描循环期间重新启动扫描循环监视定时器。其功能是执行一次 RE_TRIGR 指令，使允许的最大扫描周期延长一个最大循环时间段。

修改 OB80 组织块代码，在“基本指令”→“程序控制指令”中找到并拖放指令 RE_TRIGR 到程序段 2 中，并取消在程序段 1 中对 M10.1 复位的操作，如图 8-39 所示。

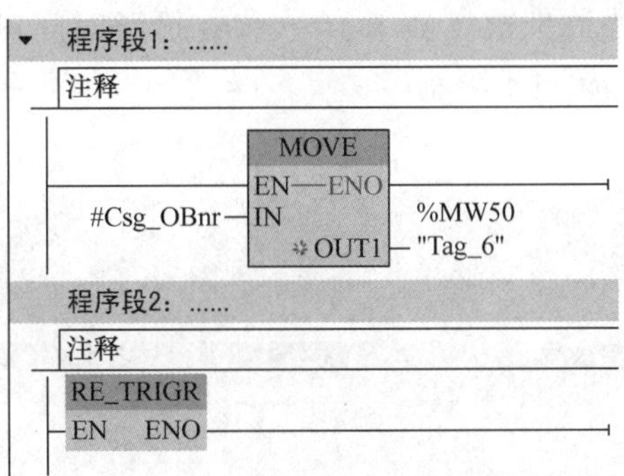

图 8-39 OB80 中程序段

重复该测试，在监控表中设置 M10.1 为 1，并与之前的结果进行对比，如图 8-40 所示。

上一测试

	i	名称	地址	显示格式	监视值	修改值	
1		"Tag_1"	%M10.0	布尔型	TRUE		
2		"ActivateLoop"	%M10.1	布尔型	FALSE	TRUE	!
3		"Tag_2"	%MD20	浮点数	1.0		
4		"Tag_6"	%MW50	带符号十进制	1		
5		"Clock_10Hz"	%M0.0	布尔型	TRUE		
6			<新增>				

本次测试

	i	名称	地址	显示格式	监视值	修改值	
1		"Tag_1"	%M10.0	布尔型	TRUE		
2		"ActivateLoop"	%M10.1	布尔型	TRUE		
3		"Tag_2"	%MD20	浮点数	17.0		
4		"Tag_6"	%MW50	带符号十进制	1		
5		"Clock_10Hz"	%M0.0	布尔型	TRUE		
6			<新增>				

图 8-40 测试结果对比

10Hz 脉冲的统计结果变成了 17，意味着周期时间为 100ms × 17 左右。而且之后 CPU 进入了停机状态，在诊断缓冲区中查看细节，如图 8-41 所示。

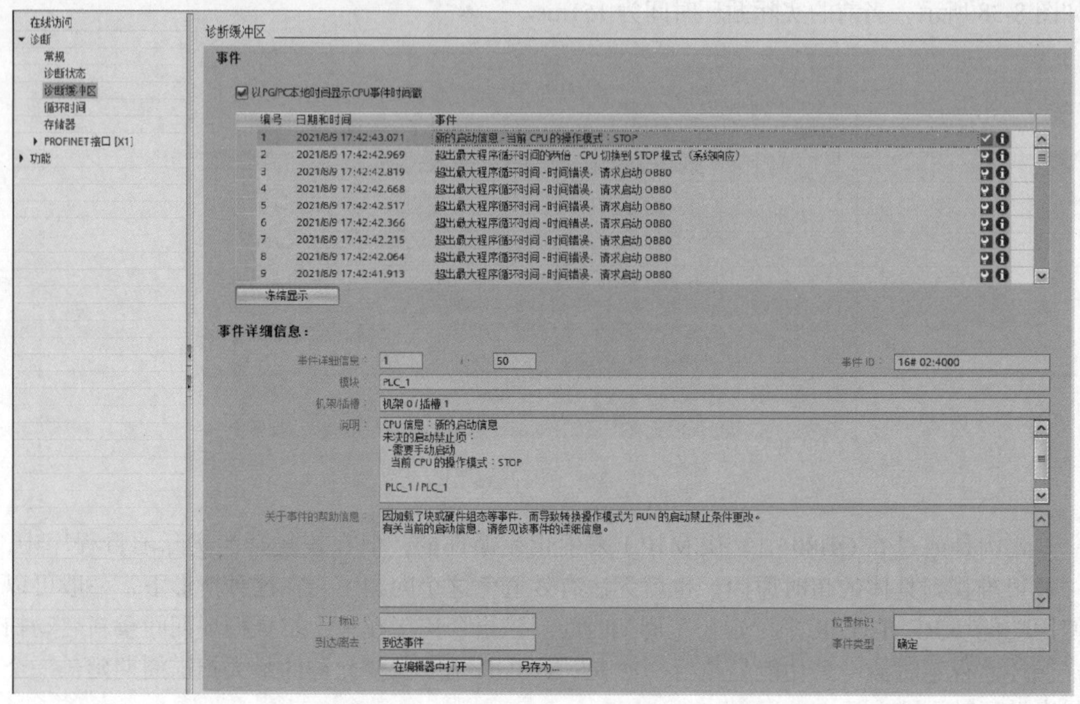

图 8-41 诊断缓冲区中请求调用 OB80 的条目

其中超时事件“超出最大程序循环时间 – 时间错误，请求启动 OB80”出现了 10 次，也就是说默认 150ms 的扫描周期被突破了 10 次，在循环时间界面中可以清晰地看到，如图 8-42 所示，周期时间远远超过了限制。

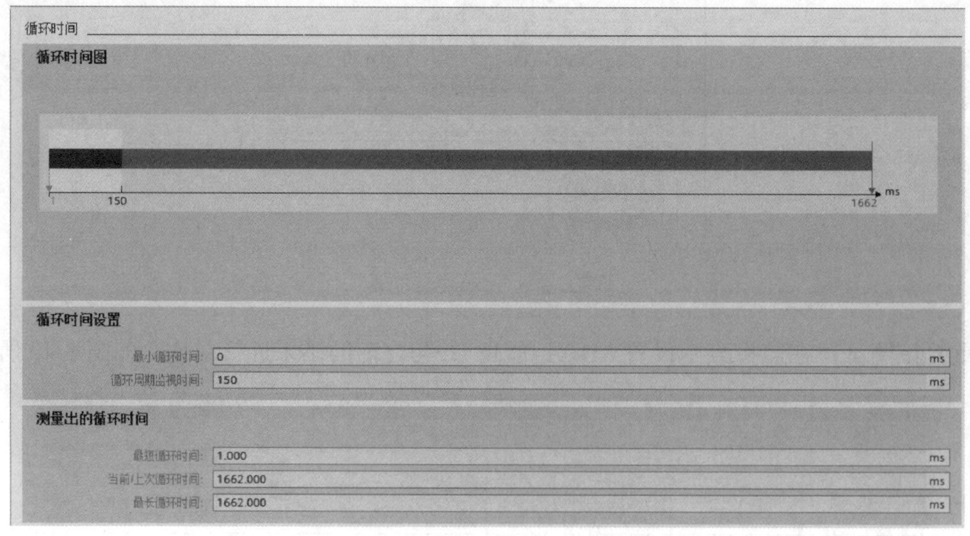

图 8-42 循环时间严重超时

本次的周期时间为 1662ms，约为 150ms 的 10 倍。使用 RE_TRIGR 指令其实是让 CPU 中扫描周期计时复位一次，但 CPU 最多允许复位 10 次，之后会强行进入停止模式。

扫码观看 PLC 诊断组态视频

三、在线学习及自评测试

扫码检测学习效果并查看参考答案

四、任务实践

1. 控制要求描述

PLC 的模拟量模块需要外部 24V 电源供电，但由于接线松动、断线、24V 电源故障等，可能导致模拟量模块出错。需要在程序中实现如下功能：

1）识别出有电源故障的模拟量的地址。

2）记录问题的状态、事件出现或事件消失。

3）记录最近一次事件的时间。

2. 任务准备

诊断测试中会多次带电插拔模块，或者松开电源线，更应该注意用电安全：

1）模块插拔要干净利落，避免虚接。

2）断开 24V 电源线时尤其要注意避免与负线短路。

3）完成实验要及时断电，再次上电前要确保连接牢靠。

（1）设备清单　本任务所需的设备清单见表 8-12。

表 8-12　设备清单

序号	设备名称	型号	数量	备注
1	S7-1200 CPU	6ES7 215-1AG40-0XB0	2	CPU 1215C DC/DC/DC
2	模拟量输入模块	6ES7 231-4HF32-0XB0	1	AI 8 × 13BIT
3	DC 24V 电源		2 个	输出负载供电
4	导线 / 网线		若干	

（2）控制逻辑　在任务热身过程中已经介绍过，需要选择合适的诊断组织块，用来接收事件中断的相关信息，此处可以使用诊断中断组织块 OB82，其提供了表 8-13 所示的局部变量，利用这些局部变量中传递的信息定位故障。

表 8-13　诊断中断组织块的默认局部变量表

变量	数据类型	说明
IO_State	Word	包含具有诊断功能的模块的 I/O 状态
LADDR	HW_ANY	HW-ID
Channel	UInt	通道编号
Multi_Error	Bool	如果有多个错误，=1

其中，IO_State 用不同的位表示不同的信息，其各位的含义见表 8-14。

表 8-14　IO_State 中各位的含义说明

IO_State	说　明
位 0	组态正确： =1，如果组态正确 =0，如果组态不再正确
位 4	错误： =1，如果存在错误，例如断路 =0，如果错误不再存在
位 5	组态不正确： =1，如果组态不正确 =0，如果组态再次正确
位 7	无法访问 I/O： =1，如果发生了 I/O 访问错误。在这种情况下，LADDR 包含存在访问错误的 I/O 的硬件标识符 =0，如果可以再次访问该 I/O
位 8 ～ 15	保留（始终为 0）

如果 IO_State 全为 0，表示目前没有故障，即事件已经消失；如果非 0，则表示有故障发生，即有事件进入。

另外还需要调用指令 RD_LOC_T 来读取当前本地时间。

3. 任务实施

按照任务热身中介绍的流程，创建诊断组织块，在其中编写程序，根据局部变量来分析出存在问题的模块信息。将相关数据存储在一个数据块中，在 OB82 中将时间、模块 ID 等信息写入其中，运行之后的结果如图 8-43 所示，各个局部变量中详细记录了故障的相关时间、模块等信息。

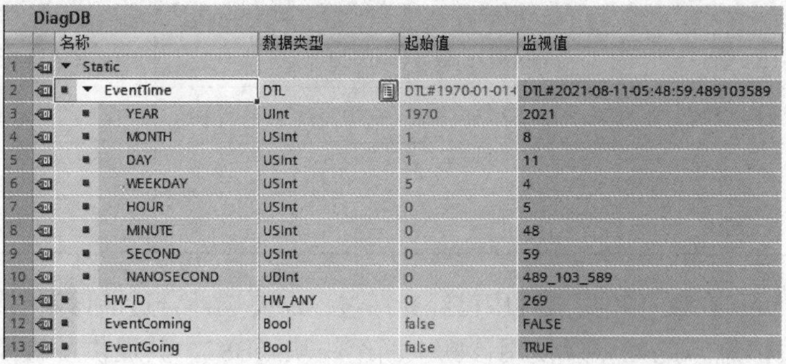

DiagDB

	名称	数据类型	起始值	监视值
1	▼ Static			
2	▼ EventTime	DTL	DTL#1970-01-01-	DTL#2021-08-11-05:48:59.489103589
3	YEAR	UInt	1970	2021
4	MONTH	USInt	1	8
5	DAY	USInt	1	11
6	WEEKDAY	USInt	5	4
7	HOUR	USInt	0	5
8	MINUTE	USInt	0	48
9	SECOND	USInt	0	59
10	NANOSECOND	UDInt	0	489_103_589
11	HW_ID	HW_ANY	0	269
12	EventComing	Bool	false	FALSE
13	EventGoing	Bool	false	TRUE

图 8-43　OB82 接口参数的在线监视值

任务实施过程中，及时填写任务工单。

五、应用考核

1. 要点回顾

本任务介绍了 PLC 的常见诊断方法，重点是如何运用诊断相关的组织块来获取信息或者进行必要的维护，尤其是 PLC 在诊断事件发生时的响应机制。诊断组织块中的局部变量中包含了关于故障的诸多信息，如何解读这些信息并加以分析，是系统诊断的主要学习内容。

2. 考核任务

任务要求：现为了统计 PLC 长期运行时的错误数量，需要使用一个计数单元（例如 MW100）来记录所有出现过的故障次数，具体要点如下：

1）在程序中增加所有诊断相关的组织块，例如 OB82、OB83、OB86 等。

2）基于组织块里的局部变量，分析出诊断事件的进入类型。

3）对新产生的错误进行计数。

六、任务拓展

西门子提供了 AutomationTool 工具，用于实现更全面的诊断功能，该工具的下载地址：https://support.industry.siemens.com/cs/cn/zh/view/98161300。

该工具可实现如下功能：

1）扫描整个网络，识别所有连接到该网络的设备。

2）设置 CPU 的指示灯闪烁，以协助确认具体被操作的 CPU。

3）设置设备的站地址（IP、Subnet、Gateway）及站名（Profinet Device）。

4）同步 PG/PC 与 CPU 的时钟。

5）下载新程序到 CPU。

6）更新一个 CPU 及其扩展模块的固件。

7）设置 CPU 的运行（RUN）或停止（STOP）模式。

8）执行 CPU 内存复位。

9）读取 CPU 的诊断日志。

10）上载 CPU 的错误信息。

11）恢复 CPU 到出厂设置。

尝试使用该工具对真实 PLC 进行诊断和操作。

项目九
S7-1200 PLC 控制系统综合应用

项目目标

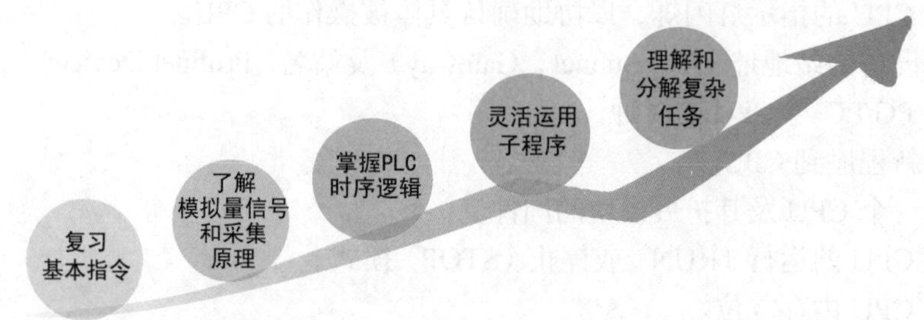

知识目标	1. 了解真实项目中模拟量信号的处理流程； 2. 了解 PLC 中时序逻辑的实现原理和具体操作方法； 3. 了解子程序在主程序中的嵌套调用逻辑。
能力目标	能够熟练使用 PLC 之间的通信实现模拟量数据交互、时序逻辑控制等。
素质目标	培养工程师的逻辑思维，面向较复杂项目分解任务，灵活运用现有知识解决实际需求。

项目导入

PLC 在不同场景中有不同的使用方式，例如在小型设备中，PLC 可能直接连接变频器、伺服控制器以及 HMI 设备。但在较复杂的工艺控制环境中，I/O 点数较多，控制逻辑较为复杂，这里以多种物料自动混合处理工艺为例。多种物料自动混合在很多行业中都是非常常见的一个工艺环节，例如在食品饮料和制药行业，甚至是主工艺的一部分，该子系统通常也被称为“配液系统”（图 9-1a）。其中主要包括：若干个原料罐、配液罐、管路、泵以及总混罐，管路连接每个原料罐、配液罐和总混罐，并通过泵将原料液从配液罐输送至各个配液罐，配液完成之后再输送至总混罐。此外，配液系统还包括输气管、压力调节装置和控制装置，压力调节装置与控制装置进行通信，输气管与配液罐连通，并能够将气体导入配液罐中。工艺流程示意图如图 9-1b 所示。

a) PLC 应用场景

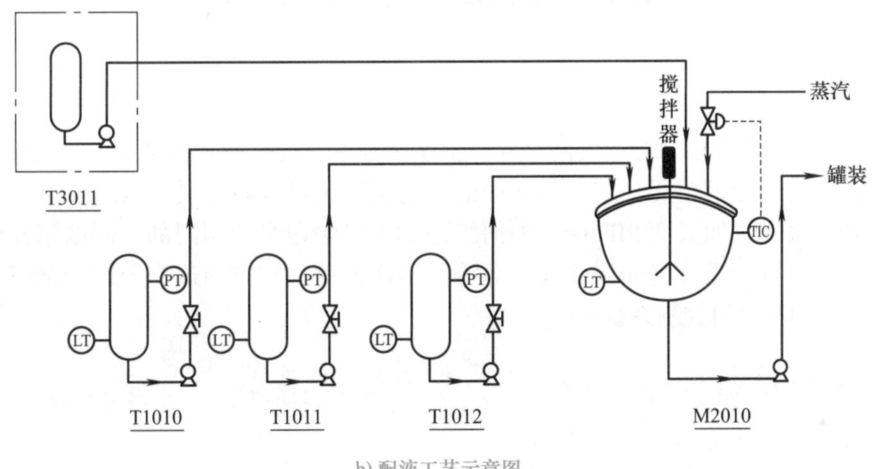

b) 配液工艺示意图

图 9-1 PLC 应用

本地的三个原料罐上都配置有液位和压力检测，底部出口处设置有变频泵和流量检测，用于实现往配液罐供料时的给料控制。

配液罐配置有液位检测，同时还安装有搅拌器，让多种原液充分混合，搅拌起停和速度控制取决于工艺要求和料液的多少。配液罐底部设置有变频输送泵，用于往罐装环节输送配好的产品，同时还有一个流量计，用于累积输出的产品总量。

配液过程中需要严格控制温度，所以在配液罐顶部有一过热蒸汽入口，过热蒸汽在内壁夹层里，用于调节整个配液罐内的物料温度，通入的蒸汽量用一个调节阀门来控制。PLC 接收到温度变送器传送过来的温度信号，并使用 PID 方式，将控制输出发送给调节阀门，进而达到对配液罐内的温度进行调节的目的。

上述涉及的装置均由一个 S7-1200 PLC 实现控制。远端的另一条小产线调配好的辅料也需要添加进来，该小产线也由一 S7-1200 PLC 控制。

来听故事啦

2022年，北京冬奥会开幕式空灵、浪漫、现代、科技，科技创新成果的综合运用让其显得与众不同，不仅全程使用数字表演与仿真技术，还开拓性地综合运用人工智能、5G、AR、裸眼3D和云等多种科技成果。

除了开幕式科技感十足，“科技冬奥”也是本届北京冬奥的主要特色。大量机器人、智能传感器得到广泛应用，其中涉及完成控制任务的PLC与周边诸多子设备、子系统的融合衔接，这本身也可以看作一个个PLC控制系统。

任务 储罐管理和混料控制系统设计与调试

一、应用场景

配液系统在各行业中的应用大同小异，都是多种原料同时或者分批加入，通过搅拌、温控之后输送给后续处理单元。结合前文中的工艺描述，可以看到设计其对应的控制系统需要涉及的方面很多，如温度PID控制如何组态、出口输送泵和阀门的之间联锁是什么逻辑关系、所有的模拟量累计该如何处理，等等。本任务就这些方面逐个分解，最终实现一个完整的储罐管理和混料控制系统。

二、知识准备

1. 模拟量累积处理

之前的项目中已经使用过模拟量模块来实现现场信号采集、数据类型转换等操作，此任务涉及配液完成后输出物料量的统计，即通过一个实时流量计采集的流量值来统计。流量累积本质上是一个加法运算，但如果使用简单的加法指令来编程，会面临两个主要问题：

1）实数累加的精度问题。数字系统中实数都是一个近似的逼近值，在4B存在一个实数的系统中，如果两个加数相差10^6倍，则会出现无法相加的情况。而流量累积在系统运行一段时间之后是会出现这种问题的。

2）定时累积的问题。流量计传递过来的一般都是瞬时流量，即以秒或者小时为单位的体积量，如何在PLC中将这个时间和PLC的程序扫描时间对应，也是编程中的难题。

为了解决这类问题，可以自己编写专门的功能块来实现，实际项目中推荐采用软件自带的累积功能块，例如在S7-1200 PLC中就可以使用功能块Totalizer，该功能块默认没有，需导入Totalizer库文件，该库文件在西门子下载中心也可下载。

该功能块需要在一个定时中断的组织块中调用，即OB30。首先需要创建组织块，双击“程序块”→“添加新块”，选择“组织块”→“ Cyclic interrupt”，并设定循环时间为1000ms，如图9-2所示。

打开新创建的OB30，在右侧“库”→“全局库”→“48799854_Totalizer…”→“模板

副本”中选择功能块“Totalizer”，并拖放到程序段中，如图 9-3 所示，使用默认的实例数据名称。其各个引脚的功能说明见表 9-1。

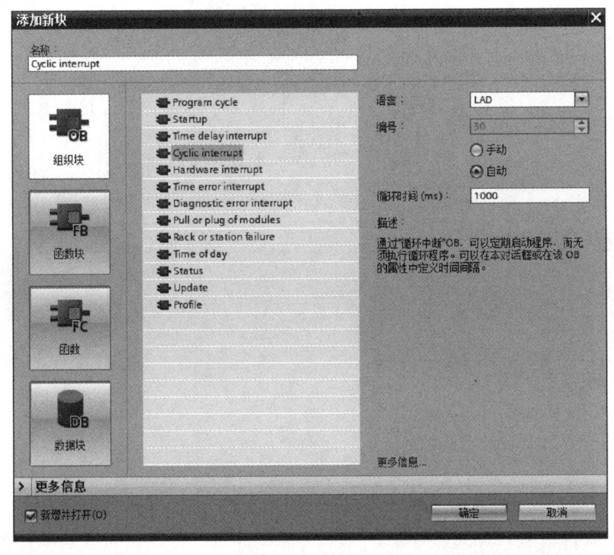

图 9-2 程序中插入定时中断组织块

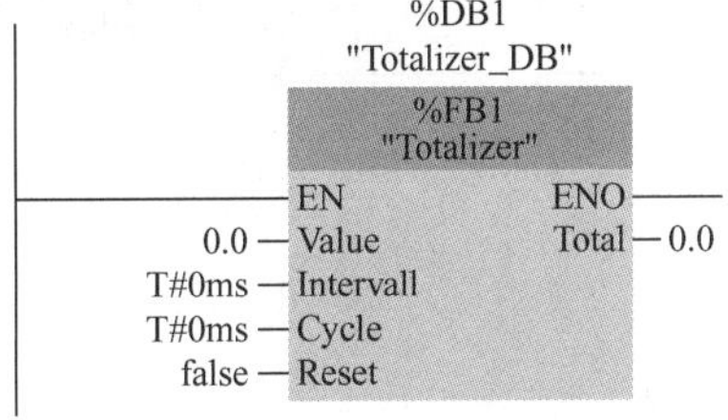

图 9-3 功能块“Totalizer”

表 9-1 Totalizer 功能块引脚说明表

输入引脚			
引脚	说明	数据类型	备注
Value	瞬时流量	Real	模拟量模块检测到的流量计输送过来的过程值
Intervall	瞬时流量的时间单位	Time	取决于流量计中的单位设置，如流量计设定单位为 m^3/s，则此处设置为 1s 即可
Cycle	扫描时间	Time	当前功能块所在的循环组织块的周期时间，即创建 OB 时的设定时间，此例中为 1000ms
Reset	累积值清零	Bool	累积值输出为 0
输出引脚			
引脚	说明	数据类型	备注
Total	累积值输出	Real	累积后的值

设置功能块的参数，并连接完成数据转换的模拟量输入，如图 9-4 所示。

2. PID 控制

PID 控制，即比例－积分－微分控制，这也是应用最为广泛的调节器控制规律，又称为 PID 调节，以其结构简单、稳定性好、工作可靠、调整方便等特点而成为工业控制的主要控制技术之一。当被控对象的结构和参数不能完全掌握或得不到精确的数学模型，控制理论的其他技术（如模型预估控制等）都难以采用时，系统控制器的结构和参数必须依靠经验和现场调试来确定，这时应用 PID 控制最为方便。PID 控制器就是根据系统的误差，利用比例、积分、微分计算出控制量进行控制的。PID 控制在具体应用中，经常采用 PI 和 PD 控制。其主要的三个核心运算逻辑是：

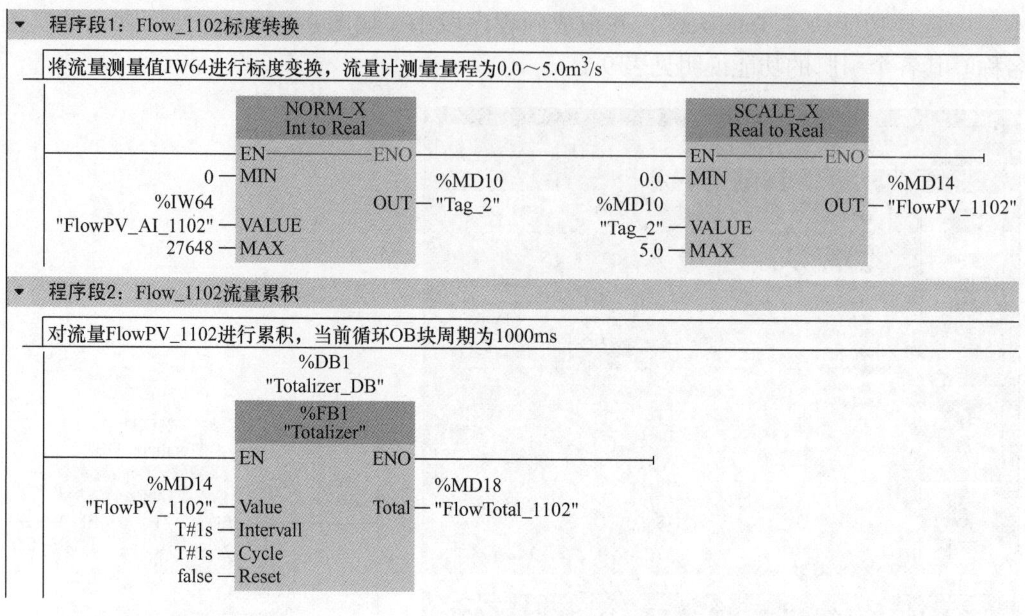

图 9-4 流量累积程序段程序样例

1）比例（P）控制。比例控制是一种最简单的控制方式。控制器的输出与输入误差信号成比例关系。当仅有比例控制时，系统输出存在稳态误差。

2）积分（I）控制。在积分控制中，输出与误差信号的积分成正比关系。在一个简单的只有比例控制的回路中，要维持控制输出，实际过程值与设定值之间是存在误差的。如果没有这个误差，比例控制输出的结果就是 0。但这个稳态误差是不利于达成控制精度的，为了消除这个误差，必须要引入积分。积分值是设定值与当前过程值之差的不停累加，从而减小甚至消除稳态误差。日常控制中，比例 + 积分（PI）控制器应用最为广泛，可以实现无误差的稳定状差。

3）微分（D）控制。在微分控制中，输出与误差信号的微分（即误差的变化率）成正比关系。如果回路中有较大的惯性，例如长距离的输送管道、缓慢的升温过程等，过程值的变化总是落后很长时间。要解决这个问题，则需要对变化做趋势的“超前”计算，这就是微分运算，对于有较大惯性或之后的对象，增加微分计算（D）可以改善 PID 控制器在调节过程中的动态特性。

S7-1200 CPU 能够支持的最大 PID 回路数量受到 CPU 的工作内存及支持 DB 块数量限制。严格上说并没有限制具体数量，但实际应用中一般不要超过 16 路 PID 回路。多路 PID 回路可同时进行控制，用户可手动调试参数，也可使用自整定功能，软件中提供了两种自整定方式。另外还提供调试面板，用户可以直观地了解控制器及被控对象的状态。

PID 控制器在程序组态中需要有三个要素：循环中断组织块、PID 指令块和工艺对象背景数据块。用户在调用 PID 指令块时需要定义其背景数据块，而此背景数据块需要在工艺对象中添加，称为工艺对象背景数据块。PID 指令块与其相对应的工艺对象背景数据块组合使用，形成完整的 PID 控制器。PID 控制器结构如图 9-5 所示。

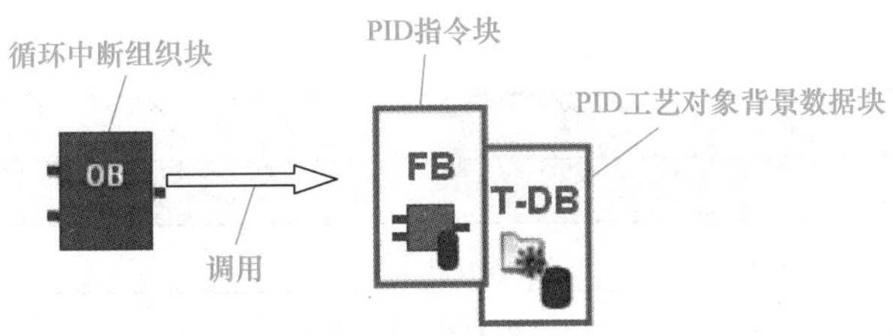

图 9-5 PID 控制器结构

循环中断组织块可按一定周期产生中断，执行其中的程序。PID 指令块定义了控制器的控制算法，随着循环中断组织块产生中断而周期性执行，其工艺对象背景数据块用于定义输入 / 输出参数、调试参数以及监控参数。此背景数据块并非普通数据块，需要在目录树视图的工艺对象中才能找到并定义。

从 TIA Portal 软件右侧的指令框中选择“工艺”→“PID 控制”→“Compact PID”→“PID_Compact”，将功能块 PID_Compact 拖放到循环组织块（例如 OB30）中。其输入 / 输出参数见表 9-2。

表 9-2 PID_Compact 功能块引脚说明

输入引脚		
参数	数据类型	说明
Setpoint	Real	PID 控制器在自动模式下的设定值
Input	Real	PID 控制器的反馈值（工程量）
Input_PER	Int	PID 控制器的反馈值（模拟量）
Disturbance	Real	扰动变量或预控制值
ManualEnable	Bool	出现 FALSE → TRUE 上升沿时会激活“手动模式”，与当前 Mode 的数值无关 当 ManualEnable=TRUE，无法通过 ModeActivate 的上升沿或使用调试对话框来更改工作模式 出现 TRUE → FALSE 下降沿时会激活由 Mode 指定的工作模式
ManualValue	Real	用作手动模式下的 PID 输出值，须满足 Config.OutputLowerLimit<ManualValue<Config.OutputUpperLimit
ErrorAck	Bool	FALSE → TRUE 上升沿时，错误确认，清除已经离开的错误信息
Reset	Bool	重新启动控制器： FALSE → TRUE 上升沿，切换到“未激活”模式，同时复位 ErrorBits 和 Warnings，清除积分作用（保留 PID 参数） 只要 Reset=TRUE，PID_Compact 便会保持在“未激活”模式下（State=0） TRUE → FALSE 下降沿，PID_Compact 将切换到保存在 Mode 参数中的工作模式
ModeActivate	Bool	FALSE → TRUE 上升沿，PID_Compact 将切换到保存在 Mode 参数中的工作模式

（续）

输出引脚		
参数	数据类型	说明
ScaledInput	Real	标定的过程值
Output	Real	PID 的输出值（Real 形式）
Output_PER	Int	PID 的输出值（模拟量）
Output_PWM	Bool	PID 的输出值（脉宽调制）
SetpointLimit_H	Bool	如果 SetpointLimit_H=TRUE，则说明达到了设定值的绝对上限（Setpoint≥Config.SetpointUpperLimit）
SetpointLimit_L	Bool	如果 SetpointLimit_L=TRUE，则说明已达到设定值的绝对下限（Setpoint≤Config.SetpointLowerLimit）
InputWarning_H	Bool	如果 InputWarning_H=TRUE，则说明过程值已达到或超出警告上限
InputWarning_L	Bool	如果 InputWarning_L=TRUE，则说明过程值已达到或低于警告下限
State	Int	State 参数显示了 PID 控制器的当前工作模式。可使用输入参数 Mode 和 ModeActivate 处的上升沿更改工作模式： State=0：未激活 State=1：预调节 State=2：精确调节 State=3：自动模式 State=4：手动模式 State=5：带错误监视的替代输出值
Error	Bool	如果 Error=TRUE，则此周期内至少有一条错误消息处于未决状态
ErrorBits	DWord	ErrorBits 参数显示了处于未决状态的错误消息。通过 Reset 或 ErrorAck 的上升沿来保持并复位 ErrorBits

将功能块三个主要参数关联相关的参数，即设定值 Setpoint、过程值 Input 和控制输出值 Output，如图 9-6 所示。

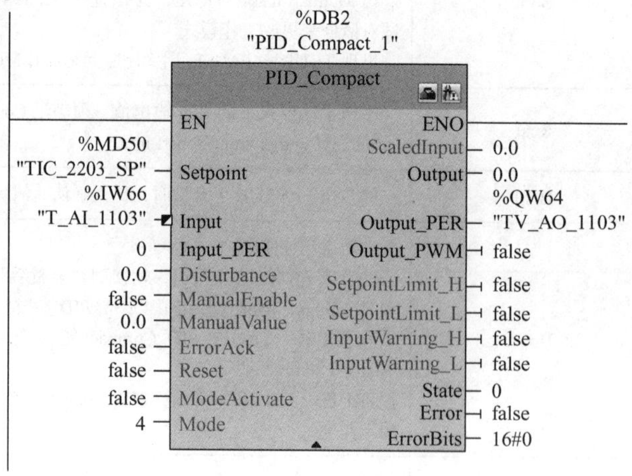

图 9-6　PID_Compact 功能块调用

更多 PID 参数，可以单击功能块上的属性按钮进入功能视图设置，其中将参数按照类别进行了归类，如图 9-7 所示。

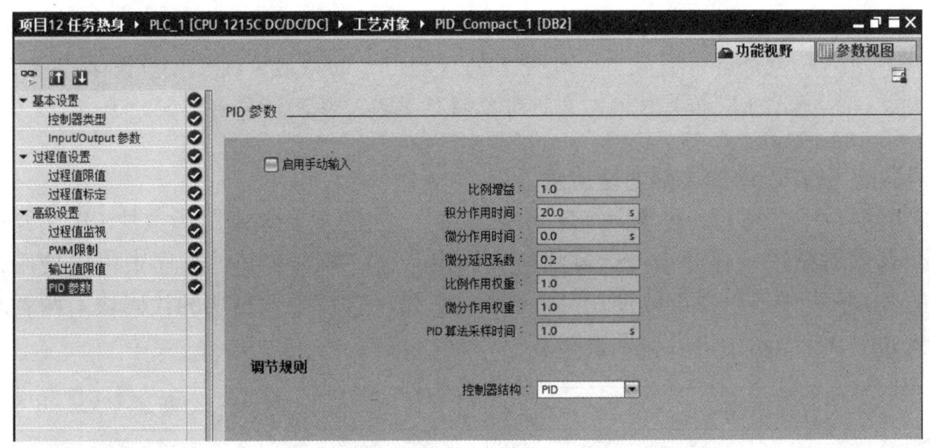

图 9-7 PID_Compact 属性对话框

勾选“启用手动输入”，即可手动设置 PID 参数；也可以选择控制器结构是 PID 或者 PI。将程序下载到 PLC 之后，也可以单击功能块上的按钮打开调试对话框，如图 9-8 所示。

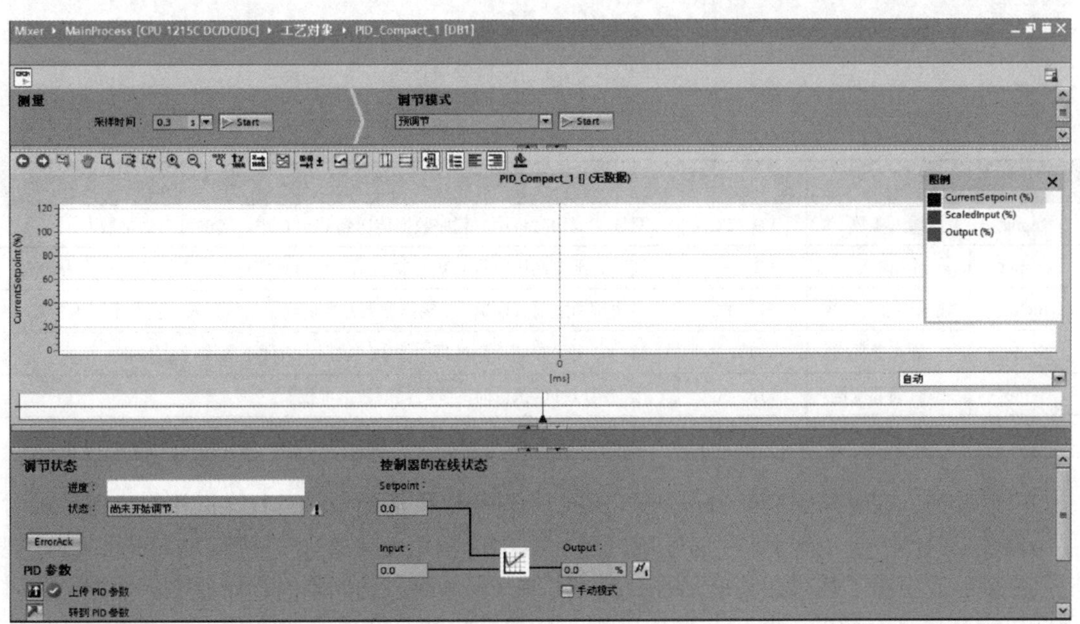

图 9-8 PID 调试对话框

在调试对话框中，单击右下角的“Start PID_Compact”，PID 会自动运行并记录主要参数的曲线，根据曲线的特性适度修改比例、积分和微分的参数，达到理想状况即可。

注意

PID 的参数整定是决定控制效果的主要因素，目前主流整定参数的方法包括经验值法、阶跃响应法等，多数自控软件（例如西门子的博途、PCS7 等）都提供专门的整定工具，通过抓取相关数据，分析对象特性参数，从而计算出匹配的 P、I、D 参数。

3. 函数块 FB/FC 中的局部变量使用

在之前项目中学习过，函数块 FB 和函数 FC 之间的主要差别是函数块 FB 在调用时会生成一个背景数据块来存储自身运算的相关数据，这些数据在其他程序中可以使用，或者在后续的 FB 执行中还可以继续使用。而函数 FC 是不含背景数据块的代码块。两者之间参数表对比如图 9-9 所示，也可参见表 9-3。

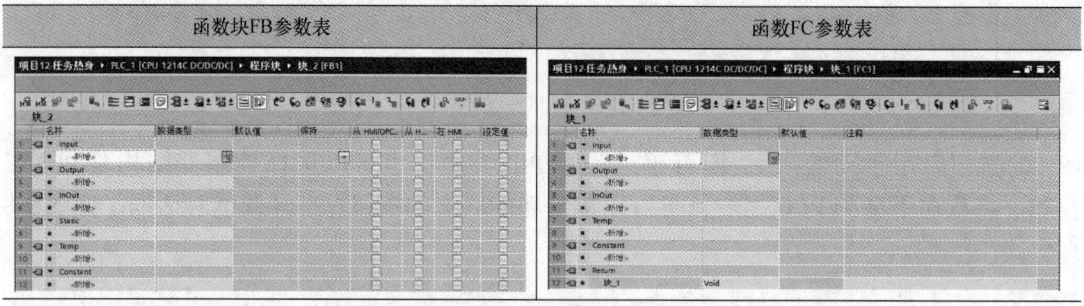

函数块FB参数表	函数FC参数表

图 9-9　FB、FC 参数表对比

表 9-3　FB/FC 参数说明表

类别	说明	适用	备注
Input	输入参数	FB、FC	只读，调用时将用户程序数据传递到 FB/FC 中。实参可以为常数
Output	输出参数	FB、FC	读写，函数调用时将 FB/FC 执行结果传递到用户程序中。实参不能为常数
InOut	输入 / 输出参数	FB、FC	在块调用之前读取输入 / 输出参数并在块调用之后写入。实参不能为常数
Static	静态参数	FB	读写，用于存储计算过程中的中间数据，方便下次执行时使用
Temp	临时局部变量	FB、FC	读写，FB/FC 执行时的临时局部数据堆栈
Constant	常量	FB、FC	只读，声明常量符号名后，FC 中可以使用符号名代替常量

可以看到，临时局部变量 Temp 在 FB/FC 中均可以灵活使用，且只在调用时生效。临时存储器是 CPU 中的一个特殊存储区域，老版本中通常用 L 来表示，例如 LW0 等。CPU 规定只有创建或声明了临时存储单元的 OB、FC 或 FB 才可以访问临时存储器中的数据。临时存储单元是局部有效的，并且其他代码块不会共享临时存储器，即使在代码块调用其他代码块时也是如此。例如当 OB 调用 FC 时，FC 无法访问对其进行调用的 OB 的临时存储器。CPU 根据需要分配临时存储器。要永久性存储数据，可将输出值赋给全局存储器，如 M 存储器或全局 DB。FB 在其背景数据块中不会存储临时局部变量。

如下示例中，FC1 用于实现将模拟量值（例如 IW6），转换为具体的实际物理量，例如温度范围 20 ～ 160℃，首先定义图 9-10 所示参数表。

项目12-任务热身 ▸ PLC_1 [CPU 1214C DC/DC/DC] ▸ 程序块 ▸ Scaling [FC1]

Scaling

	名称	数据类型	默认值	注释
1	▼ Input			
2	<新增>			
3	AI_In	Int		模拟量输入，例如IW6
4	Scale_High	Real		传感器量程上限
5	Scale_Low	Real		传感器量程下限
6	<新增>			
7	▼ Output			
8	PV_Out	Real		过程值输出
9	▼ InOut			
10	<新增>			
11	▼ Temp			
12	RealTemp	Real		
13	ScaleRange	Real		

图 9-10 FC 示例参数表

其中局部变量区定义了两个实数类型的参数，用于临时存放计算过程的中间数据。程序代码的使用如图 9-11 所示。

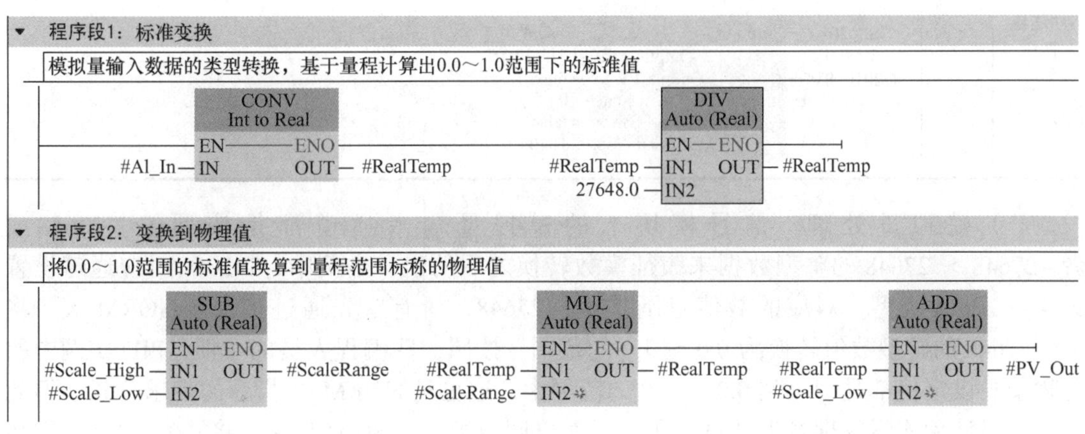

图 9-11 FC 示例 Temp 参数使用

在程序中，局部变量 RealTemp 先后存放了整型转换结果、0 ～ 1 范围下的标准值以及在量程下换算的结果等。这些数据只需要做临时存储，使用之后就没有保留的必要。局部变量的引入之后可以大大减少其他存储区的占用。

上述功能代码实现的功能在博途软件中集成有相关指令，可以直接调用，前述项目也学习过。Norm 指令实现类似程序段 1 的功能，将模拟量值转换成 0.0 ～ 1.0 范围的标准值。Scale 指令实现类似程序段 2 的功能，将标准值换算成量程范围下的物理值。

在组织块 OB1 中调用该函数 FC，在线监控结果如图 9-12 所示，模拟量输入通道上的值“8256”转换成了温度值 61.80555℃。

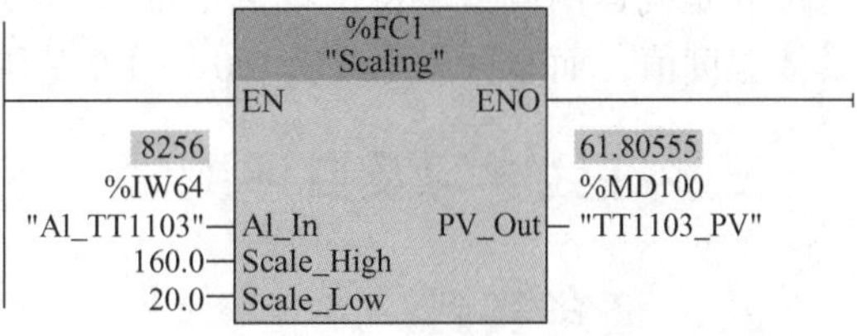

图 9-12 主程序 OB1 中调用 FC

4. 任务热身

PID 在任务中的应用：配液罐 M2010 的温度 PID 控制。

控制要求：配液罐的夹层通入过热蒸汽，在蒸汽管道上安装有阀门（TV2010）来调节流量，从而达到控制温度的目的。在罐体上安装有温度传感器来检测罐内温度 TI2010。在 PLC 中使用 PID 控制来调节温度，以达到设定的温度值。

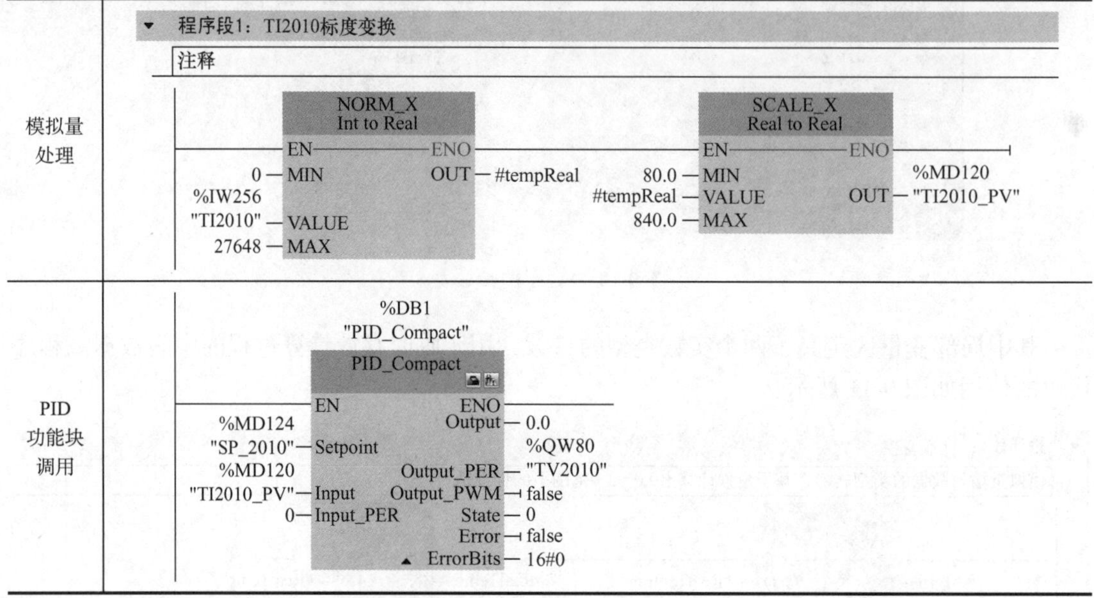

（1）模拟量处理　信号模块上的模拟量输入通道都是按照0～27648或者-27648～27648的整型数据来表征模数转换之后的值，本例中，TI2010对应通道设置为4～20mA类型，对应的数值范围是0～27648，所有首先通过指令“NORM_X”将0～27648的整型数值转换为0.0～1.0的范围。按照一些编程人员的习惯，PID实例中的过程值、设定值都是归一到0.0～1.0的范围中，这也是NORM_X指令的需求背景。但此例中还是使用实际物理量来计算，所以后面再调用指令“SCALE_X”将0.0～1.0范围转换成实际物理量的范围，这里为80.0～840.0℃。

项目中的其他模拟量（例如LT1010、PT1010等），也使用同样的逻辑来完成数值转换。

（2）PID功能块调用　使用功能块PID_Compact来实现PID控制，其中过程值就是现场采集到的混料罐的温度，这里使用模拟量处理之后的存储单元MD120。设定值是用户根据生产需要设定的要到达的罐内温度，使用单元MD124。需要注意的是，过程值和设定值一定要是同样的度量单位，本例中都采用实际温度值，所以设定值也必须是诸如125.0℃等具体温度值，而非百分比或者0.0～1.0范围下的值。

三、在线学习及自评测试

扫码检测学习效果并查看参考答案

四、任务实践

1. 控制要求描述

基于前文介绍的工艺流程，储罐管理和混液控制系统需要实现如下控制目标：

（1）所有模拟量输入通道的换算与显示　整段生产工艺过程涉及的I/O清单见表9-4，其中的模拟量输入（AI）类型需要进行标度变换，以便在后续的HMI中显示出来。

表 9-4　I/O 清单

序号	点名	类型	地址	说明
1	LT1010	AI，4～20mA	IW12	原料罐 T1010 液位，量程为 0.1～3.0m
2	PT1010	AI，4～20mA	IW14	原料罐 T1010 压力，量程为 100～15000kPa
3	LT1011	AI，4～20mA	IW16	原料罐 T1011 液位，量程为 0.1～3.0m
4	PT1011	AI，4～20mA	IW18	原料罐 T1011 压力，量程为 100～15000kPa
5	LT1012	AI，4～20mA	IW20	原料罐 T1012 液位，量程为 0.1～3.0m
6	PT1012	AI，4～20mA	IW22	原料罐 T1012 压力，量程为 100～15000kPa
7	LT3011	AI，4～20mA	IW12	原料罐 T3011 液位，量程为 0.1～3.0m
8	PT3011	AI，-10～10V	IW16	原料罐 T3011 压力，量程为 100～15000kPa
9	LT2010	AI，4～20mA	IW24	混料罐 M2010 液位，量程为 0.1～3.0m
10	TI2010	AI，4～20mA	IW26	混料罐 M2010 内部温度，量程为 80～820℃
11	TV2010	AO，4～20mA	QW10	混料罐 M2010 输入蒸汽调节阀
12	P1010Fbk	DI，干节点	I0.0	原料罐 T1010 出口泵状态反馈
13	P1010Out	DO	Q0.0	原料罐 T1010 出口泵起停控制
14	P1011Fbk	DI，干节点	I0.1	原料罐 T1011 出口泵状态反馈
15	P1011Out	DO	Q0.1	原料罐 T1011 出口泵起停控制
16	P1012Fbk	DI，干节点	I0.2	原料罐 T1012 出口泵状态反馈
17	P1012Out	DO	Q0.2	原料罐 T1012 出口泵起停控制
18	P3011Fbk	DI，干节点	I0.0	原料罐 T3011 出口泵状态反馈
19	P3011Out	DO	Q0.0	原料罐 T3011 出口泵起停控制
20	M2010Fbk	DI，干节点	I0.4	混料罐 M2010 搅拌器状态反馈
21	M2010Out	DO	Q0.3	混料罐 M2010 搅拌器起停控制输出
22	MixDone	DO	Q0.4	本批次混料过程顺利结束
23	Error	DO	Q0.5	本批次混料过程出错停止

其中需要注意的是，远程原料罐T3011的压力表输出信号范围是-10～10V，所以在变换时对应的整型范围不再是0～27648，而是-27648～27648。另外T3011是由另一个PLC控制，其地址也是隶属于远程PLC的。

（2）混料罐温度的PID控制　在物料进入混料罐之后，罐内温度需要按照常温→120℃→210℃→350℃→自然冷却的顺序调节，每个温度点需要保持30min。

（3）与T3011所属的远程PLC进行通信　原料罐T3011中有液位、压力、出口泵工作状态和控制等I/O点，需要采用通信的方式，与主PLC进行交互。

（4）混料罐搅拌器的定时起动运行　混料罐加载原料之后，需要进行间歇性的搅拌，每次搅拌时间为10min，之后停止2min，如此循环，直至批次混料总时间结束。

（5）液位和压力的高低限报警　所有原料罐的液位需要进行低限告警，即液位低于

0.5m 时需要进行报警输出；压力需要进行高限告警，即压力不超过 500kPa。

（6）混液过程的流程控制　配液 / 混液过程动作流程如图 9-13 所示，按照这个流程在主程序中使用定时器等方式来控制步序。

2. 任务准备

秉承精益求精的工匠精神，熟悉工艺，考虑周全，准备阶段需要重点关注：

1）PLC 的硬件配置要清楚。

2）I/O 点与硬件通道的关联要完成。

3）工艺流程要熟悉并充分理解。

4）任务需要的接线工作较多，要注意操作环境整齐有序，工具要归位，用电要安全。

3. 任务实施

本任务要实现混料工艺段的生产，如何设计程序结构是任务实施的首要任务，建议使用图 9-14 所示结构。

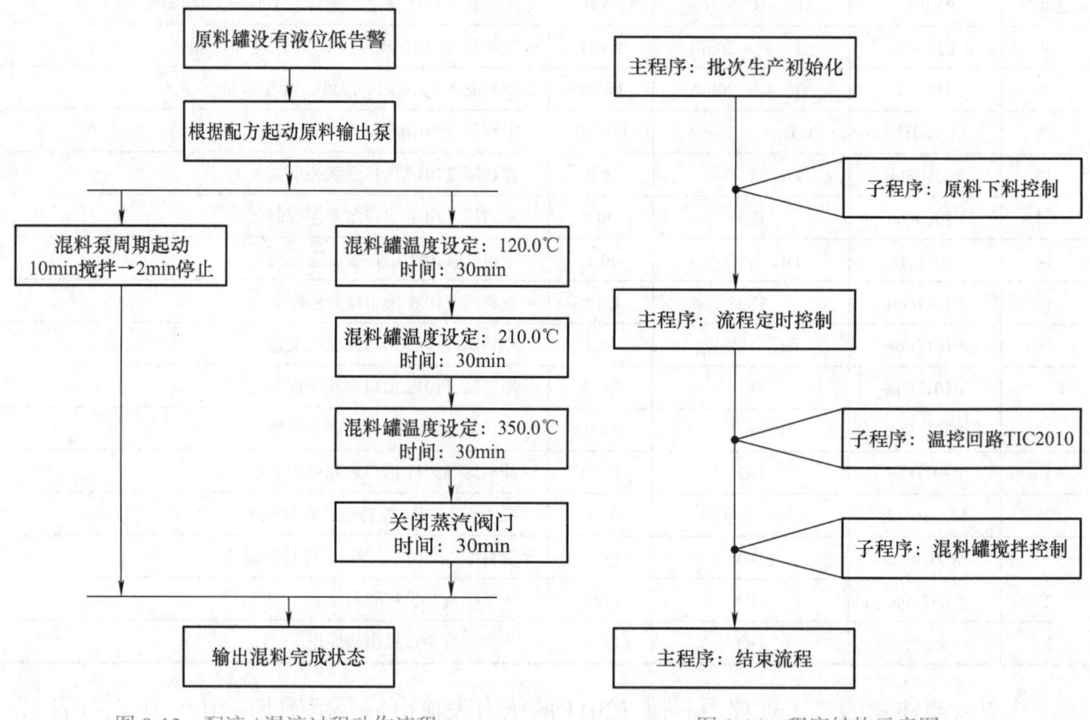

图 9-13　配液 / 混液过程动作流程　　　　图 9-14　程序结构示意图

其中：

1）批次生产初始化程序段中，需要将设定的各个原料配比数据另存，在此批次生产结束之前不允许修改。配比参数可以来自于 HMI 或者程序中固定的数值。

2）原料下料控制子程序中，首先需要检测就地和远程原料罐有无液位过低和压力过高报警，如果有报警，则终止此次生产过程，并置位故障输出位 Error。无报警的情况下开启各个原料罐的出口泵，停泵时间根据配比参数来确定，按照 1kg/min 的速度计算泵的开启时间。

3）流程定时控制主程序实现温控的定时，即每个温度设定值的 30min 持续时间。在

30min 计时结束的时候，修改温控 PID 的设定值。

4）温控回路 TIC2010 子程序实现混料罐的温度 PID 控制。

5）混料罐搅拌控制子程序实现混料罐搅拌器“10min 搅拌→ 2min 停止”周期性运行，其中需要使用定时器来实现。

6）主程序最后的结束流程要置位任务完成标识位 MixDone，并复位相关定时器等。

任务实施过程中，需要及时填写任务工单，并记录具体现象和问题。

五、应用考核

1. 要点回顾

本任务是面向具体生产工艺提供完整的自控程序，需要充分理解工艺流程，并能够熟练使用多 PLC 通信、PID、模拟量处理、定时器、子程序调用等 PLC 应用技术。除此之外，将控制任务分解，并设计合理的程序结构也是工程化实践的基本技能。

2. 考核任务

任务要求：各种物料的配比是生产的核心参数，后续各个物料输送泵的运行时间都依赖于此。配比参数的修改和不同配置形式应该是考验程序鲁棒性的关键。

1）在生产过程中修改配比，对于现有的生产有没有影响？

2）配比中不需要某种物料，即其需求量为 0，程序能否正确判断？

3）输料过程中原料罐出现液位过低的告警，程序能否结合需求量进行判断？

根据控制要求，完成通信信号列表、程序设计及调试。

六、任务拓展

任务中，远端罐区 T3011 由独立的 PLC 来控制，正常工作时，原料罐的液位和压力信号需要传递给主工艺控制 PLC，同时，主工艺控制 PLC 需要下发指令给输送泵 P3011 来起动给混料罐输送物料的动作。所以，两个 PLC 之间通信的稳定性在下料过程中尤其重要。

如果当前处于下料过程中，当通信中断时，主工艺控制 PLC 应该考虑暂停进入混料罐的温控和搅拌。远端 PLC 应该暂停输送泵，并记录当前的运行时间。待通信恢复之后再起动输送泵。在这个拓展功能中，要考虑如何使用通信诊断组织块来判断故障并执行相关处理功能。

参 考 文 献

[1] 刘玉娟，崔健，周海君，等 . PLC 技术在典型任务中的应用 [M]. 2 版 . 北京：中国电力出版社，2021.

[2] 廖常初 .S7–1200 PLC 编程及应用 [M]. 4 版 . 北京：机械工业出版社，2021.

[3] 文杰 . 深入理解西门子 S7–1200 PLC 及实战应用 [M]. 北京：中国电力出版社，2020.

[4] 段礼才 . 西门子 S7–1200 PLC 编程及使用指南 [M]. 2 版 . 北京：机械工业出版社，2020.